U0791223

全国高等院校水利水电类精品规划教材

水利水电工程概预算

主　编　王慧明

副主编　李　凯　陈运春　贾　青　杨树青

主　审　陈新元

黄河水利出版社

·郑州·

内 容 提 要

本书为“全国高等院校水利水电类精品规划教材”之一。依据我国最新颁布的编制规定、水利水电工程定额、补充定额以及《水利工程工程量清单计价规范》(GB 50501—2007)，系统地介绍了水利水电工程概预算的编制方法，力求体现行业的最新发展和编制要求。全书共分三篇十三章，主要内容包括：绪论、基本建设与概预算概念；定额原理；水利水电工程费用构成；水利水电工程基础单价的编制；建筑工程概算编制；设备及安装工程概算编制；临时工程及独立费用概算编制；设计总概算编制；投资估算、施工图预算和施工预算；工程量清单计价；工程概预算的管理与动态控制；工程概预算计算机辅助系统等。

本书可作为高等院校水利水电工程等相关专业概预算课程的教材，也可供从事水利水电工程规划、设计、施工、监理等相关工作的工程技术人员阅读参考。

图书在版编目(CIP)数据

水利水电工程概预算／王慧明主编. —郑州：黄河水利出版社，2008.10 （2013.1 修订重印）
全国高等院校水利水电类精品规划教材
ISBN 978-7-80734-495-7

Ⅰ.水… Ⅱ.王… Ⅲ.①水利工程-概算编制-高等学校-教材②水利工程-预算编制-高等学校-教材③水力发电工程-概算编制-高等学校-教材④水力发电工程-预算编制-高等学校-教材 Ⅳ.TV512

中国版本图书馆 CIP 数据核字(2008)第 135650 号

策划组稿：李洪良 电话：0371-66024331 E-mail:hongliang0013@163.com

出 版 社：黄河水利出版社

地址：河南省郑州市顺河路黄委会综合楼 14 层 邮政编码：450003

发行单位：黄河水利出版社

发行部电话：0371-66026940、66020550、66028024、66022620(传真)

E-mail：hhslcbs@126.com

承印单位：河南承创印务有限公司

开本：787 mm × 1 092 mm 1 / 16

印张：17.5

字数：405 千字 印数：4 101—6 100

版次：2008 年 10 月第 1 版 印次：2013 年 1 月第 2 次印刷

定价：32.00 元

出版者的话

近年来，随着我国对基础设施建设投入的加大，水利水电工程建设也迎来了前所未有的黄金时间。截至 2006 年，全国已建成堤防 28.08 万公里，各类水库 85 849 座，2006 年水利工程在建项目 4 614 个，在建项目投资总规模达 6 121 亿元(《2006 年全国水利发展统计公报》)。水利水电工程的大规模建设对设计、施工、运行管理等水利水电专业人才的需求也更为迫切，如何更好地培养适应现今水利水电事业发展的优秀人才，成为水利水电专业院校共同面临的课题。作为水利水电行业的专业性科技出版社，我社长期关注水利水电学科的建设与发展，并积极组织水利水电类专著与教材的出版。

在对水利水电类本科层次教材的深入了解中，我们发现，以应用型本科教学为主的众多水利水电类专业院校普遍缺乏一套完整构建在校本科生专业知识体系又兼顾实践工作能力的教材。在广泛调研与充分征求各课程主讲老师意见的基础上，按照高等学校水利学科专业教学指导委员会对教材建设的指导精神与要求，并结合教育部实施的多层次建设、打造精品教材的出版战略，我社组织编写了本系列“全国高等院校水利水电类精品规划教材”。

此次规划教材的特点是：

(1)以培养水利水电类应用型人才为目标，充分重视实践教学环节。

(2)在依据现有的专业规范和课程教学大纲的前提下，突出特色，力求创新。

(3)紧扣现行的行业规范与标准。

(4)基本理论与工程实例相结合，易于学生接受与理解。

本系列教材除了涵盖传统专业基础课及专业课外，还补充了多个新开课程的教材，以便于学生扩充知识与技能，填补课堂无合适教材可用的空缺。同时，部分教材由工程技术人员或有工程设计施工从业经历的老师参与编写，也是此次规划教材的创新。

本系列教材的编写与出版得到了全国 21 所高等院校的鼎力支持，特别是三峡大学党委书记刘德富教授和华北水利水电学院副院长刘汉东教授对系列教材的编写与出版给予了精心指导，有效保证了教材出版的整体水平与质量。在此对推进此次规划教材编写与出版的各院校领导和参编老师致以最诚挚的谢意，是他们在编审过程中的无私奉献与辛勤工作，才使得教材能够按计划出版。

“十年树木，百年树人”，人才的培养需要教育者长期坚持不懈的努力，同样，好的教材也需要经过千锤百炼才能流传百世。本系列教材的出版只是我们打造精品专业教材的开始，希望各院校在对这些教材的使用过程中，提出改进意见与建议，以便日后再版时不断改正与完善。

黄河水利出版社

全国高等院校水利水电类精品规划教材

编审委员会

前 言

随着社会主义市场经济体制的改革和逐步完善，我国的工程造价计价和管理体制正处在变革时期,也对工程概预算工作提出了许多新的要求。水利部继 2002 年颁发了新的工程概预算定额和编制规定之后，分别于 2005 年、2006 年和 2007 年颁发了《水利工程概预算补充定额》、《水利工程概算补充定额(水文设施工程专项)》和《水利工程概预算补充定额(掘进机施工隧洞工程)》。2007 年 7 月 1 日，由水利部主编的《水利工程工程量清单计价规范》开始实施。为了适应这些新的变化，更好地满足当前我国水利水电工程建设的需要，我们编写了《水利水电工程概预算》。本教材是“全国高等院校水利水电类精品规划教材”之一。

本教材根据水利部最新颁发的编制规定、概预算定额、补充定额、《水利工程工程量清单计价规范》(GB 50501—2007)编写。在内容编排上，力求全面反映最新的概预算理论和编制方法，系统地介绍概预算编制的基本知识，使读者学习后能够独立编制水利水电工程概预算。全书共分三篇十三章，其中第一篇为总论，主要介绍基本建设与概预算概念、定额原理、水利水电工程费用构成以及水利水电工程基础单价的编制；第二篇为初步设计概算编制，主要介绍建筑工程概算编制、设备及安装工程概算编制、临时工程及独立费用概算编制和设计总概算编制；第三篇为工程概预算的动态控制，主要介绍投资估算、施工图预算和施工预算，工程量清单计价，工程概预算的管理与动态控制，工程概预算计算机辅助系统。全书内容由浅入深、通俗易懂、案例丰富。

本教材的编写分工如下：第一章、第六章由内蒙古农业大学王慧明、杨树青编写；第二章、第三章由黑龙江大学贾青编写；第四章、第十一章、附录一由山东农业大学张玉明编写；第五章、第八章由西北农林科技大学李凯编写；第七章、第九章的第一至第二节、附录二由沈阳农业大学李春生、河南黄河河务局赵雨森编写；第九章第三节由沈阳农业大学李春生和中南勘测设计研究院胡祥建编写；第十章由宁夏大学朱晓丽编写；第十二章和第十三章由云南农业大学陈运春编写。王慧明担任主编，李凯、陈运春、贾青、杨树青担任副主编。全书由王慧明统稿。

本教材由三峡大学陈新元担任主审。书稿完成之后，陈新元对教材送审稿进行了精心审阅，提出了许多宝贵意见，在此表示衷心感谢。同时，非常感谢支持、关心本教材出版工作的所有领导、专家、学者和编辑。

编写过程中参考和引用了许多教材、专著和其他资料，在此向这些文献的作者表示衷心的感谢。

本教材力求做到系统完整，理论阐述清楚，方法切实可用，但限于时间和编者水平，书中难免有不当之处，恳请广大读者批评指正。

编　者

目　录

第二篇　初步设计概算编制

第三篇　工程概预算的动态控制

第一篇 总 论

第一章 绪 论

基本建设工程概预算，是指根据不同设计阶段的具体内容和有关定额、指标分阶段编制相应的工程造价。水利水电工程造价，是指各类水利水电建设项目从筹建到竣工验收、交付使用全过程所需的全部费用。

水利水电建设关系着经济可持续发展和构建和谐社会，在国民经济建设中占有重要地位，已经成为我国经济社会发展中具有基础性、全局性和战略性的重大问题。当前水利水电工程建设投资渠道已形成多元化格局，主要有各级政府财政投入、社会集资、股份制及银行贷款、利用外资和民营集团投资等。在我国大规模水利水电建设中，合理地使用建设资金，提高工程投资效益是工程概预算工作的意义所在。具体地讲，就是在工程建设的全过程中，自工程立项决策到竣工投产，围绕工程造价进行优化、控制、管理，使有限的资源得到最有效的利用，确保实现建设项目的效益，保障参与建设的各方获取其合法收益。

水利水电工程造价管理，是指在水利水电工程建设的全过程中，全方位、多层次地利用经济、技术、法律等手段，对投资行为、工程价格进行预测、分析、计算、监督、管理、控制，达到以尽可能少的人力、物力和财力投入获取最大效益的一系列行为。其基本内容是在保证水利水电建设项目使用功能的前提下,合理确定和有效控制工程造价，提高投资效益。其基本原则是遵循价值规律，实行合理定价、静态控制、动态管理、明确职责、强化监督的管理机制，逐步建立和完善水利水电工程造价管理体系。

第一节 工程造价管理的历史与发展

一、工程造价管理的起源与发展

现代工程造价管理是随着资本主义社会化大生产的发展，在工程建设领域的分工协作越来越精细和复杂的条件下不断发展和完善的。

(一)完工后估价阶段(16 世纪至 18 世纪末)

16 世纪至 18 世纪末是概预算产生与发展的第一阶段。这一时期，随着经济的发展，人们对建筑的要求越来越高，尤其是 18 世纪 60 年代的产业革命，大批工业工厂需要修建，许多农民失去土地后涌入城市，需要大量住房，建筑业得到空前的发展。伴随着专业分工，工程设计和施工开始逐步分离为独立的专业。工程规模的扩大需要专业人员计算并对完成的工程量进行测量和估价。从事这些工作的人员逐渐专业化，在英国出现了确定和控制工程造价的专门职业——工料测量师(Quantity Surveyor)，同时开始了对工程造价管理理论和方法的研究。

(二)开工前的估价阶段(19 世纪初至 20 世纪 30 年代)

19 世纪初，资本主义国家在工程建设中开始推行招标投标制度，需要在工程设计完成而未开始施工前对工程量进行计算，并对工程造价作出预估，以便招标人确定标底、投标人进行报价。这使得确定工程造价的理论和方法研究更加深入，工程造价管理逐步形成独立的专业。

(三)建立投资计划和控制制度阶段(20 世纪 40 年代至 80 年代)

随着经济和生产的发展，工程建设中的投资者为了使投资行为更为明智和适当，使各种资源得到更为有效的利用，迫切需要在工程设计的早期阶段，甚至在决策阶段就能对投资进行估算，并且对工程的设计进行有效的监督和控制。工程承包商为了适应市场，也需要强化自身的工程造价管理和成本控制，从而进一步促进了工程造价管理专业的发展。从 20 世纪 40 年代开始，随着西方经济学的发展，许多经济学原理被运用到工程造价管理领域。工程造价管理开始重视投资效益评估，重视工程造价的经济和财务分析，并将加工制造业使用的成本控制方法引入到工程造价控制中。1950 年，英国教育部为了控制教育设施成本，采用分部工程成本规划法(Element Cost Planning)，随后英国皇家特许测量师协会(Royal Institute of Chartered Surveyor，简称 RICS)修改并发展了成本规划法，将成本设计后做计价变为计价与设计同步进行，从而使计价工作由被动变为主动。1964 年，RICS 成本信息部门又在计价领域跨出了一大步，颁布了划分建筑工程分部工程标准，从而方便了不同工程的成本比较和成本信息资料的储存。到了 20 世纪 70 年代末，建筑业产生了一种共识，认为计价仅仅考虑初始成本是不够的，还应考虑工程交付使用后的维修和运行成本，从而使计价工作贯穿于投资项目的全过程。1976 年，由美国、英国、荷兰等国家的造价工程师协会发起成立了国际造价工程师联合会。这一国际组织在推进工程造价管理理论和方法研究及其实际应用方面做了大量工作，并且世界各国也先后开展了造价工程师执业资格认证工作。

(四)综合与集成阶段(20 世纪 80 年代末至 90 年代初)

20 世纪 80 年代末以后，世界各国纷纷改进已有的工程造价控制和管理理论，并借助其他管理领域中理论和方法的最新成果，对工程造价管理进行更为深入和全面的研究。英国的工程造价管理学会提出工程建设“全生命周期管理(Live Cycle Costing)”，即对工程自可行性研究造价预测开始，至经济评价、建设期资金运用、工程实际造价确定，以及完工决算、后评价等各个阶段进行全过程的造价管理。1998 年，在荷兰召开的国际造价工程师联合会第 15 次会议上，又提出了“全面造价管理(Total Cost Management)”的概念，即运用系统的方法，有效地使用各种专门知识和专门技术，计划和控制资源、造价、盈利和风险，解决工程计划、经营管理、造价控制、经济评价等各项相关问题。

随着工程建设和商品经济的发展，工程造价管理日益完善。概括起来，现代工程造价管理具有以下特点：

(1)从事后算账发展到事先算账。从消极地反映已完工程量的价格，发展到在开工之前就进行工程量的计算和估价，为投资决策提供重要依据。

(2)从被动地反映设计和施工成果发展为能动地影响设计和施工。从在施工过程中确定工程造价和进行完工结算，发展到在决策阶段、设计阶段和工程实施阶段对工程投资和支出进行监督和控制，实现工程建设全过程中各方当事人对工程造价进行控制和管理，亦即对工程实现全过程全面造价管理。

(3)从依附于工程营造和建筑业发展成为一个独立的专业。一些国家成立了工程造价管理行业组织，有些高等学校还相应成立了工程造价管理专业。

二、我国工程造价管理的沿革

(一)概预算管理制度建立时期(1949~1957 年)

新中国成立初期，全国面临着大规模的恢复重建工作。第一个五年计划时期，国家为了基本建设管理、合理使用建设资金、提高投资效果，在总结三年恢复建设经验的基础上，引进苏联的概预算管理制度，设立了概预算管理部门，并颁布了一系列文件，建立和实施了适应计划经济体制的概预算制度，同时对概预算的编制原则、内容、方法和审批、修正办法、程序等作出了明确规定。

(二)概预算管理制度削弱时期(1958~1976 年)

1958 年“大跃进”期间，由于受极“左”思想的干扰，只讲政治，不讲经济，造成“设计无概算，施工无预算，竣工无决算”，投资失控的严重局面。施工企业的计划利润被废除，建设单位和承包单位不分，工程竣工后，实报实销。1966~1976 年，概预算制度被完全否定，概预算在工程建设中根本不起作用，国家投资严重失控，专业人员改行，大量资料流失。

(三)概预算管理制度恢复重建时期(1977~1991 年)

十年动乱之后，随着经济体制的改革，投资制度也进行了一系列改革。从 1977 年开始，国家有关部门着手整顿、健全概预算制度，组织概预算定额的编制和修订工作。1978 年国家计委、国家建委、财政部颁发了《关于加强基本建设概、预、决算管理工作的几项规定》，要求认真执行设计有概算、施工有预算、竣工有决算的“三算”制度。同时，各专业主管部门，各省、市、自治区还结合实际情况，对加强“三算”工作做了具体补充规定。1982 年国家计委颁发了《关于加强基本建设经济定额、标准、规范等基础工作的通知》。1983 年国家计委和中国人民银行总行联合颁发了《关于改进工程建设概预算工作的若干规定》等文件。到 1983 年，全国制定和修订的工程建设概预算定额已达 142 种。1990 年，中国建设工程造价管理协会成立，从而推动了工程计价的改革和发展。

(四)工程计价管理制度改革和发展时期(1992 年至今)

在改革开放的进程中，我国在建设管理体制上进行了重大改革。工程建设中全面推行了项目法人责任制、招标投标制、建设监理制和合同管理制。自 20 世纪 80 年代开始，我国在一些利用外资建设的工程项目中，按照国际惯例实行国际公开招标，运用国际通行的 FIDIC 条件进行工程建设管理，相应地，工程造价管理体制也进行了改革。1992 年，随着工程计价依据改革的不断深化，为了适应国际、国内建设市场改革的要求，建设部提出了“控制量、指导价、竞争费”的改革措施，在我国实行市场经济初期起到了积极作用。建设部从2000年开始先后在广东、吉林、天津等地率先实施工程量清单计价，经过3年的试点实践后，于2003年2月发布《建设工程工程量清单计价规范》，并于2003年7月1日起在全国范围内实施。2005年8月，中国水利工程协会成立，标志着我国水利行业的改革与发展开始向政府监管、市场调节、行业自律的新阶段迈进。2007年7月1日由水利部主编的《水利工程工程量清单计价规范》开始实施。它的实施是工程量计价由定额模式向工程量清单模式的过渡，是国家在工程量清单计价模式上的一次革命，是我国深化工程造价管理的重要措施。

为适应建设项目全过程造价管理的需要，提高工程造价专业人员的素质，确保建设工程造价管理工作的质量，我国已建立并执行了造价工程师执业资格制度。国家人事部、建设部于1996年发布了《造价工程师执业资格制度的暂行规定》。凡从事工程建设活动的建设、设计、施工、工程造价咨询、工程造价管理等单位和部门，必须在计价、评估、审查(核)、控制及管理等岗位配备有造价工程师执业资格的专业技术人员。2007年3月，水利部发布了《水利工程造价工程师注册管理办法》，规定水利行业实行水利工程造价工程师持证上岗制度。凡从事水利工程建设活动的项目法人、设计、监理、施工咨询、管理等单位，在工程计价、评估、合同管理等部门应设置工程造价审核岗位，此岗位必须由注册水利工程造价工程师上岗。2007年6月，中国水利工程协会发布了《水利工程造价工程师资格管理办法》，适用于水利工程造价工程师资格的考试、认证、培训等行业自律管理。造价工程师执业资格制度是工程造价管理的一项基本制度。

第二节　工程造价管理体制的改革

随着社会主义市场经济体制的逐步建立，我国工程建设中传统的概预算定额管理模式已无法适应优化资源配置的需求，将传统的概预算定额管理模式转变为工程造价管理模式已成为必然趋势。这种改革主要表现在以下几个方面。

(1)重视和加强项目决策阶段的投资估算工作，努力提高可行性研究报告中投资估算的准确度，切实发挥其控制建设项目总造价的作用。

(2)进一步明确概预算工作的重要作用。概预算不仅要计算工程造价，更要能动地影响设计、优化设计，从而发挥控制工程造价、促进建设资金合理使用的作用。工程设计人员要进行多方案的技术经济比较，通过优化设计来保证设计的技术经济合理性。

(3)推行工程量清单计价模式，以适应我国建筑市场发展的要求和国际市场竞争的需要，逐步与国际惯例接轨。

(4)引入竞争机制，通过招标方式择优选择工程承包公司和设备材料供应单位，以促使这些单位改善经营管理，提高应变能力和竞争能力，降低工程造价。

(5)提出用“动态”方法研究和管理工程造价。研究如何体现项目投资额的时间价值，要求各地区、各部门工程造价管理机构定期公布各种设备、材料、工资、机械台班的价格指数以及各类工程造价指数，建立地区、部门乃至全国的工程造价管理信息系统。

(6)提出对工程造价的估算、概算、预算、承包合同价、结算价、竣工决算实行“一体化”管理，并研究如何建立一体化的管理制度，改变过去分段管理的状况。

(7)发展壮大工程造价咨询机构，建立健全造价工程师执业资格制度。

我国工程造价管理体制改革的最终目标是：建立市场形成价格的机制，实现工程造价管理市场化，形成社会化的工程造价咨询服务业，与国际惯例接轨。

思考题

1. 判断正误

(1)1998 年在荷兰举行的国际造价工程师联合会第 15 次专业大会上提出了“全面造价管理”的概念和理论。（　）

(2)水利行业实行水利工程造价工程师持证上岗制度，对造价工程师实行从业资格管理。（　）

(3)凡从事水利工程建设活动的项目法人、设计、监理、施工、咨询、管理等单位，在工程计价、评估、合同管理等部门，应当设置工程造价审核岗位，此岗位必须由注册水利工程造价工程师上岗。（　）

(4)现代工程造价管理具有能动地影响工程设计和施工的作用。（　）

(5)水利水电工程造价管理即为编制水利水电工程概预算。（　）

2. 选择题

(1)水利水电工程造价管理的基本内容是(　　)。

A. 编制工程概预算　B. 合理确定和有效控制水利水电工程造价

C. 编制工程招标标底　D. 进行工程投标报价

(2)现代工程造价管理具有(　　)的特点。

A. 依附于工程营造或建筑业　B. 仅在工程施工阶段发挥作用

C. 从事后算账发展到事先算账　D. 所有的工程项目均实行招标投标

(3)我国工程造价管理体制改革的最终目标是(　　)。

A. 定额管理实现量价分离　B. 建立工程造价信息网络系统

C. 建立以市场形成价格为主的价格机制　D. 建立工程造价的监督和检查制度

第二章 基本建设与概预算概念

第一节 基本建设概述

一、基本建设的含义

基本建设是发展社会生产、增强国民经济实力的物质技术基础，是改善和提高人民群众物质生活水平和文化水平的重要手段，是实现社会扩大再生产的必要条件。基本建设是指国民经济各部门利用国家预算拨款、自筹资金、国内外基本建设贷款以及其他专项基金进行的以扩大生产能力(或增加工程效益)为主要目的的新建、扩建、改建、技术改造、更新和恢复工程及有关工作。如建造工厂、矿山、港口、铁路、电站、水库、医院、学校、商店、住宅和购置机器设备、车辆、船舶等活动以及与之紧密相连的征用土地、房屋拆迁、勘测设计、培训生产人员等工作。换言之，基本建设就是指固定资产的建设，即建筑、安装和购置固定资产的活动及与之相关的工作。

基本建设通过一系列的投资活动来实现。基本建设投资是为了进行固定资产再生产活动而预付的货币资金，是为取得预期效益而进行的一种经济行为，是反映基本建设规模和增长速度的综合性指标。其组成要素有以下三个部分：

(1)建筑、安装工程费，包括建筑工程费和设备安装工程费。这部分投资通过建筑施工和设备安装活动才能实现。

(2)设备、工具、器具购置费，即购置或自制达到固定资产标准的设备、工具、器具的价值。

(3)独立费用，包括建设单位管理费、勘测设计费、科研试验费、建设及施工场地征用费、联合试运转费、生产人员培训费、生产准备费等。

“基本建设”一词是20世纪50年代我国从俄文翻译过来的，西方国家称之为固定资本投资，日本叫建设投资。需要指出的是，对于基本建设的含义，我国学术界历来有争议。一种观点认为，基本建设是指固定资产的扩大再生产，不包括固定资产的恢复、更新和技术改造，即将固定资产的投资分为基本建设投资和更新改造投资；另一种观点认为，基本建设就是固定资产的再生产，既包括固定资产的扩大再生产，又包括固定资产的简单再生产，即基本建设投资就是通常所说的固定资产投资。此外，还存在介于上述两种观点之间的观点，认为基本建设是指固定资产扩大再生产和部分简单再生产。在实际工作中，要区分基本建设投资和更新改造投资是困难的，加上资金分散管理，硬性划分它们，反而给计划统计工作增加很多困难。因此，用固定资产投资代替基本建设投资，概念上比较明确，范围亦更清楚，不仅可以消除计划统计工作中的许多困难，而且与国外的固定资本投资统计资料进行对比分析时，口径上更为一致。

二、基本建设项目种类

基本建设项目是指在行政上有独立的组织形式，在经济上实行独立核算，可直接与其他企业或单位建立经济往来关系，按照一个总体设计进行施工的建设单位。一般以一个企业或联合企业单位、事业单位或独立工程作为一个建设项目，例如，独立的工厂、矿山、水库、水电站、港口、灌区工程等。凡属于一个总体设计中的主体工程和相应的附属配套工程、综合利用工程、环境保护工程、供水工程、供电工程以及水库的干渠配套工程等，只作为一个建设项目。企业、事业单位按照规定用基本建设投资单纯购买设备、工具、器具，如车、船、勘探设备、施工机械等，虽然属于基本建设范围，但不作为基本建设项目。由于分类方法不同，基本建设项目有许多种分类。

按照建设项目的建设性质不同，基本建设项目可分为新建、扩建、改建、恢复和迁建项目。技术改造项目一般不作这种分类。一个建设项目只有一种性质，在项目按总体设计全部建成之前，其建设性质是始终不变的。

(1)新建项目，即原来没有、现在新开始建设的项目。有的建设项目并非从无到有，但其原有基础薄弱，经过扩大建设规模，新增加的固定资产价值超过原有固定资产价值的 3 倍以上，也可称为新建项目。

(2)扩建项目，即在原有的基础上为扩大原有产品生产能力或增加新的产品生产能力而新建的主要车间或工程项目。

(3)改建项目，指原有企业以提高劳动生产率，改进产品质量，或改变产品方向为目的，对原有设备或工程进行改造的项目。有的为了提高综合生产能力，增加一些附属或辅助车间和非生产性工程，也属于改建项目。在现行管理上，将固定资产投资分为基本建设项目和技术改造项目，从建设性质看，后者属于基本建设中的改建项目。

(4)恢复项目，指企业、事业单位因自然灾害、战争等原因，使原有固定资产全部或部分报废，以后又按原有规模恢复建设的项目。

(5)迁建项目，指原有的企业、事业单位，由于改变生产布局或环境保护和安全生产以及其他特别需要，迁往外地建设的项目。

水利水电基本建设项目一般包括新建、续建、改建、加固、修复工程建设项目。

(一)按用途划分

基本建设项目还可以按用途分为生产性建设项目和非生产性建设项目。

(1)生产性建设项目，指直接用于物质生产或满足物质生产需要的建设项目，如工业、建筑业、农业、水利、气象、运输、邮电、商业、物资供应、地质资源勘探等建设项目。

(2)非生产性建设项目，指用于人民物质生活和文化生活需要的建设项目，如住宅、文教、卫生、科研、公用事业、机关和社会团体等建设项目。

(二)按规模或投资大小划分

基本建设项目按建设规模或投资大小分为大型项目、中型项目和小型项目。国家对工业建设项目和非工业建设项目均规定有划分大、中、小型的标准，各部委对所属专业建设项目也有相应的划分标准，如水利水电建设项目就有对水库、水电站、堤防等划分为大、中、小型的标准。

(三)按隶属关系划分

建设项目按隶属关系可分为国务院各部门直属项目、地方投资国家补助项目、地方项目、企事业单位自筹建设项目。1997 年 10 月国务院印发的《水利产业政策》把水利工程建设项目划分为中央项目和地方项目两大类。

(四)按建设阶段划分

建设项目按建设阶段分为预备项目、筹建项目、施工项目、建成投产项目、收尾项目和竣工项目等。

(1)预备项目(或探讨项目)，是指按照中长期投资计划拟建而又未立项的建设项目，只作初步可行性研究或提出设想方案供参考，不进行建设的实际准备工作。

(2)筹建项目(或前期工作项目)，是指经批准立项，正在进行建设前期准备工作而尚未开始施工的项目。

(3)施工项目，是指本年度计划内进行建筑或安装施工活动的项目，包括新开工项目和续建项目。

(4)建成投产项目，是指年内按设计文件规定建成主体工程和相应配套的辅助设施，形成生产能力或发挥工程效益，经验收合格并正式投入生产或交付使用的建设项目，包括全部投产项目、部分投产项目和建成投产单项工程。

(5)收尾项目，是指以前年度已经全部建成投产，但尚有少量不影响正常生产使用的辅助工程或非生产性工程，在本年度继续施工的项目。

(6)竣工项目，是指本年内办理完竣工验收手续，交付投入使用的项目。

国家根据不同时期国民经济发展的目标、结构调整任务和其他一些需要，对以上各类建设项目制定不同的调控和管理政策、法规、办法。因此，系统地了解上述建设项目的各种分类对建设项目的管理具有重要意义。

三、基本建设项目划分

一个基本建设项目往往规模大、建设周期长、影响因素复杂。因此，为了便于编制基本建设计划，编制概预算，组织材料供应，组织招标投标，安排施工和控制投资，拨付工程款项，进行经济核算等生产经营管理的需要，通常按项目本身的内部组成，将其划分为建设项目、单项工程、单位工程、分部工程和分项工程。

建设项目也称为基本建设项目，如前所述，是指在一个场地或几个场地上按一个总体设计进行施工的各个工程项目的总和，如一个独立的工厂、水库、水电站等。

单项工程是建设项目的组成部分。单项工程具有独立的设计文件，建成后可以独立发挥生产能力或效益。例如一个工厂的生产车间，一所学校的教学楼、食堂、宿舍，一个水利枢纽的拦河坝、电站厂房、引水渠等都是单项工程。

单位工程是单项工程的组成部分，是指不能独立发挥生产能力但具有独立施工条件的工程。一般以建筑物的建筑及安装来划分，如灌区工程中进水闸、分水闸、渡槽；水电站引水工程中的进水口、调压井等都是单位工程。

分部工程是单位工程的组成部分，一般以建筑物的主要部位或工种来划分，例如房屋建筑工程可划分为基础工程、墙体工程、屋面工程等；也可以按照工种来划分，如土石方工程、钢筋混凝土工程、装饰工程等；隧洞工程可以分为开挖工程、衬砌工程等。

分项工程是分部工程的细分，是建设项目最基本的组成单元，也是最简单的施工过程，例如砖石工程按工程部位，划分为内墙、外墙等分项工程。建设项目分解如图 2-1 所示。

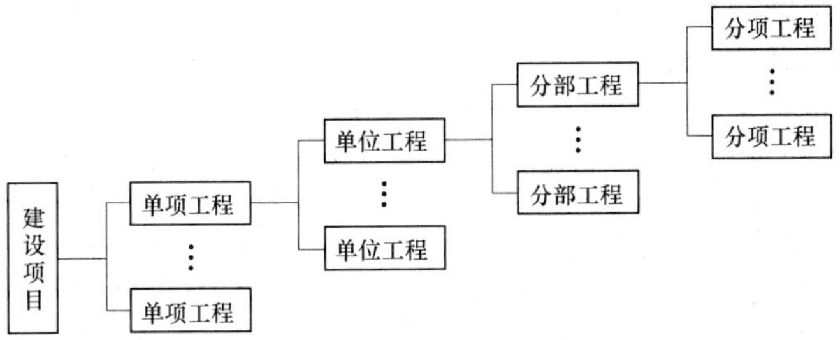

图 2-1　建设项目分解示意图

由于水利水电工程是个复杂的建筑群体，同其他工程相比，包含的建筑群体种类多，涉及面广。例如大中型水电工程除拦河坝(闸)、主副厂房外，还有变电站、开关站、引水系统、输水系统、泄洪设施、过坝建筑、输变电线路、公路、铁路、桥涵、码头、通信系统、给排水系统、供风系统、制冷设施、附属辅助企业、文化福利建筑等，难以严格按单项工程、单位工程、分部工程和分项工程来确切划分。因此，对于水利水电基本建设项目有专门的项目划分规定。

水利工程按工程性质划分为枢纽工程、引水工程及河道工程两大类。枢纽工程包括水库、水电站和其他大型独立建筑物；引水工程及河道工程包括供水工程、灌溉工程、河湖整治工程和堤防工程。水利工程概算由工程部分、移民和环境两部分构成。工程部分划分为建筑工程、机电设备及安装工程、金属结构设备及安装工程、施工临时工程、独立费用等五个部分，每部分从大到小又划分为一级项目、二级项目、三级项目等。一级项目相当于单项工程，二级项目相当于单位工程，三级项目相当于分部、分项工程。移民和环境部分划分为水库移民征地补偿、水土保持工程和环境保护工程。

四、基本建设程序

基本建设的特点是投资多，建设周期长，涉及的专业和部门多，工作环节错综复杂。为了保证工程建设顺利进行，达到预期的目的，在基本建设的实践中，逐渐总结出一套大家共同遵守的工作顺序，这就是基本建设程序。基本建设程序是基本建设全过程中各项工作的先后顺序和工作内容及要求。

基本建设程序是客观存在的规律性反映，不按基本建设程序办事，就会受到客观规律的惩罚，给国民经济造成严重损失。严格遵守基本建设程序是进行基本建设工作的一项重要原则，1982 年国务院关于控制投资规模的规定中指出："所有建设项目必须严格按照基本建设程序办事，事前没有进行可行性研究和技术经济论证，没有做好勘察设计等建设前期工作的，一律不得列入年度建设计划，更不准仓促开工。"

国民经济长远规划和流域规划，是水利水电工程建设的根本依据。在水利水电工程建设时应首先做好流域(或区域)规划。

流域(或区域)规划就是根据流域(或区域)的水资源条件和防洪状况以及国家长远计划对该地区水利水电建设发展的要求，提出该流域(或区域)水资源的梯级开发和综合利用的方案及消除水害的方案。因此，进行流域(或区域)规划必须对流域(或区域)的自然地理、经济状况等进行全面的、系统的调查研究，初步确定流域(或区域)内可能的工程位置和工程规模，并进行多方案的分析比较，选定合理的建设方案，推荐近期建设的工程项目。

1998 年水利部发布的水利工程建设程序一般分为：项目建议书、可行性研究报告、初步设计、施工图设计、施工准备、建设实施、生产准备、竣工验收、后评价等阶段。鉴于水利水电基本建设较其他部门的基本建设有一定的特殊性，工程失事后危害性也比较大，因此水利水电基本建设程序较其他部门更为严格。现以水利系统为例，简要介绍基本建设程序。

(一)项目建议书阶段

项目建议书是在流域(或区域)规划的基础上，由主管部门(或投资者)对准备建设的项目作出大体轮廓性设想和建议，为确定拟建项目是否有必要建设、是否具备建设的基本条件、是否值得投入资金和人力、是否需要再做进一步的研究论证工作提供依据。

项目建议书编制一般委托有相应资质的设计单位承担，并按国家规定权限向上级主管部门申报审批。项目建议书被批准后由政府向社会公布，若有投资建设意向，应及时组建项目法人筹备机构，开展下一阶段建设程序工作。

(二)可行性研究阶段

这一阶段的工作主要是对项目在技术上和经济上是否可行进行综合的、科学的分析和论证。可行性研究应对项目在技术上是否先进、适用、可靠，在经济上是否合理、可行，在财务上是否盈利作出多方案比较，提出评价意见，推荐最佳方案。可行性研究报告是建设项目立项决策的依据，也是项目办理资金筹措、签订合作协议、进行初步设计等工作的依据和基础。

可行性研究报告，按国家现行规定的审批权限报批。申请项目可行性研究报告，必须同时提出项目法人组建方案及运行机制、资金筹措方案、资金结构及回收资金办法，并依照有关规定附具有管辖权的水行政主管部门或流域机构签署的规划同意书，对取水许可预申请的书面审查意见，审批部门要委托有相应资质的工程咨询机构对可行性研究报告进行评估，并综合行业归口主管部门、投资机构(公司)、项目法人(或项目法人筹备机构)等方面的意见进行审批。项目可行性研究报告批准后，应正式成立项目法人，并按项目法人责任制进行管理。

(三)初步设计阶段

初步设计是根据批准的可行性研究报告和必要而准确的设计资料，对设计对象进行通盘研究，阐明拟建工程在技术上的可行性和经济上的合理性，规定项目的各项基本技术参数，编制项目的总概算。初步设计任务应择优选择有项目相应资质的设计单位承担，依照有关初步设计编制规定进行编制。

(四)施工图设计阶段

施工图设计阶段是在初步设计和技术设计的基础上，根据建筑安装工作的需要，针对各项工程的具体施工，绘制施工详图。施工图纸一般包括：施工总平面图，建筑物的平面、立面、剖面图，结构详图(包括配筋图)，设备安装详图，各种材料、设备明细表，施工说明书。根据施工图设计，提出施工图预算及预算书。

设计文件编好以后，必须按规定进行审核和批准。施工图设计文件系已定方案的具体化，由设计单位负责完成。在交付施工单位时，须经建设单位技术负责人审查签字。根据现场需要，设计人员应到现场进行技术交底，并可以根据项目法人、施工单位及监理单位提出的合理化建议进行局部设计修改。

(五)施工准备阶段

项目施工准备阶段的工作较多，涉及面较广，主要内容包括：申请列入固定资产投资计划；编制建设项目的实施计划；组织招标设计以及设备、物资采购等服务；组织工程建设监理和施工招标投标；开展征地、拆迁，完成施工用水、电、通信、路和场地平整工作；组织和建设必需的生产、生活临时建筑工程等。这一阶段的各项工作，对于项目开工后能否顺利进行具有决定性作用。

水利水电工程招标均在初步设计批准以后进行，但初步设计文件尚不能满足招标需要，为此多需进行招标设计，招标设计后签订施工合同，然后按照施工详图文件进行施工。

施工准备工作开始前，项目法人或其代理机构，须依照有关规定，向水行政主管部门办理报建手续，项目报建须交验工程建设项目的有关批准文件。工程项目进行项目报建登记后，方可进行施工准备工作。

(六)建设实施阶段

当开工准备基本就绪后，应由项目法人提出申请开工报告，经主管部门严格审批，才能开工兴建。根据国家规定，大中型建设项目的开工报告要报国家计委批准。

施工是把设计变为具有使用价值的建设实体，必须严格按照设计图纸进行，如有修改变动，要征得设计单位的同意。施工单位要严格履行合同，要与建设、设计单位和监理工程师密切配合。在施工过程中，各个环节要相互协调，要加强科学管理，确保工程质量，全面按期完成施工任务。要按设计和施工验收规范验收，对地下工程，特别是基础和结构的关键部位，一定要在验收合格后，才能进行下一道工序施工，并做好原始记录。

(七)生产准备阶段

在施工过程中，建设单位应当根据建设项目的生产技术特点，按时组成专门班子，有计划、有步骤地做好各项生产准备，为竣工后投产创造条件。生产准备工作主要有生产组织准备、招收和培训人员、生产技术准备、生产物资准备、正常的生活福利设施准备、制定必要的管理制度和安全生产操作规程等。

(八)竣工验收阶段

水利水电工程按照设计文件所规定的内容建成以后，在办理竣工验收以前，必须进行试运行。例如，对灌溉渠道来说，要进行放水试验；对水电站、抽水站来说，要进行试运转和试生产，检查考核是否达到设计标准和施工验收中的质量要求。如工程质量不合格，应返工或加固。

竣工验收的目的是全面考核建设成果，检查设计和施工质量；及时解决影响投产的问题；办理移交手续，交付使用。

竣工验收程序一般分两个阶段：单项工程验收和整个工程项目的全部验收。对于大型工程，因建设时间长或建设过程中逐步投产，应分批组织验收。验收之前，项目法人要组织设计、施工等单位进行初验并向主管部门提交验收申请，根据国家和部颁验收规程，组织验收。

水利水电工程把上述验收程序分为阶段验收和竣工验收，凡能独立发挥作用的单项工程均应进行阶段验收，如截流、下闸蓄水、机组启动、通水等。

(九)后评价阶段

后评价是工程交付生产运行后一段时间内，一般经过1~2年生产运行后，对项目的立项决策、设计、施工、竣工验收、生产运行等全过程进行系统评估的一种技术经济活动，是基本建设程序的最后一环。通过后评价达到肯定成绩、总结经验、研究问题、提高项目决策水平和投资效果的目的。评估的内容主要包括：

(1)影响评价。通过项目建成投入生产后对社会、经济、政治、技术和环境等方面所产生的影响来评价项目决策的正确性。如果项目建成后没达到决策时的目标，或背弃了决策目标，则应分析原因，找出问题，加以改进。

(2)经济效益评价。通过对项目建成投产后所产生的实际效益的分析，来评价项目投资是否合理，经营管理是否得当，并与可行性研究阶段的评价结果进行比较，找出两者之间的差异及原因，提出改进措施。

(3)过程评价。前述两种评价是从项目投产后运行结果来分析评价的。过程评价则是从项目的立项决策、设计、施工、竣工投产等全过程进行系统分析，找出成败的原因。

上述九项内容基本上反映了水利水电工程基本建设工作的全过程。电力系统中的水力发电工程与此基本相同，不同点是，将初步设计阶段与可行性研究阶段合并，称为可行性研究阶段，其设计深度与水利系统初步设计接近，增加“预可行性研究阶段”，其设计深度与水利系统的可行性研究接近。其他基本建设工程除了没有流域(或区域)规划，其余工作也大体相同。

基本建设过程大致上可以分为三个时期，即前期工作时期、工程实施时期、竣工投产时期。从国内外的基本建设经验看，前期工作最重要，一般占整个过程50%~60%的时间。前期工作搞好了，其后各阶段的工作就容易顺利完成。

同我国基本建设程序相比，国外通常也把工程建设的全过程分为三个时期，即投资前时期、投资时期、投资回收时期。内容主要包括：投资机会研究、初步可行性研究、可行性研究、项目评估、基础设计、原则设计、详细设计、招标发包、施工、竣工投产、生产阶段、工程后评估、项目终止等步骤。国外非常重视前期工作，建设程序与我国现行程序大同小异。

不同的国家，在具体的项目划分上有所不同。美国把设计工作划分成一些更为详细的工作阶段。例如，编制工艺流程图、总布置图、系统技术说明、工艺和仪表系统图、项目准则、设备清单、设备技术规定、施工图、施工技术规定等，这些工作或相继进行，或交错进行，其工作成果则陆续完成，陆续送审。这样便于及时听取雇主意见，并取得雇主的认可。

第二节　水利水电工程造价基础理论

一、工程造价

(一)工程造价的含义

工程造价的直意就是工程的建造价格。水利水电工程造价是指各类水利水电建设项目从筹建到竣工验收、交付使用全过程所需的全部费用。工程造价有两层含义。

(1)第一层含义。工程造价是指建设项目的建设成本，即完成一个建设项目所需费用的总和，包括建筑工程费、安装工程费、设备费，以及其他相关的必需费用。对上述几类费用可以分别称为建筑工程造价、安装工程造价、设备造价等。显然，这一含义是从投资者的角度来定义的，投资者选定一个项目，为了获得预期的效益，就要通过项目评估进行决策，然后进行设计招标、工程招标直至竣工验收等一系列投资管理活动。在投资活动中所支付的全部费用形成了固定资产和无形资产，所有这些开支就构成了工程造价。从这个意义上说，工程造价就是工程投资费用，建设项目工程造价就是建设项目固定资产投资。

(2)第二层含义。工程造价是指建筑产品价格，即工程价格，就是为建成一项工程，预计或实际在土地市场、设备市场、技术劳务市场以及承发包等交易活动中所形成的建筑安装工程的价格和建设工程总价格。它是在社会主义市场经济条件下，以工程这种特定的商品形式作为交易对象，通过招投标、承发包或其他交易方式，由市场形成的价格。工程的范围和内涵既可以是涵盖范围很大的一个建设项目，也可以是一个单项工程，甚至也可以是整个建设过程中的某个阶段，如水库的土石坝工程、溢洪道工程、渠首工程等；或者其中的某个组成部分，如土方工程、混凝土工程、砌石工程等。

通常把工程价格作一个狭义的理解，即认为工程价格指的是工程承发包价格。工程承发包价格是工程价格中的一种最重要、最典型的价格形式。它是在建筑市场通过招标投标，由需求主体(投资者)和供给主体(建筑商)共同认可的价格。工程承发包交易活动形成的建筑安装工程价格在水利水电工程项目所形成的固定资产中占有50%~60%的份额，也是工程建设中最活跃的部分；同时，施工企业是建设工程的实施者并占有重要的市场主体地位。

工程造价的两层含义，即建设成本和工程承发包价格，二者既有区别，又相互联系。

1. 二者之间的区别

(1)建设成本的边界涵盖建设项目的全部费用，工程价格的范围却只包括建设项目的局部费用，如承发包工程部分的费用。在总体数额及内容组成上，建设成本总是大于工程承发包价格的。这种区别即使对“交钥匙”工程也是存在的，比如业主本身对项目的管理费、咨询费、建设项目的贷款利息等是不可能纳入工程承发包范围的。

(2)建设成本是对应于业主而言的。在确保建设要求、质量的基础上，为谋求以较低的投入获得较高的产出，建设成本总是越低越好。工程价格如工程承发包价格是对应于发包方、承包方双方而言的。工程承发包价格形成于发包方与承包方的承发包关系中，亦即合同下的买卖关系中。双方的利益是矛盾的。在具体工程上，双方都在通过市场谋求有利于自身的承发包价格，并保证价格的兑现和风险的补偿，因此双方都需要对具体工程项目进行管理。这种管理显然属于价格管理范畴。

(3)建设成本中不含业主的利润和税金，它形成了投资者的固定资产，工程价格中含有承包方的利润与税金。

2. 二者之间的联系

(1)工程价格以“价格”形式进入建设成本，是建设成本的重要组成部分。

(2)实际的建设成本(决算)反映实际的工程承发包价格(结算)，预测的建设成本则要反映市场正常行情下的工程价格。也就是说，在预测建设成本时，要反映建筑市场的正常情况，反映社会必要劳动时间，亦即通常所说的标准价、指导价。

(3)建设项目中承发包工程的建设成本等于承发包价格。目前承发包一般限于建筑安装工程，在这种情况下，建筑或安装工程的建设成本也就等于建筑或安装工程承发包价格。

(4)建设成本的管理要服从工程价格的市场管理，工程价格的市场管理要适当顾及建设成本的承受能力。

无论工程造价的哪种含义，它强调的都只是工程建设所消耗资金的数量标准。

(二)工程造价的职能

工程造价除具有一般商品价格职能，还具有自己特殊的职能，这些职能有以下几点。

(1)预测职能。由于建设工程，特别是水利水电工程，造价一般都很大，无论是投资者或是承包商都要对拟建工程进行预先测算。投资者预先测算工程造价，不仅作为项目决策依据，同时也是筹措资金、控制造价的依据。承包商对工程造价的测算，既为投标决策提供依据，也为投标报价和成本管理提供依据。

(2)控制职能。工程造价的控制职能表现在两方面：一方面是它对投资的控制，即在投资的各个阶段，根据对造价的多次性预估，对造价进行全过程、多层次的控制；另一方面是对以承包商为代表的商品和劳务供应企业的成本控制。在价格一定的条件下，企业实际成本开支决定企业的盈利水平。成本越高盈利越低，成本高于价格就危及企业的生存。所以，企业要以工程造价来控制成本，利用工程造价提供的信息资料作为控制成本的依据。

(3)评价职能。工程造价是评价总投资和分项投资合理性和投资效益的主要依据之一。为评价各项工程价格的合理性，就必须利用工程造价资料。在评价建设项目偿贷能力、获利能力和宏观效益时，也要依据工程造价。工程造价也是评价建筑安装企业管理水平和经营效益的重要依据。

(4)调控职能。工程建设直接关系到经济增长，也直接关系到国家重要资源分配和资金流向，对国计民生都产生重大影响。所以，国家对建设规模、结构进行宏观调控在任何条件下都是不可缺少的，对政府投资项目进行直接调控和管理也是非常必要的。这些都要用工程造价作为经济杠杆，对工程建设中的物质消耗水平、建设规模、投资方向等进行调控和管理。

工程造价上述四个方面的职能是由建设工程自身特点决定的，但在不同的经济体制下，这些职能的实际情况很不相同。在单一计划经济体制下，工程造价的职能很难得到实现；只有在社会主义市场经济体制下，才能充分发挥工程造价的职能。工程造价职能实现的条件，最主要的是市场竞争机制的形成。

二、宏观与微观的工程造价管理

工程造价管理是指在工程建设的全过程中，全方位、多层次地运用技术、经济与法律等管理手段，解决工程建设项目的造价预测、控制、监督、分析等实际问题，其目的是以尽可能少的人力、物力和财力来获取最大的投资效益。1997年，国际全面造价管理促进协会在其官方网站上，对工程造价管理的最新定义是：造价工程或造价管理，其领域包括应用从事造价工程实践所获得的工程经验与判断和通过学习掌握的科学原理与技术，去解决有关工程造价预算、造价控制、运营计划与管理、盈利分析、项目管理以及项目计划与进度安排等方面的问题。

工程造价管理可分为宏观造价管理和微观造价管理。

(一)宏观的工程造价管理

宏观造价管理是指国家利用法律、经济、行政等手段对建设项目的建设成本和工程承发包价格进行的管理，利用市场机制引导企业做出适应经济发展和满足市场需求的正确决策，如图2-2所示。

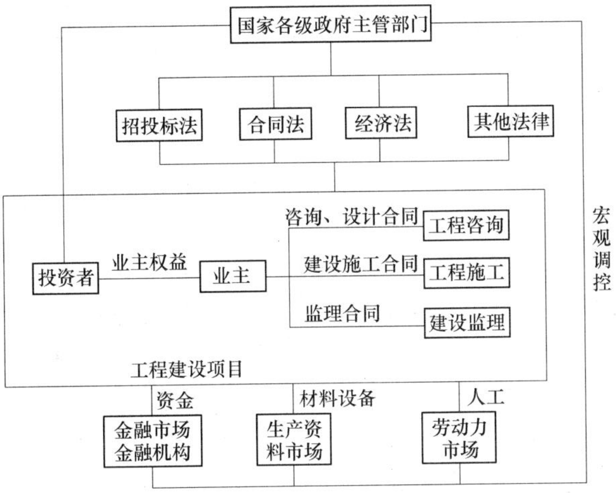

图 2-2 国家对工程造价的宏观调控

国家从国民经济的整体利益和需求出发，通过利率、税收、汇率、价格等政策和强制性的标准、法律等左右着、影响着建设成本的高低走向，通过这些政策的引导和监督，达到对建设项目成本的宏观造价管理。

国家对承发包价格的宏观管理，主要是规范市场行为和对市场定价的管理。国家通过行政、法律等手段对市场经济进行引导和监控，以保证市场有序竞争，避免各种类型(包括不合理涨价、压价在内)的不正当竞争行为的发生、发展，加强对市场定价的管理，维护承发包各方的正当权益。

国家的指导和宏观调控作用主要表现为：①对于国家投资的工程，政府要监督国有资产的运行效益，保证国有资产保值、增值。②政府的主管部门根据国家经济发展战略和规划，制定出相关的行业政策、法规，指导建设项目向社会和市场需要的方向发展。政府主管部门通过信息网络向业主和中介机构提供市场信息和政府的指导方针，指出国家重点方针的行业和地区以及国家限制方针的项目。③政府通过制定财政、税收和金融货币政策调节资金市场和生产资料市场，从而由市场的价格机制来引导企业参与市场竞争，这就是间接调控。

(二)微观的工程造价管理

微观的工程造价管理是指业主对某一建设项目的建设成本的管理和承发包双方对工程承发包价格的管理。

谋求以较低的投入获取较高的产出，降低建设成本是业主追求的目标。建设成本的微观造价管理是指业主对建设成本实行从前期开始的全过程控制和管理，即工程造价预控、预测和工程实施阶段的工程造价控制、管理以及工程实际造价的计算。

工程承发包价格是发包方与承包方通过承发包合同确定的价格，它是承发包合同的重要组成部分。发包方、承包方为了维护各自的利益，保证价格的兑现和风险的补偿，双方都要对工程承发包价格(对发包方而言为发包价；对承包方而言为承包价)，如工程价款的支付、结算、变更、索赔、奖惩等，做出明确的规定。这就是工程承发包价格的微观管理。

对承包商来说，其根本目标在于最大限度地实现利润。这就使得承包商在施工过程中努力降低成本，扩大利润。降低成本既要控制人工费、材料费、机械费、周转材料费等以减少开支，又要认真会审图纸、加强合同预算管理、制订先进的施工组织计划以增加工程收入，必要时进行索赔。这就是承包商对工程造价的微观管理。

三、不同建设阶段的工程造价管理

工程造价管理不仅是指概预算编制，也不仅是指投资管理，而是指建设项目从可行性研究阶段工程造价的预测开始，工程造价预控、经济性论证、承发包价格确定、建设期间资金运用管理到工程实际造价的确定和经济后评价为止的整个建设过程的工程造价管理。

由于工程分阶段进行而且生产周期长，应根据不同建设阶段造价控制的要求编制不同深度的造价文件，包括投资估算、设计概算、施工图预算、招投标合同价格、竣工结算、竣工决算等。

(1)在项目建议书阶段，按照有关规定，应编制投资估算。经有关部门批准，作为拟建项目列入国家中长期计划和开展前期工作的控制造价。

(2)可行性研究阶段编制投资估算书，对工程造价进行预测。工程造价的全过程管理要从估算这个“龙头”抓起，充分考虑各种可能的意外和风险及价格上涨等动态因素，打足投资，不留缺口，适当留有余地。

(3)初步设计阶段编制概算，对工程造价作进一步的测算。初步设计阶段对建筑物的布置、结构形式、主要尺寸及设备选型等重大问题都已明确，可行性研究阶段遗留的不确定因素已基本不存在，所以概算对工程造价不是一般的预测，而是具有定位性质的测算。

(4)技术设计阶段和施工图设计阶段，设计单位应分别编制修正概算和施工图预算，要对工程造价作更进一步的计算。

(5)标底必须控制在业主预算范围以内。对于投标单位则要对投标项目按招标文件给定的条件，在对工程风险及竞争形势分析的基础上作出报价。

(6)工程实施阶段的工程造价管理，包括两个层次的内容：①业主与其代理机构(建设管理单位)之间的投资管理；②建设单位与施工承包单位之间的合同管理。第一个层次的主要内容有编制业主预算、资金的统筹与运作、投资的调整与结算。第二个层次的主要内容有工程价款的支付、调整、结算以及变更和索赔的处理等。

(7)建设项目全部工程完工后，建设单位应编制竣工决算，以反映从工程筹建到竣工验收实际发生的全部建设费用的投资额度和投资效果。

四、建筑产品特点和价格

(一)建筑产品特点

与一般工业产品相比，建筑产品具有以下特点。

(1)建筑产品建设地点的不固定性。建筑产品都是在选定的地点上建造的，如水利水电工程一般都是建筑在河流上或河流旁边，它不能像一般工业产品一样在工厂里重复地、批量地进行生产，因为工业产品的生产一般不受时间及气象条件限制。由于建筑产品的施工地点不同，使得对于用途、功能、规模、标准等基本相同的建筑产品，因其建设地点的地质、气象、水文条件等不同，其造型、材料选用、施工方案等都有很大的差异，从而影响着产品的造价。此外，不同地区工人的工资标准以及某些费用标准，例如材料运输费、冬雨季施工增加费、特殊地区施工增加费等，都会由于建设地点的不同而不同，使建筑产品的造价有很大的差异。水利水电工程受水文、地质、气象因素的影响大，形成价格的因素比较复杂。

(2)建筑产品的单件性。建筑产品一般各不相同，千差万别，特别是水利水电工程一般都随所在河流的特点而变化，每项工程都要根据工程的具体情况进行单独设计，在设计内容、规模、造型、结构和材料等各方面都互不相同。同时，因为工程的性质(新建、改建、扩建或恢复等)不同，其设计要求不一样。即使工程的性质或设计标准相同，也会因建设地点的地质、水文条件不同，其设计也不尽相同。

(3)建筑产品生产的露天性。建筑产品的生产一般都是露天进行的，季节的更替，气候、自然环境条件的变化，会引起产品设计的某些内容和施工方法的变化，也会造成防寒、防雨或降温等费用的变化。水利水电工程还涉及施工期工程防汛，这些因素都会使建筑产品的造价发生相应的变动，使得各建筑产品的造价不相同。

此外，由于建筑产品规模大，大于任何工业产品，由此决定了它的生产周期长，程序多，涉及面广，社会协作关系复杂，这些特点也决定了建筑产品价值构成不可能一样。

建筑产品的上述特点，决定了它不可能像一般工业产品那样，可以采用统一的价格，而必须通过特殊的计划程序或基建程序，逐个编制概预算来确定其价格。

(二)建筑产品的价格

1. 建筑产品的属性

商品是用来交换、能满足他人需要的产品，它具有价值和使用价值两种属性。建筑产品也是商品，建筑企业进行的生产是商品生产。

(1)建筑企业生产的建筑产品是为了满足建设单位或使用单位需要的。由于建筑产品的建设地点的不固定性、建筑产品的单件性和生产的露天性，建筑企业(承包者)必须按使用者(发包者)的要求(设计)进行施工，建成后再移交给使用者。这实际上是一种“加工定做”的方式，先有买主，再进行生产和交换。因此，建筑产品是一种特殊的商品，它有着特殊的交换关系。

(2)建筑产品也有使用价值和价值。建筑产品的使用价值表现在它能满足用户的需要，这是由它的自然属性决定的。在市场经济条件下，建筑产品的使用价值是它的价值的物质承担者。建筑产品的价值是指它凝结了物化劳动和活劳动成果，是物化了的人类劳动。正因为它具有价值，才使得建筑产品可以进行交换，在交换中体现了价值量，并以货币形式表现为价格。

2. 建筑产品的价格特点

建筑产品作为商品，其价格与所有商品一样，是价值的货币表现，是由成本、税金和利润组成的。但是，建筑产品又是特殊的商品，其价格有其自身的特点，其定价要解决两方面的问题：一是如何正确反映成本；二是盈利如何反映到价格中去。

承包商的基本活动，是组织并建造建筑产品，其投资及施工过程，也就是资金的消费过程。因此，建造工程过程中耗费的物化劳动(表现为耗费的劳动对象和劳动工具的价值)和活劳动(体现为以工资的形式支付给劳动者的报酬)，就构成了工程的价值。在工程价值中物化劳动消耗及活劳动消耗中的物化劳动部分就是建筑产品的必要消耗，用货币形式表示，就构成建筑产品的成本。所以，工程成本按其经济实质来说，就是用货币形式反映的已消耗的生产资料价值和劳动者为自己所创造的价值。

事实上，在实际工作中，工程成本或许也包括一些非生产性消耗，即包括由于企业经营管理不善所造成的支出、企业支付的流动资金贷款利息和职工福利基金等。

由此可见，实际工作中的工程成本，就是承包商在投资及工程建设的过程中，为完成一定数量的建筑工程和设备安装工程所发生的全部费用。需要指出的是，成本是部门的社会平均成本，而不是个别成本，应准确地反映生产过程中物化劳动和活劳动消耗，不能把由于管理不善而造成的损失都计入成本。

关于盈利问题有多种计算类型。一是按预算成本乘以规定的利润率计算；二是按法定利润和全部资金比例关系确定；三是按利润与劳动者工资之间的比例关系确定；四是利润一部分以生产资金为基础，另一部分以工资为基础，按比例计算。

建筑产品的价格主要有以下两个方面的特点。一是建筑产品不能像工业产品那样有统一的价格，一般都需要通过逐个编制概预算进行估价。建筑产品的价格是一次性的。二是建筑产品的价格具有地区差异性。建筑产品坐落的地区不同，特别是水利水电工程所在的河流和河段不同，其建造的复杂程度也不同，这样所需的人工、材料和机械的价格就不同，最终决定建筑产品的价格具有多样性。

从形式上看，建筑产品价格是不分段的整体价格，在产品之间没有可比性。实际上，它是由许多共性的分项价格组成的个性价格。建筑产品的价格竞争也正是以共性的分项价格为基础进行的。

第三节　水利水电工程概预算概念

基本建设工程概预算，是根据不同设计阶段的具体内容和有关定额、指标分阶段进行编制的。

基本建设在国民经济中占有重要地位。国家每年用于基本建设的投资占财政总支出的40%左右。其中，用于建筑安装工程方面的资金约占基本建设总投资的60%。为了合理而有效地利用建设资金，降低工程成本，充分发挥投资的效益，必须对基本建设项目进行科学的管理和有效的监督。

基本建设工程概预算所确定的投资额，实质上是相应工程的计划价格。这种计划价格在实际工作中，通常称为概算造价和预算造价，它是国家对基本建设实行科学管理和有效监督的重要手段之一，对于提高企业的经营管理水平和经济效益，节约国家建设资金具有重要的意义。

根据我国基本建设程序的规定，在工程的不同建设阶段，要编制相应的工程造价，一般有以下几种。

(1)投资估算。它是指在项目建议书阶段、可行性研究阶段对建设工程造价的预测。它应考虑多种可能的需要、风险、价格上涨等因素，要打足投资、不留缺口，适当留有余地。

投资估算是建设单位向国家或主管部门申请基本建设投资时，为确定建设项目投资总额而编制的技术经济文件，它是国家或主管部门确定基本建设投资计划的重要文件，主要根据估算指标、概算指标或类似工程的预(决)算资料进行编制。投资估算控制设计概算，是工程投资的最高限额。投资估算是工程造价全过程管理的“龙头”，抓好这个“龙头”有十分重要的意义。

(2)设计概算。它是指在初步设计阶段，设计单位为确定拟建基本建设项目所需的投资额或费用而编制的工程造价文件。它是设计文件的重要组成部分。由于初步设计阶段对建筑物的布置、结构形式、主要尺寸以及机电设备型号、规格等均已确定，所以概算是对建设工程造价有定位性质的造价测算，设计概算不得突破投资估算。设计概算是编制基本建设计划，实行基本建设投资包干，控制其中建设拨款、贷款的依据；也是考核设计方案和建设成本是否合理的依据。设计单位在报批设计文件的同时，要报批设计概算，设计概算经过审批后，就成为国家控制该建设项目总投资的主要依据，不得任意突破。水利水电工程采用设计概算作为编制施工招标标底、利用外资概算和执行概算的依据。

工程开工时间与设计概算所采用的价格水平不在同一年份时，按规定由设计单位根据开工年的价格水平和有关政策重新编制设计概算，这时编制的概算一般称为调整概算。调整概算仅仅是在价格水平和有关政策方面的调整，工程规模及工程量与初步设计均保持不变。

水利水电工程的建设特点决定了在水利水电工程概预算工作中，概算比施工图预算重要；而对一般建筑工程，施工图预算更重要。水利水电工程到了施工阶段其总预算还未做，只做到局部的施工图预算，而一般建筑工程则常用施工图预算代替概算。

(3)业主预算。它是在已经批准的初步设计概算基础上，对已经确定实行投资包干或招标承包制的大中型水利水电工程建设项目，根据工程管理与投资的支配权限，按照管理单位及分标项目的划分，进行投资的切块分配，以便于对工程投资进行管理与控制，并作为项目投资主管部门与建设单位签订工程总承包(或投资包干)合同的主要依据。它是为了满足业主控制和管理的需要，按照总量控制、合理调整的原则编制的内部预算，业主预算也称为执行概算。

(4)标底与报价。标底是招标工程的预期价格，它主要是依据招标文件、图纸，按有关规定，结合工程的具体情况，计算出的合理工程价格。它是由业主委托具有相应资质的设计单位、社会咨询单位编制完成的，包括发包造价、与造价相适应的质量保证措施及主要施工方案、为了缩短工期所需的措施费等。其中主要是合理的发包造价，应在编制完成后报送招标投标管理部门审定。标底的主要作用是招标单位在一定浮动范围内合理控制工程造价，明确自己在发包工程上应承担的财务义务。标底也是投资单位考核发包工程造价的主要尺度。

投标报价，即报价，是施工企业(或厂家)对建筑工程施工产品(或机电、金属结构设备)的自主定价。它反映的是市场价格，体现了企业的经营管理、技术和装备水平。中标报价是基本建设产品的成交价格。

(5)施工图预算。它是指在施工图设计阶段，根据施工图纸、施工组织设计、国家颁布的预算定额和工程量计算规则、地区材料预算价格、施工管理费标准、企业利润率、税金等，计算每项工程所需人力、物力和投资额的文件。它应在已批准的设计概算控制下进行编制。它是施工前组织物资、机具、劳动力，编制施工计划，统计完成工作量，办理工程价款结算，实行经济核算，考核工程成本，实行建筑工程包干和建设银行拨(贷)工程款的依据。它是施工图设计的组成部分，由设计单位负责编制。它的主要作用是确定单位工程项目造价，考核施工图设计的经济合理性。一般建筑工程以施工图预算作为编制施工招标标底的依据。

(6)施工预算。它是指在施工阶段，施工单位为了加强企业内部经济核算，节约人工和材料，合理使用机械，在施工图预算的控制下，通过工料分析，计算拟建工程工料和机具等需要量，并直接用于生产的技术经济文件。它是根据施工图的工程量、施工组织设计或施工方案和施工定额等资料进行编制的。

(7)竣工结算。它是指施工单位与建设单位对承建工程项目的最终结算(施工过程中的结算属于中间结算)。

(8)竣工决算。它是指建设项目全部完工后，在工程竣工验收阶段，由建设单位编制的从项目筹建到建成投产全部费用的技术经济文件。

基本建设程序与各阶段的工程造价之间的关系如图 2-3 所示。从图 2-3 中可以看出，建设项目估算、概算、预算及决算，从确定建设项目，确定和控制基本建设投资，进行基本建设经济管理和施工企业经济核算，到最后核定项目的固定资产，都以价值形态贯穿于整个基本建设过程中。其中设计概算、施工图预算和竣工决算，通常简称为基本建设的“三算”，是建设项目概预算的重要内容，三者有机联系，缺一不可。设计要编制概算，施工要编制预算，竣工要编制决算。一般情况下，决算不能超过预算，预算不能超过概算，概算不能超过估算。此外，竣工结算、施工图预算和施工预算一起被称为施工企业内部所谓的“三算”，它是施工企业内部进行管理的依据。

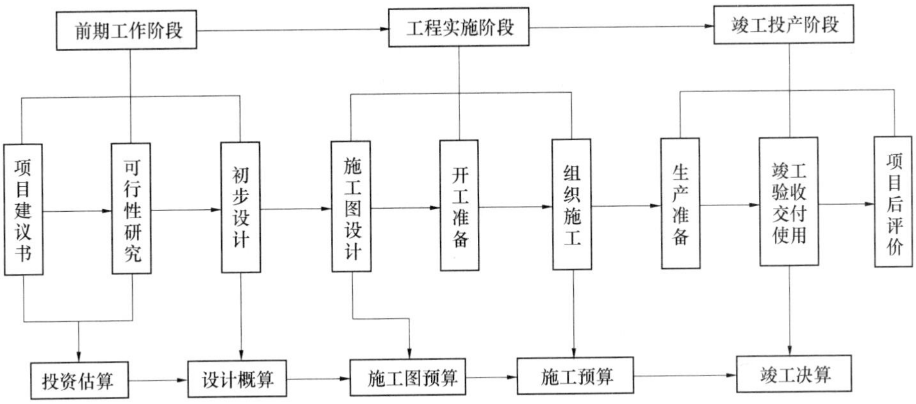

图 2-3　水利水电工程建设程序与概预算关系简图

建设项目概预算中的设计概算和施工图预算，在编制年度基本建设计划，确定工程造价，评价设计方案，签订工程合同，建设银行据以进行拨款、贷款和竣工结算等方面有着共同的作用，都是业主对基本建设进行科学管理和监督的有效手段，在编制方法上也有相似之处。但由于二者的编制时间、依据和要求不同，它们还是有区别的。设计概算与施工图预算的区别有以下几点。

(1)编制费用内容不完全相同。设计概算包括建设项目从筹建开始至全部项目竣工和交付使用前的全部建设费用。施工图预算一般包括建筑工程、设备及安装工程、临时工程等。建设项目的设计概算除包括施工图预算的内容外、还应包括独立费用以及移民和环境部分的费用。

(2)编制阶段不同。建设项目设计概算的编制，是在初步设计阶段进行的，由设计单位编制。施工图预算是在施工图设计完成后，由设计单位编制的。

(3)审批过程及其作用不同。设计概算是初步设计文件的组成部分，由有关主管部门审批，作为建设项目立项和正式列入年度基本建设计划的依据。只有在初步设计图纸和设计概算经审批同意后，施工图设计才能开始，因此它是控制施工图设计和预算总额的依据。施工图预算是先报建设单位初审，然后再送交建设银行经办行审查认定，就可作为拨付工程价款和竣工结算的依据。

(4)概预算的分项大小和采用的定额不同。设计概算分项和采用定额，具有较强的综合性，设计概算采用概算定额。施工图预算用的是预算定额，预算定额是概算定额的基础。

另外，设计概算和施工图预算采用的分级项目不一样，设计概算一般采用三级项目，施工图预算一般采用比三级项目更细的项目。

随着社会、经济和科学技术的发展，各种定额也是在发展的，在编制概预算时必须选用现行定额。目前，水利系统大中型水利水电工程执行水利部 2002 年颁发的《水利建筑工程概算定额》(上、下册)、《水利水电设备安装工程概算定额》、《水利建筑工程预算定额》(上、下册)、《水利水电设备安装工程预算定额》、《水利工程施工机械台时费定额》以及《水利工程设计概(估)算编制规定》；对于大中型水力发电工程，采用国家电力公司2002年颁发的概预算定额和编制规定,中小型水利水电工程采用本地区的有关定额。在使用定额编制概预算的过程中，要密切注意现行定额的变化和有关费用标准、编制办法、规定的变化，做到始终采用现行定额和规定。本书以下各章节以水利系统水利水电工程(以下简称水利水电工程)为对象进行阐述。由于水利水电工程和水力发电工程编制概预算的基本方法大同小异,本书介绍的基本原理和方法对两者都是适用的。

思考题

1. 基本建设的含义是什么？
2. 基本建设项目的定义是什么？基本建设项目按建设性质可分为哪几种？
3. 新建项目、扩建项目、改建项目、恢复项目及迁建项目的含义是什么？
4. 基本建设项目是如何划分的？
5. 水利工程建设项目是如何划分的？
6. 简述水利水电基本建设程序的内容。
7. 工程造价有哪两种含义？其职能有哪些？
8. 建筑产品与一般工业产品比较，有哪些特点？
9. 我国基本建设程序规定，在工程不同建设阶段要相应编制哪些工程造价？

第三章 定额原理

第一节 工程定额概述

一、定额的概念

在社会生产中，为了生产出合格的产品，就必须消耗一定数量的人力、材料、机具、资金等。由于受各种因素的影响，生产一定量的同类产品，这种消耗量并不相同。消耗量越大，产品的成本就越高，在产品价格一定的条件下，企业的盈利就会降低，对社会的贡献也就较低，对国家及企业本身都是不利的，因此降低产品生产过程中的消耗具有十分重要的意义。产品生产过程中的消耗不可能无限降低，在一定的技术组织条件下，必然有一个合理的数额。根据一定时期的生产力水平和对产品的质量要求，规定在产品生产中人力、物力或资金消耗的数量标准，这种标准就称为定额。确切地说，定额就是在合理的劳动组织和合理地使用材料及机械的条件下，完成单位合格产品所消耗资源的数量标准。

定额水平是一定时期社会生产力水平的反映，它与操作人员的技术水平、机械化程度及新材料、新工艺、新技术的发展和应用有关，与企业的组织管理水平和全体技术人员的劳动积极性有关。所以，定额不是一成不变的，而是随着生产力水平的变化而变化的。一定时期的定额水平，必须坚持平均先进的原则，也就是在一定生产条件下，大多数企业、班组和个人，经过努力可以达到或超过的标准。因此，定额必须从实际出发，根据生产条件、质量标准和工人现有的技术水平等经过测算、统计、分析而制定，并随着上述条件的变化而进行补充和修订，以适应生产发展的需要。

二、定额的产生与发展

从 19 世纪初期开始，资本主义国家在工程建设中开始推行招标投标制，这就要求工料测量师在工程设计以后和开工以前就进行测量和估价，根据图纸算出实物工程量并汇编成工程量清单，为招标者确定标底或为投标者做出报价。但是，这还远没有形成定额体系。定额体系的产生和发展与企业管理的产生和发展紧密相连。工业革命以前的工业是家庭手工业，谈不上企业管理，工业革命以后有了工厂才有了企业管理。1771 年英国建造了世界上第一个纺织工厂，从此各种类型的工厂如雨后春笋般不断涌现，在工厂里劳动者、劳动手段、劳动对象集中了。为了能生产出更多更好的产品，降低产品的生产成本，获得更多的利润，这就需要合理的管理，企业管理因此也就诞生了。不过，当时的企业管理是很落后的，工人凭经验操作，新工人的培养靠老师来传授。由于生产规模小，产品比较单纯，生产中需要多少人力、物力，如何组织生产，往往只凭简单的生产经验就可以了。这个阶段延续了很长时间，这就是企业管理的第一阶段——传统管理阶段。

企业管理成为科学应该说是从泰罗制开始的。弗·温·泰罗 22 岁时在贝斯勒海姆(Bethlehem)钢铁公司当学徒，同时进入哈佛大学的函授班学习，后来他取得了工程师的职称，当上了这个公司的总工程师。当时美国资本主义正处于上升时期，工业发展得很快，但由于采用传统的管理方法，工人劳动生产率低，而劳动强度很高，每周劳动时间平均在 60 h 以上。在这种背景下，泰罗开始了企业管理的研究，其目的是要解决如何提高工人的劳动效率。从 1880 年开始，他进行了各种试验(如“铁锹作业的研究”)，努力把当时科学技术的最新成就应用于企业管理，他着重从工人的操作方法上研究工时的科学利用，把工作时间分成若干组成部分(工序)，并利用秒表来记录工人每一动作消耗的时间，制定出工时定额，作为衡量工人工作效率的尺度。他还十分重视研究工人的操作方法，对工人劳动中的操作和动作，逐一记录，分析研究，把各种最经济、最有效的动作集中起来，制定出最节约工作时间的所谓标准操作方法，并据以制定更高水平的工时定额。为了减少工时消耗，使工人完成这些较高水平的工时定额，泰罗还对工具和设备进行了研究，使工人使用的工具、设备、材料标准化。

泰罗通过研究，提出了一套系统的、标准的科学管理方法，1911 年他发表的《科学管理原理》一书是他的科学管理方法的理论成果，成果的核心是泰罗制。泰罗制可以归纳为，制定科学的工时定额，实行标准的操作方法，强化和协调职能管理，有差别的计件工资，进行科学而合理的分工。泰罗给资本主义企业管理带来了根本性变革，使资本家获得了巨额利润，泰罗被资产阶级尊称为“科学管理之父”。与泰罗制紧密相关的这一阶段被称为企业管理的第二阶段——科学管理阶段。

继泰罗制以后，伴随着世界经济的发展，企业管理又有许多新的进展和创新，对于定额的制定也有了许多更新的研究。20 世纪 40~60 年代，出现了所谓的资本主义管理科学。20 世纪 70 年代以后，出现了行为科学和系统管理理论，前者从社会心理学的角度研究管理，强调和重视社会环境和人的相互关系对提高工效的影响；后者把管理科学和行为科学结合起来，其特点是利用现代数学和计算机处理各种信息，提供优化决策。这一阶段被称为企业管理的第三阶段——现代企业管理阶段。在这一阶段中泰罗制仍是企业管理不可缺少的。

三、我国定额的发展过程

我国的工程定额，是随着国民经济的恢复和发展而逐步建立起来的。新中国成立以后，国家对建立和完善定额工作十分重视，工程定额从无到有，从不健全到逐步健全，经历了一个复杂的发展过程。

国民经济恢复时期(1949~1952 年)，我们在借鉴苏联的管理经验基础上，逐步形成了适合我国当时国情的企业管理方式。我国东北地区开展定额工作较早，从 1950 年开始，该地区铁路、煤炭、纺织等部门相继实行了劳动定额，1951 年制定了东北地区统一劳动定额。1952 年前后，华东、华北等地也陆续编制劳动定额或工料消耗定额。这一时期是我国劳动定额工作的创立阶段。

第一个五年计划时期(1953~1957 年)，随着大规模社会主义经济建设的开始，为了加强企业管理，合理安排劳动力，推行了计件工资制，劳动定额工作因此得到迅速发展。为了适应经济建设的需要，各地区各部门编制了一些定额或参考手册，如水利电力部组织编印了《水利工程施工技术定额手册》。为了统一定额水平，劳动部和建筑工程部于1955年联合主持编制了全国统一劳动定额，这是建筑业第一次编制的全国统一定额。1956年国家建委对1955年统一劳动定额进行了修订，增加了材料消耗和机械台班定额部分，编制了1956年全国统一施工定额。

从“大跃进”到“文化大革命”前的时期(1958~1966年)，由于中央管理权限部分下放，劳动定额管理体制也进行了探讨性的改革。1958年，劳动定额的编制和管理工作下放给省(市)以后，在适应地方特点上起到了一定的作用，但也存在一些问题，主要是定额项目过粗，工作内容口径不一，定额水平不平衡。地区之间、企业之间失去了统一衡量的尺度，不利于贯彻执行，同时各地编制定额的力量不足，定额中技术错误也不少。为此，1959年国务院有关部委联合作出决定，定额管理权限回收中央，1962年正式修订颁发了全国建筑安装工程统一劳动定额。这一时期，有关部委也相继颁发了适合行业特点的定额，如1958年水利部颁发了《水利水电建筑安装工程施工定额》，以及《水利水电建筑工程设计预算定额》，这基本上满足了水利水电工程建设的需要。

“文化大革命”时期(1967~1976年)，全盘否定了按劳分配原则，将劳动定额工作看做是“管、卡、压”，致使劳动无定额，效率无考核等，阻碍了生产的发展。“文化大革命”的后半段一度对这种情况进行了扭转和整顿，有些单位重新搞起了定额、计件工资和超额奖。如水利电力部组织修改预算定额，并在此基础上于1975年第一次编辑出版了《水电工程概算指标》，可是不久又被破坏了。

中共十一届三中全会以后，国家对整顿和加强企业管理和定额管理非常重视，进行了一系列的政治、经济改革，国民经济迅速得到了恢复和发展，使我国进入了社会主义现代化建设新的历史时期。国家有关部门明确指出要加强建筑企业劳动定额工作，全国大多数省、市、自治区先后恢复、建立了劳动定额机构，充实了定额专职人员，同时对原有定额进行了修订，颁布了新的定额，这大大调动了工人的生产积极性，对提高建筑业劳动生产率起到了明显的作用。1978~1981年国家建委和各主管部门分别组织修编了施工定额、预算定额。如水利电力部1980年组织修订了《水利水电工程设计预算定额》，1981~1982年又组织修编了《施工机械保修技术经济定额》和《水利水电建筑安装工程统一劳动定额》。1983年以后着手对1980年修订的预算定额和1975年概算指标进行修编。为了适应新时期水利水电工程建设的需要，水电部及能源部、水利部1986年颁发了《水利水电设备安装工程概算定额》、《水利水电建筑工程预算定额》、《水利水电设备安装工程预算定额》，1988年颁发了《水利水电建筑工程概算定额》，1991年颁发了《水利水电工程施工机械台班费定额》；电力工业部1997年颁发了《水力发电建筑工程概算定额》、《水力发电设备安装工程概算定额》、《水力发电工程施工机械台时费定额》；水利部2002年颁发了《水利建筑工程预算定额》、《水利建筑工程概算定额》、《水利工程施工机械台时费定额》。

综上所述，新中国成立50多年来，我国在工程定额工作的发展过程中，既有经验，也有教训。事实证明，凡是按客观经济规律办事，用合理的劳动定额组织生产，实行按劳分配，劳动生产率就提高，经济效益就好，建筑生产就向前发展；反之，不按客观经济规律办事，否定定额作用，否定按劳分配，劳动生产率就明显下降，经济效益就很差，生产就大幅度下降。因此，实行科学的定额管理，发挥定额在组织生产、分配、经营管理中的作用，是社会主义生产的客观要求。定额工作必须更好地为生产服务，为科学管理服务。

四、定额的作用与特性

(一)定额的作用

建筑工程、安装工程定额是建筑安装企业实行科学管理的必备条件。设计、计划、生产、分配、估价、结算等各项工作，都必须以它作为衡量的尺度。具体地说，定额主要有以下几方面的作用。

(1)定额是编制计划的基础。无论是国家计划还是企业计划，都直接或间接地以各种定额为依据来计算人力、物力、财力等各种资源需要量，所以定额是编制计划的基础。

(2)定额是确定产品成本的依据，是比较设计方案合理性的尺度。建筑产品的价格是由其产品生产过程中所消耗的人力、材料、机械台班(台时)数量以及其他资源、资金的数量所决定的，而它们的消耗量又是根据定额计算的，定额是确定产品成本的依据。同时，同一建筑产品的不同设计方案的成本，反映了不同设计方案的技术经济水平的高低。因此，定额也是比较和评价设计方案是否经济合理的尺度。

(3)定额是提高企业经济效益的重要工具。定额是一种法定的标准，具有严格的经济监督作用，它要求每一个执行定额的人，都必须严格遵守定额的要求，并在生产过程中尽可能有效地使用人力、物力、资金等资源，使之不超过定额规定的标准，从而提高劳动生产率，降低生产成本。

企业在计算和平衡资源需要量、组织材料供应、编制施工进度计划和作业计划、组织劳动力、签发任务书、考核工料消耗、实行承包责任制等一系列管理工作时，都要以定额作为标准。因此，定额是加强企业管理，提高企业经济效益的工具。合理制定并认真执行定额，对改善企业经营管理、提高经济效益具有重要的意义。

(4)定额是贯彻按劳分配原则的尺度。由于工时消耗定额反映了生产产品与劳动量的关系，可以根据定额来对每个劳动者的工作进行考核，从而确定他所完成的劳动量的多少，并以此来支付他的劳动报酬。多劳多得、少劳少得，体现了社会主义按劳分配的基本原则，这样企业的效益就同个人的物质利益结合起来了。

(5)定额是总结推广先进生产方法的手段。定额是在先进合理的条件下，通过对生产和施工过程的观察、实测、分析而综合制定的，它可以准确地反映出生产技术和劳动组织的先进合理程度。因此，我们可以用定额标定的方法，对同一产品在同一操作条件下的不同生产方法进行观察、分析，从而总结比较完善的生产方法，并经过试验、试点，然后在生产过程中予以推广，使生产效率得到提高。

(二)定额的特性

(1)定额的法令性。定额是由被授权部门根据当时的实际生产力水平而制定的，并经授权部门颁发供有关单位使用。在执行范围内任何单位必须遵照执行，不得任意调整和修改。如需进行调整、修改和补充，必须经授权编制部门批准。因此，定额具有经济法规的性质。

(2)定额的群众性。定额是根据当时的实际生产力水平，在大量测定、综合、分析、研究实际生产中的有关数据和资料的基础上制定出来的，因此它具有广泛的群众性；同时，定额一旦制定颁发，运用于实际生产中，则成为广大群众共同奋斗的目标。总之，定额的制定和执行都离不开群众，也只有得到群众的充分协助，定额才能定得合理，并能为群众所接受。

(3)定额的相对稳定性。定额水平的高低，是根据一定时期社会生产力水平确定的。当生产条件发生了变化，技术水平有了提高，原定额已不适应了，在这种情况下，授权部门应根据新的情况制定出新的定额或补充原有的定额。但是，社会的发展有其自身的规律，有一个量变到质变的过程，而且定额的执行也有一个时间过程，所以每一次制定的定额必须是相对稳定的，决不可朝定夕改，否则会伤害群众的积极性。

(4)定额的针对性。一种产品(或者工序)一项定额，一般不能互相套用。一项定额，不仅是该产品(或工序)的资源消耗的数量标准，而且还规定了完成该产品(或工序)的工作内容、质量标准和安全要求。

(5)定额的科学性。制定工程定额要进行“时间研究”、“动作研究”，以及工人、材料和机具在现场的配置研究，有时还要考虑机具改革、施工生产工艺等技术方面的问题等。工程定额必须符合建筑施工生产客观规律，这样才能促进生产的发展，从这一方面来说定额是一门科学技术。

五、定额的种类

定额的种类很多，按定额的内容、建设阶段和用途、管理体制和执行范围、费用性质的不同，可以划分为很多的类别。

(一)按定额的内容划分

(1)劳动定额。劳动定额也称人工定额，是指具有某种专长和规定的技术水平的工人，在正常施工技术组织条件下，单位时间内应当完成合格产品的数量或完成单位合格产品所需的劳动时间。

劳动定额有时间定额和产量定额两种表示形式。时间定额是指在正常施工组织条件下完成单位合格产品所需消耗的劳动时间，单位以“工日”或“工时”表示。产量定额是指在正常施工组织条件下，单位时间所生产的合格产品的数量。时间定额和产量定额互为倒数。

(2)材料消耗定额。它是指在节约与合理使用材料条件下，生产单位合格产品所必须消耗的一定规格的建筑材料、成品、半成品或配件的数量标准。

(3)机械使用定额。它是指施工机械在正常的施工条件下，合理地、均衡地组织劳动和使用机械时，在单位时间内应当完成合格产品的数量，称机械产量定额；或完成单位合格产品所需的时间，称机械时间定额，以“台班”或“台时”表示。

(4)综合定额。它是指在一定的施工组织条件下，完成单位合格产品所需人工、材料、机械台班或台时的数量。

(二)按建设阶段和用途划分

(1)投资估算指标。它是在可行性研究阶段作为技术经济比较或建设投资估算的依据，是由概算定额综合扩大和统计资料分析编制而成的。

(2)概算定额。它是编制初步设计概算和修正概算的依据。它规定生产一定计量单位的建筑工程扩大结构构件或扩大分项工程所需的人工、材料和施工机械台班或台时消耗量及其金额，主要用于初步设计阶段预测工程造价。

(3)预算定额。它主要用于施工图设计阶段编制施工图预算或招标阶段编制标底，是在施工定额基础上综合扩大编制而成的。

(4)施工定额。它是指一种工种完成某一计量单位合格产品(如打桩、砌砖、浇筑混凝土等)所需的人工、材料和施工机械台班或台时消耗量的标准，是施工企业内部作为编制施工作业计划、进行工料分析、签发工程任务单和考核预算成本完成情况的依据，主要用于施工阶段施工企业编制施工预算。

(三)按我国现行管理体制和执行范围划分

(1)全国统一定额。它是指在工程建设中，各行业、各部门普遍使用，在全国范围内统一执行的定额，一般由国家计委或授权某主管部门组织编制颁发，如送电线路工程预算定额、电气工程预算定额、通信设备安装预算定额等。

(2)全国行业定额。它是指在工程建设中，部分专业工程在某一个部门或几个部门使用的专业定额，经国家计委批准，由一个主管部门或几个主管部门组织编制颁发，在有关部属单位执行，如水利建筑工程预算定额、水利建筑工程概算定额、水力发电建筑工程概算定额、公路工程预算定额等。

(3)地方定额。一般指省、自治区、直辖市根据地方工程特点，在不宜执行国家统一或行业定额情况下组织编制颁发的、在本地区执行的定额。

(4)企业定额。它指建筑、安装企业在其生产经营过程中，在国家统一定额、行业定额、地方定额的基础上，根据工程特点和自身积累资料，结合本企业具体情况自行编制的定额，供企业内部管理和企业投标报价用。

(四)按费用性质划分

(1)直接费定额。它是指直接用于施工生产的人工、材料、成品、半成品、机械消耗的定额。

(2)间接费定额。它是指企业为组织和管理施工所发生的各项费用。

(3)其他基本建设费用定额。它是指不属于建筑安装工作量的独立费用定额，如科研、勘测、设计费定额，技术装备费定额等。

(4)施工机械台班(时)费用定额。它是指各种施工机械在单位台班或台时中，为使机械正常运转所损耗和分摊的费用定额，如《水利工程施工机械台时费定额》。

根据编制工程概预算的需要，本章在以后的各节中还将分别介绍施工定额、预算定额、概算定额的编制原则和编制方法等内容。

第二节　施工过程分析与工时消耗研究

一、施工过程分析

(一)施工过程的概念

施工过程就是在建筑工地上进行的各种建筑物兴建过程，包括新建、改建、扩建、修复或拆除建筑物和构筑物的全部或其中一部分。例如，浇筑混凝土、安装机组、敷设管道等都是施工过程。对施工过程的研究是制定劳动定额的基本环节。施工过程按其使用的工具、设备的机械化程度不同，分为手工施工过程、机械施工过程和机械与手工混合施工过程。

每个施工过程的结果都获得一定的产品，该产品的尺寸、形状、表面结构、空间位置、强度等质量因素，必须符合建筑和结构设计及现行技术规范要求。只有合格的产品才能计入施工过程中消耗工作时间的劳动成果。

施工过程包括生产力三要素，即劳动者、劳动对象、劳动工具。这是施工过程必须具备的三个要素。

在许多施工过程中还要使用用具，用具是用来使劳动者、劳动对象、劳动工具和产品处于必要的位置上的。如电气安装工程使用的人字梯、木工使用的工作台、砖瓦工使用的灰浆槽等。

在施工过程中，有时还要借助自然或人为的作用，使劳动对象发生物理和化学变化。如混凝土的养护，预应力钢筋的时效，石灰砂浆的砌筑过程等。

(二)施工过程的分析

施工过程可按其不同的劳动分工，不同的操作方法，不同的工艺特点及不同的复杂程度进行分解。通过分解来区分和认识其内容和性质，以便采取技术测定的方法，研究其必需的作业时间消耗，进而取得编制定额和改进施工管理所需要的技术资料。

施工过程可分解为综合工作过程、工作过程、工序、操作、动作。

综合工作过程是指同时进行的并在组织上彼此有直接关系，而又为一个最终产品结合起来的各个工作过程的总和。如浇筑混凝土的施工过程是由搅拌、运输、浇灌和捣实等工作过程组成的。

工作过程是由同一工人或同一小组所完成的、在技术上互相联系的工序的综合。工作过程的特征是劳动者不变，工作地点不变，而仅仅是使用的材料和工具改变。

工序是一个工人(或一个小组)在一个工地上，对同一个(或几个)劳动对象所进行的一切连续活动的总和。工序是最简单的施工过程，它是组织上不可分割、技术上相同的施工过程，它的外观特征是劳动者、劳动工具、劳动对象都不变。例如，钢筋制作的施工过程是由调直、除锈、切断、弯曲等工序组成的。

工序由一个工人来完成时叫做个人工序，由几个工人或者小组共同来完成时，则为小组工序。工序按照完成的方法通常分为手工工序和机械工序两种。机械工序由人工操纵施工机械来完成，如用搅拌机搅拌混凝土或砂浆，用起重机吊装各种预制构件等。

操作是一个个动作的综合，它是工序按劳动过程所划分的组成部分，若干个操作构成一道工序。例如，“弯曲钢筋”工序，是由“把钢筋放在工作台上”、“对准位置”、“弯曲钢筋”、“把弯好的钢筋放置一边”等操作组成的。而“把钢筋放在工作台上”这一操作，又由“走向放钢筋处”、“拿起钢筋”、“返回工作台”、“把钢筋放在工作台上”、“把钢筋靠近立柱”等动作组成。

施工过程中的工人、劳动对象、劳动工具、用具及其产品等的活动空间，称为工作地点。施工过程的各个工序，如果以同样的次序不断重复，并且每重复一次都可以生产出同一产品，则称为循环的施工过程。若施工过程的各个工序不是以同样的次序重复，或者生产出的产品各不相同，则称为非循环的施工过程。

二、工时消耗研究

工时消耗研究是将劳动者在整个生产过程中所消耗的工作时间，根据性质、范围具体情况，予以科学的划分、归纳，明确哪些属于定额时间，哪些属于非定额时间，找出造成非定额时间的原因，以便采取技术和组织措施，消除产生非定额时间的因素，以充分利用工作时间，提高劳动效率。

三、工作时间分类

工作时间，就是工作班的延续时间。工作时间是按现行制度规定的，例如“8 h 工作制”的工作时间就是 8 h。研究工作时间消耗量及其性质，是技术测定的基本步骤和内容之一，也是编制劳动定额的基础工作。

(一)工人工作时间分类

1. 定额时间

它是指在正常施工条件下，工人为完成一定数量的产品所必须消耗的工作时间。它包括有效工作时间、休息时间和不可避免的中断时间。

(1)有效工作时间是指与完成产品有直接关系的工作时间消耗，其中包括准备与结束时间、基本工作时间、辅助工作时间。

准备与结束时间是指工人在执行任务前的准备工作和完成任务后的结束工作所需消耗的时间，一般分为班内的准备与结束时间和任务内的准备与结束时间两种。班内的准备与结束工作具有经常的每天的工作时间消耗的特性,就是在执行任务之前工人本身、工作地点、劳动工具、原材料的准备工作，以及工作结束后的整理工作，交接班工作，其与工人所接受的任务的大小无关。任务内的准备与结束工作，由工人接受任务的内容决定，如布置操作地点、接受任务书、技术交底、熟悉施工图纸等。

基本工作时间是直接与施工过程的技术操作发生关系的时间消耗，是劳动者利用劳动工具使劳动对象发生形态或性质的变化或空间位置的改变所消耗的时间。例如，砌砖工作中，从选砖开始直至将砖铺放到砌体上的全部时间消耗。通过基本工作，可以使劳动对象直接发生变化；可以使材料改变外形，如钢管煨弯；可以改变材料的结构和性质，如混凝土制品的生产；可以改变产品的位置，如构件的安装；可以改变产品的外部及表面的性质，如粉刷油漆等。基本工作时间的消耗与生产工艺、操作方法、工人的技术熟练程度有关，并与任务的大小成正比。

辅助工作时间是指为了保证基本工作的顺利进行而做的与施工过程的技术操作没有直接关系的辅助性工作所需要消耗的时间。辅助性工作不直接导致产品的形态、性质、结构位置发生变化。如工具磨快、校正、小修、机械上油、转移工作地点等均属辅助性工作。

(2)休息时间是工人在工作中，为了恢复体力以及生理需要(如喝水、大小便等)而暂时中断的时间。休息时间的长短与劳动强度、工作条件、工作性质等有关，例如在高温、高空、重体力、有毒性等条件下工作时，休息时间应多一些。

(3)不可避免的中断时间是指由于施工过程中因技术操作或施工组织引起的不可避免的或难以避免的中断时间。如安装工人等待起吊构件、炮手放炮时的避炮、汽车司机在等待装卸货物和等交通信号所消耗的时间。

2. 非定额时间

它由以下几部分时间组成。

(1)多余或偶然工作的时间，是指在正常施工条件下不应该发生的时间消耗，或由于意外情况所引起的工作所消耗的时间。如质量不符合要求，返工造成的多余的时间消耗，翻斗车轮胎坏了换轮胎等。

(2)停工时间，包括施工本身造成的和非施工本身造成的停工时间。施工本身造成的停工，是由于施工组织和劳动组织不善而引起的停工，如分工不合理，不能及时领到工具和材料而引起的停工等。非施工本身而引起的停工是指由于气候条件以及风、水、电源中断而引起的停工。

(3)违反劳动纪律的时间，是指工人不遵守劳动纪律而造成的时间损失，如迟到早退、出勤不出力、擅自离开工作岗位、工作时间聊天，以及由于个别人违反劳动纪律而使别的工人无法工作的时间损失。

上述非定额时间，在确定定额水平时，均不予考虑。

(二)机械工作时间分类

1. 定额时间

它由以下几部分组成。

(1)有效工作时间，包括正常负荷下两种工作时间消耗。其中，正常负荷下的工作时间，是指机械在与机械说明书规定的负荷相等的正常负荷下进行工作的时间。在个别情况下，由于技术上的原因，机械又能在低于规定负荷下工作，如汽车载运重量轻而体积大的货物时，不可能充分利用汽车的全部载重能力，因而不得不降低负荷工作，此种情况亦视为正常负荷下工作。降低负荷下的工作时间，是指由于施工管理人员或工人的过失，以及机械陈旧或发生故障等原因，使机械在降低负荷的情况下进行工作的时间，如由于电铲司机技术不熟练，使 3 m^3 电铲只挖装 2 m^3 的石渣。

(2)不可避免的无负荷工作时间，是指由于施工过程的特性和机械结构的特点所造成的机械无负荷工作时间，一般分为循环的和定时的两类。循环的是指由于施工过程的特性所引起的空转所消耗的时间。它在机械工作的每一个循环中重复一次。如铲运机返回到铲土地点，汽车卸车后空回。定时的主要是指发生在运输汽车或挖土机等的工作中的无负荷工作时间。如工作班开始和结束时来回无负荷的空行，机械由一个工作地点转移到另一个工作地点。

(3)不可避免中断时间，是指由于施工过程的技术和组织的特性造成的机械工作中断时间。

与操作有关的不可避免中断时间通常有循环的和定时的两种。循环的是指在机械工作的每一个循环中重复一次，如汽车装载、卸货的停歇时间。定时的是指经过一定时间重复一次。如喷浆器从一个工作地点转移到另一个工作地点时，喷浆器工作的中断时间。

与机械有关的不可避免中断时间，是指用机械进行工作的人在准备与结束工作时使机械暂停的中断时间，或者在维护保养机械时必须使其停转所发生的中断时间。前者属于准备与结束工作的不可避免中断时间，后者属于定时的不可避免中断时间。

(4)工人休息时间是指工人休息时不可避免的机械中断。

2．非定额时间

它由以下几部分组成。

(1)多余或偶然的工作时间有两种情况：一是可避免的机械无负荷工作时间，是由于工人不及时给机械供给材料或由于组织上的原因所造成的机械空转，如皮带因没有进料而空转；二是机械在负荷下所做的多余工作，如混凝土搅拌机搅拌混凝土时超过规定搅拌时间，即属于多余工作时间。

(2)停工时间按其性质又分为以下两种：一是施工本身造成的停工时间，是指由于施工组织得不好而引起的机械停工时间，如临时没有工作面或不及时给机械供水、燃料以及机械损坏等所引起的机械停工时间；二是非施工本身造成的停工时间，是指由于气候条件和非施工的原因所引起的停工，如由于降雨或动力中断等引起的机械中断(不是由于施工原因)。

(3)违反劳动纪律时间是由于工人违反劳动纪律而引起的机械停工时间。

四、工时分析方法

工时分析的方法主要有测时法、写实记录法、工作日写实法和工作抽查法等。

(一)测时法

测时法适用于研究以循环形式不断重复进行的施工过程。它用于观测施工过程循环(定时重复)组成部分的时间消耗，如人工挖装运土方、起重机吊运混凝土、挖土机挖土等；不研究工人休息、准备与结束及其他非循环的工作时间。测时法一般用于研究循环延续时间短的工作过程或工序，而且每一循环的产品是相等的或近似的。如果产品相差悬殊，就应该分开测定。采用测时法，可以为制定劳动定额提供单位产品所必需的基本工作时间的技术数据；可以分析研究工人的操作或动作，总结先进经验，帮助工人班组提高劳动效率。

测时法是利用测时工具来测定工作时间消耗的，常用的测时工具有秒表，其他还有摄像机、录像机、录音机和电子表等。

1．记录时间的方法

测时法按记录时间的方法不同，可分为选择测时法和连续测时法两种。

(1)选择测时法是不连续地测定施工过程的全部循环组成部分，是有选择地进行测定。

当要测定的组成部分开始时，立即开动秒表，到预定的定时点时，即停止秒表。此刻显示的时间，即为所测组成部分的延续时间。当下一组成部分开始时，再开动秒表，如此循环测定。

【例 3-1】 设有一工序，由两个操作要素组成，利用选择测时法，分别对两个操作进行观测，各测得 10 个时间值，如表 3-1 所示。试求各操作要素的平均时间值。

解：首先剔除第 2 操作要素第 8 次观测时间值 62，然后计算平均值，计算结果如表 3-1 所示。

表 3-1　测定某工序时间消耗的记录(选择测时)

操作要素＼次数	时间值(单位：0.01 min)										合计	平均
	1	2	3	4	5	6	7	8	9	10	次数	
1	5	7	6	5	4	7	6	7	6	7	60/10	6
2	38	40	39	40	42	40	37	62*	41	43	360/9	40

注：*表示异常值。

(2)连续测时法是对施工过程循环的组成部分的时间进行不间断地记录，不能遗漏任何一个循环的组成部分。连续测时法所测定的时间包括了施工过程中的全部循环时间，是在各组成部分相互联系中求出每一组成部分的延续时间，这样，各组成部分延续时间之间的误差可以相互抵消。所以，连续测时法是一种数字比较准确、效率高的测时方法。而在选择测时法中，这种误差却无法抵消。

2. 测时法的观察次数

某一施工活动的观测次数直接影响测时资料的精确度，因此要认真确定测时的次数，以保证测时资料的可靠性和代表性。选择工作条件比较正常的测时对象，即使是同一工人操作，但每次所测得的延续时间，总是不会完全相等，更何况在不同工人中测定同一施工活动的延续时间。测定人员也可能由于记录时间误差或错误，引起个别延续时间的偏差。因此，在测时法中需要解决每份测时资料中各组成部分应观测多少次才能得到比较正确的数值。从误差理论来说，观测的次数越多，资料的准确性越高，但是过多的观察，必然耗费较多的人力、物力。为了避免多余的观察，就要规定一个较经济的测时次数。目前，我国对测时次数的规定，尚无成熟的办法。在水利水电工程中，可采用测时次数和允许数列稳定系数表，用于测时时检查所测次数是否满足需要。测时所得数据的算术平均值精确度与观测次数和稳定系数之间有一定的关系。

稳定系数 K_p 为

$$K_p = \frac{x_{max}}{x_{min}} \tag{3-1}$$

式中，x_{max} 为最大观测值；x_{min} 为最小观测值。

算术平均值精确度与观测次数 n 之间的关系可用下式表达为

$$E = \pm \frac{1}{\bar{x}} \sqrt{\frac{\sum \left(x_i - \bar{x} \right)^2}{n \left(n-1 \right)}} \tag{3-2}$$

式中，$\bar{x}$ 为所有观测值的算术平均值。

3. 测时数据的整理

测时数据的整理方法没有统一规定，一般参考巴辛斯基和彭斯基建议用的测时数据整理方法。下面介绍巴辛斯基方法。

观测所得数据的算术平均值，即为所求延续时间。为使算术平均值更加接近于各组成部分延续时间的正确值，必须删去那些显然是错误的以及误差极大的值，通过清理后所得出的算术平均值，通常称为平均修正值。

在清理测时数据时，首先应删掉完全是由于人的因素影响的偏差，如工作时间聊天、材料供应不及时造成的等候以及测定人员记录时间的疏忽等，造成的误测的数据，都应加以删掉。其次，应删去由于施工因素的影响而出现的偏差极大的延续时间，如手工刨料遇到节疤极多的木料，挖土机挖土时土斗的边齿刮到大石块上等。此类偏差大的数还不能认为完全无用，可作为该项施工因素影响的资料，进行专门研究。

清理偏差大的数据时，不能单凭主观想象，这样就失去了技术测定的真实性和科学性。同时，也不能预先规定出偏差的百分率。偏差百分率对某些组成部分可能显得太大，而对另一些组成可能会显得不够。为了妥善清理此类误差，可参照下列调整系数表(如表 3-2 所示)和误差极限算式进行。

表 3-2　误差调整系数表

观察次数	4	5	6	7~8	9~10	11~15	16~30	31~53	54 以上
调整系数 K	1.4	1.3	1.2	1.1	1.0	0.9	0.8	0.7	0.6

误差极限算式为

$$\lim_{\max} = \bar{x} + K \left(x_{\max} - x_{\min} \right) \tag{3-3}$$

$$\lim_{\min} = \bar{x} - K \left(x_{\max} - x_{\min} \right) \tag{3-4}$$

式中，$\lim_{\max}$ 为最大极限；$\lim_{\min}$ 为最小极限；K 为调整系数。

清理的方法是，首先从测得的数据中删去人为因素影响出现的偏差极大的数据，然后从留下来的测时数据中，试删去偏差极大的可疑数据，求出最大极限和最小极限，再删去范围之外偏差极大的可疑数值。

【例 3-2】　根据测时法得出测时数据如下：20、18、23、21、18、22、20、21、28、17、19、21，试找出应删去的数据。

解：先在上述数据中删去 28 这一误差大的可疑数字，然后求最大极限和最小极限。

$$\bar{x}=\frac{1}{11}\times(20+18+23+21+18+22+20+21+17+19+21)=20$$

$$\lim_{max}=20+0.9\times(23-17)=25.4$$

$$\lim_{min}=20-0.9\times(23-17)=14.6$$

因可疑数据 28 大于最大极限值 25.4，故应将 28 删去。

如一组测时数据中有两个误差大的可疑数据时，应从偏差最大的一个数字开始，连续进行检验(每次只能删去一个数据)。如一组测时数据中有两个以上的可疑数据时，应将这一组测时数据抛弃，重新进行观测。

(二)写实记录法

写实记录法是研究各种性质的工作时间消耗的方法，它把施工过程像照相一样如实地用文字、数字记录下来。写实记录法可用以研究所有种类的工作时间消耗，包括基本工作时间、辅助工作时间、不可避免的中断时间、准备与结束时间以及各种损失时间等。通过写实记录可以获得分析工作时间消耗和制定定额时所必需的全部资料。这种测定方法比较简便，用有秒针的普通表就可以进行，易于掌握，并能保证所需的精确度。因此，写实记录法在实际生产中得到广泛的应用。

(1)写实记录法的分类。由一个人单独操作或产品数量可单独计算时，采用个人写实记录。如果由小组集体操作，而产品数量又无法单独计算时，可采用集体写实记录。

写实记录法除分为个人写实和集体写实，按记录时间的方法不同又可分为数示法、图示法和混合法三种。

数示法是在测定时直接用数字记录时间的方法。这种方法记录技术比较复杂，一般计时精确度要求高的项目可采用。它可同时对两个以内的工人或机器进行测定，适用于组成部分较少而且比较稳定的施工过程。记录时间的精确度为 5~10 s。观察的时间应记录在数示法写实记录表中，供分析用。

图示法是用图表的形式记录时间。记录时间的精度可达 30 s。适用于观察 3 个以内的工人或机器共同完成某项施工过程。此种方法具有时间记录清楚，记录简便，整理快速准确等优点。因此，在实际工作中，图示法的使用较数示法更为普遍。

混合法是吸取了图示法和数示法的优点，经综合改进的一种写实记录的时间分析方法。用图示法表格记录所测施工过程各组成部分的延续时间，而完成每一组成部分的工人人数则用数字予以表示。这种方法适用于同时观察 3 个以上工人或机器工作时的集体写实记录。它的优点是比较经济，这一点是数示法和图示法都不能做到的。

(2)写实记录法的延续时间。它是指采用写实记录法进行测定时，测定每个施工过程或同时测定几个施工过程所需的总延续时间。延续时间的确定应立足于既不致消耗过多的时间，又能得到比较可靠和完善的结果。同时还必须注意：所测施工过程的广泛性和经济价值；已经达到的工效水平的稳定程度；同时测定不同类型施工过程的数目；被测定的工人人数；测定完成产品的可能次数等。这些因素在确定延续时间时均应认真加以考虑，这是一个比较复杂的问题。为便于测定人员确定写实记录法的延续时间，根据实践经验拟定表 3-3 供测定时参考使用。

应用表 3-3 确定延续时间时，须同时满足表中三项要求，如在第 2 项和第 3 项中，

表 3-3　写实记录法最短测定延续时间表

序号	项　目	同时测定施工过程的类型数	测定对象		
			单人的	集体的	
				2～3 人	4 人以上
1	被测定的个人或小组的最低数	任意数	3 人	3 个小组	2 个小组
2	测定总延续时间的最小值(h)	1 2 3	10 23 28	12 18 21	8 12 24
3	测定完成产品的最低次数	1 2 3	4 6 7	4 6 7	4 6 7

其中任一项达不到最低要求时，应酌情增加延续时间。表 3-3 适用于一般施工过程，如遇个别施工过程的单位产品所消耗的时间过长，可适当减少表中测定完成产品的最低次数，同时还应酌情增加测定的总延续时间；如遇个别施工过程的单位产品所需时间过短，则应适当增加测定完成产品的最低次数，并酌情减少测定的延续时间。下面举例说明确定延续时间的具体方法。

【例 3-3】　电焊 40 mm 的圆钢筋，现同时测定平焊、立焊、仰焊三个类型的施工过程，求写实记录应观察的延续时间。

解：根据调查确定，由一个四级电焊工来完成此项工作，产品是按焊接个数计算的，每个接头的焊接长度均为已知数，焊接一个接头均消耗 0.36 h。从表 3-3 第 1 项知，至少应观察 3 个人，应观测的总延续时间不少于 28 h。

在测定的总延续时间内，可能完成产品的次数=28 ÷ 0.36≈77(次)。

查表 3-3 第 3 项可得测定产品的最低次数为 7，而计算值为 77 次，所以测定的总延续时间保持 28 h 完全满足要求。

(三)工作日写实法

工作日写实法也是写实记录法的一种，它是以一个工作班的延续时间为一个测定单元，按照时间顺序将工人或机器在整个工作班内的各种时间消耗情况详细记录下来，然后按工时分类把各种工时消耗归类，从而研究分析工时使用是否合理，以揭露工时损失的原因，便于采取措施消除工时损失，提高工时利用率和工作效率。它侧重于研究工作日的工时利用情况，总结推广先进生产者或先进班组的工时利用经验，同时还可以为制定劳动定额提供必需的准备与结束时间、休息时间和不可避免的中断时间的资料。采用工作日写实法研究工时利用的情况，是基层管理工作中挖潜力、反浪费，达到增产节约的一项有效措施。

根据写实对象的不同，工作日写实法可分为个人工作日写实、小组工作日写实和机械工作日写实三种。个人工作日写实是测定一个工人在工作日的工时消耗，这种方法最为常用。小组工作日写实是测定一个小组的工人在工作日内的工时消耗，它可以是相同工种的工人，也可以是不同工种的工人。前者是为了取得同工种工人的工时消耗资料，后者则主要是为了取得确定小组成员和改善劳动组织的资料。机械工作日写实是测定某一机械在一个台班内机械效能发挥的程度，以及配合工作的劳动组织是否合理，其目的在于最大限度地发挥机械的效能。

工作日写实用手表记时，记录方法同写实记录法一样有数字法、图表法、混合法，所不同的是工作日写实中属于工人的基本工作、辅助工作或属于机械的直接消耗时间、不要求作详细划分，而损失时间和其他各类时间则要求详细按造成的原因划分组成部分。写实记录的原始资料应填入有关表格中。

工作日写实法的延续时间以一个工作日为准，如其他完成产品的时间消耗大于 8 h，则应酌情延长观测时间。观测次数根据不同的要求确定，一般来说，如为了总结先进工人的工时利用经验，应测定 1~2 次；为了掌握工时利用情况或制定标准工时规范，应测定 3~5 次；为了分析造成损失的原因，改进施工管理，应测定 1~3 次，以取得所需要的有价值的资料。

(四)统计分析法

统计分析法是测定人工、材料和机械等利用效率的一种方法，一般应用统计学中抽样的原理来进行研究。用统计分析方法研究工时最先开始于 1934 年的英国，统计学家梯皮特(L. C. Tippett)第一次用抽样理论研究工作时间，以提高织布机的工作效率，这个过程称为“快读法”；20 世纪 40 年代该法被引入美国，得到了更广泛的应用和发展，发展以后的方法被称为“比例延迟法”；1956 年美国工业工程专家巴恩斯(R. M. Bernes)把这种方法又定名为“工作抽样法”。

这种被抽查的活动(抽样)，可以是一个操作工人(或班组、或机械)在生产某一产品中的全部活动过程中每一活动的消耗时间，也可以是其中一项活动的消耗时间。因此，抽样完全可以由我们的调查目的和要求来决定，所以它具有以下优点：①抽查工作单一，观察人员思想集中，有利于提高调查的原始数据的质量；②所需的总时间较短，费用可以降低。工作抽查法的基本原理是概率论。在相同条件下，对于一系列的试验或观察，每次的试验和观察的可能结果不止一个，并在试验或观察之前无法预知它的确切结果，但在大量重复试验或观察下，它的结果却是呈现出某种规律性。这种规律就是观察结果符合统计规律。工作抽查法就是利用这个客观规律，在相同的条件下，重复工作的活动，对它进行若干次瞬时观察，从这些观察的结果便可认定该项活动是否正常；而累计更多次的瞬时观察结果，便可代表其全部情况。

(1)样本的取样和观察次数的确定。所谓样本，在这里就是对被观察对象的观察结果，首先，对每一个观察对象的观察，在时间上应该是随机的，这样可以避免观察结果的虚假性，较大程度保持其真实性；其次，所选取的样本其工作条件应尽量一致，才能使将来观察的记录数据具有代表性；再次，观察对象的选择应该根据抽样的目的来确定。

总的来说，观察对象越多，对每一个观察对象的观察次数愈多，所得到的结果的正确程度越高。但观察次数越多，则所需要的时间就会越长，同时观察所需要的费用就会增加。因此，观察的次数应根据观察的目的及所要求的正确程度来确定。例如，我们要制定的某一项定额，制定以后在多大的范围内能经过努力完成呢？或者说此定额有多大程度上的真实性呢？这个程度就称为置信水平。置信水平以百分比表示，例如在 N 次的观察中，它的置信水平为 95%，即有 95%的数据是比较接近真实的，也即在 N 次观察中真实数据的发生率达到 95%，于是在 N 个观察记录的数据中有 5%的数据是偏离真实的，这就是精度。对于一般工程，工作的“纯生产率”取 40%~60%，置信水平取 95%。

观察次数 N 可按下式计算

$$N = \frac{\lambda^2(1-P)}{S^2 P} \tag{3-5}$$

式中，N 为随机观察的总次数；S 为需求精度；P 为观察事件发生的概率；λ 为参数，一般取 2 或 3。

式(3-5)中，从 S、P、N 三个数中，需求精度 S 可以事先根据观察的目的确定，但 P 和 N 仍是两个未知数，因此只能采用逐次逼近法求解。其方法是：先假定一个基值计算出第一个 N_1,然后经过相当时日的实际观察结果,又可获得一个新的 P_2 值,再代入式(3-5)中，求得第二个 N_2，再以 N_2 的观察次数及实际观察所得的 P 值代入公式反求 S，若求得的 S 较原定的精度小时，即可用最后的 P 值和反求的 S 值代入公式，求得所需的观察次数 N。

(2)观察期限和观察时刻的确定。在确定了观察次数以后，还应该确定观察的期限和观察的时刻。

观察期限是完成一项抽查任务的工作天数。观察期限一般根据抽查工作的目的和重要性，以及观察任务的大小(即观察的次数 N)和观察人员的多少来确定。

当确定了观察期限(T 为工作日)后，即可按下式计算

$$n = \frac{N}{T} \tag{3-6}$$

式中，n 为每个工作日内的观察次数，次/工作日。

观察时刻是指在一个工作班内每一次观察的时刻。观察时刻的确定关系直接影响到观察结果的真实程度。因此，从理论上讲观察时刻应该是随机的，可以查用随机数表和工作抽查观察时刻对照表。

第三节　施工定额、预算定额、概算定额

一、施工定额的编制

施工定额是直接应用于工程施工管理的定额，是编制施工预算、实行内部经济核算的依据。根据施工定额，可以直接计算出各种不同工程项目的人工、材料和机械合理使用量的数量标准。施工定额由劳动定额、材料消耗定额和施工机械台班或台时定额组成。

施工定额是安排施工作业进度计划，实行计件工资，签发任务单，限额领料以及计算超额奖和材料节约奖等方面的依据。在施工过程中，正确使用施工定额，对于调动劳动者的生产积极性，开展劳动竞赛和提高劳动生产率以及推动技术进步，都有积极的促进作用。它还是编制预算定额的基础。

(一)施工定额编制的原则及依据

1. 施工定额水平的确定

施工定额水平是指在一定时期内的建筑施工技术水平和条件下，定额规定的完成单

位合格产品所消耗的人工、材料和施工机械的消耗标准。定额水平的高低与劳动生产率的高低成正比。劳动生产率高，则完成单位合格产品所需的人工、材料和机械台班(台时)就少，说明定额水平就高；反之，消耗多，定额水平就低。

在工程施工企业中，劳动生产率水平大致可分为三种情况：一是代表劳动生产率水平较高的先进企业和先进生产者；二是代表劳动生产率较低的落后企业和落后生产者；三是介于前两者之间，处于中间状态的企业和生产者。编制施工定额以哪一种为依据来确定定额水平，是十分重要和值得研究的。

施工定额是施工企业进行管理、考核和评定各班组及生产者劳动成果的依据，合理的施工定额应有利于调动劳动者的生产积极性，提高劳动效率，增产节约。因此，在确定施工定额水平时，既不能以少数先进企业和先进生产者所达到的水平为依据，也不能以落后企业及其生产者的水平为依据，而应该依据在正常的施工和生产条件下，大多数企业和生产者经过努力可以达到或超过，少数企业或生产者经过努力可以接近的水平，即平均先进水平。这个水平略高于企业和生产者的平均水平，低于先进企业的水平。实践证明，如果施工定额水平过高，大多数企业和生产者经过努力仍无法达到，则会挫伤生产者和管理者的积极性；定额水平定得过低，企业和生产者不经努力也会达到和超额完成，则起不到鼓励和调动生产者积极性的作用。平均先进的定额水平，可望也可及，既有利于鼓励先进，又可以激励落后者积极赶上，有利于推动生产力向更高的水平发展。

2. 施工定额的编制原则

1)确定施工定额水平要遵循平均先进的原则

在确定施工定额时，要注意处理以下五个方面的关系：

(1)要正确处理数量与质量的关系。平均先进的定额水平，不仅表现为数量，还包括质量，要在生产合格产品的前提下规定必要的劳动消耗标准。

(2)合理确定劳动组织。劳动组织是否合理对完成施工任务和定额关系很大。人员过多，会造成工作面过小和窝工浪费，影响完成定额水平；人员过少又会延误工期，影响工程进度。人员技术等级过低，低等级工人做高等级活，不易达到定额，也保证不了工程(产品)质量；人员技术等级过高，浪费技术力量，增加产品的人工成本。因此，在确定定额水平时，要按照工作对象的技术复杂程度和工艺要求，合理地配备劳动组织，使劳动组织的技术等级同工作对象的技术等级相适应，在保证工程质量的前提下，以较少的劳动消耗，生产较多的产品。

(3)明确劳动手段和劳动对象。任何生产过程都是生产者借助劳动手段作用于劳动对象，不同的劳动手段(机具、设备)和不同的劳动对象(材料、构件)，对劳动者的效率有不同的影响。确定平均先进的定额水平，必须针对具体的劳动手段与劳动对象。因此，在确定定额时，必须明确规定达到定额时使用的机具、设备和操作方法，明确规定原材料和构件的规格、型号、等级、品种质量要求等。

(4)正确对待先进技术和先进经验。现在生产技术发展很不平衡，新的技术和先进经验不断涌现，其中有些新技术、新经验虽已成熟，但只限于少数企业和生产者使用，没有形成社会生产力水平。因此，编制定额时应区别对待，对于尚不成熟的先进技术和经验，不能作为确定定额水平的依据，对于成熟的先进技术和经验，但由于种种原因没有得到推广应用，可在保留原有定额项目水平的基础上，同时编制出新的定额项目。一方面照顾现有的实际情况，另一方面也起到了鼓励先进的作用。对于那些已经得到普遍推广使用的先进技术和经验，应作为确定定额水平的依据，把已经提高了的并得到普及的社会生产力水平确定下来。

(5)全面比较，协调一致。既要做到挖掘企业的潜力，又要考虑在现有技术条件下，能够达到的程度，使地区之间和企业之间的水平相对平衡，尤其要注意工种之间的定额水平，要协调一致，避免出现苦乐不均的现象。

2)定额结构形式要结合实际、简明扼要

(1)定额项目划分要合理。要适应生产(施工)管理的要求，满足基层和工人班组签发施工任务书、考核劳动效率和结算工资及奖励的需要，并要便于编制生产(施工)作业计划。项目要齐全配套，要把那些已经成熟和推广应用的新技术、新工艺、新材料编入定额；对于缺漏项目要注意积累资料，组织测定，尽快补充到定额项目中。对于那些已过时，在实际工作中已不采用的结构材料、技术，则应删除。

(2)定额步距大小要适当。步距是指定额中两个相邻定额项目或定额子目的水平差距。步距大，项目就少，定额水平的精确度就低；步距小，精确度高，但编制定额的工作量大，定额的项目使用也不方便。为了既简明实用，又比较精确，一般来说，对于主要工种、主要项目、常用的项目，步距要小些；对于次要工种、工程量不大或不常用的项目，步距可适当大些。对于手工操作为主的定额，步距可适当小些；而对于机械操作的定额，步距可略大一些。

(3)定额的文字要通俗易懂，内容要标准化、规范化，计算方法要简便，容易为群众掌握运用。

3)定额的编制要专业要和实际相结合

编制施工定额是一项专业性很强的技术经济工作，而且又是一项政策性很强的工作，需要有专门的技术机构和专业人员进行大量的组织、技术测定、分析和整理资料、拟定定额方案和协调等工作。同时，广大生产者是生产力的创造者和定额的执行者，他们对施工生产过程中的情况最为清楚，对定额的执行情况和问题也最了解，因此在编制定额的过程中必须深入调查研究，广泛征求群众的意见，充分发扬他们的民主权利，取得他们的配合和支持，这是确保定额质量的有效方法。

3. 施工定额的编制依据

(1)国家的经济政策和劳动制度。如工人技术等级标准、工资标准、奖励制度、工作日时制度、劳动保护制度等。

(2)有关规范、规程、标准、制度。如现行国家建筑安装工程施工验收规范，技术安全操作规程和有关标准图；全国水利水电建筑安装工程统一劳动定额及有关专业部门劳动定额；全国水利水电工程预算定额及有关专业部门的预算定额。

(3)技术测定和统计资料。主要指现场技术测定数据和工时消耗的单项和综合统计资料。技术测定数据和统计分析资料必须准确可靠。

(二)劳动定额

劳动定额是在一定的施工组织和施工条件下，为完成单位合格产品所必需的劳动消耗标准。劳动定额是人工的消耗定额，因此又称为人工定额。劳动定额按其表现形式不同又分为时间定额和产量定额。

1. 时间定额

它是指某种专业、某种技术等级的工人班组或个人，在合理的劳动组织与一定的生产技术条件下，为完成单位合格产品所必须消耗的工作时间。定额时间包括准备时间与结束时间、基本生产时间、辅助生产时间、不可避免的中断时间及工人必需的休息时间。

时间定额的单位一般以“工日”、“工时”表示，一个工日表示一个人工作一个工作班，每个工日工作时间按现行制度为每个人 8 h。其计算方法为

$$\text{单位产品时间定额}(\text{工日或工时})=\frac{1}{\text{每工日或工时产量}} \tag{3-7}$$

2. 产量定额

它是指在合理的劳动组织与一定的生产技术条件下，某种专业、某种技术等级的工人班组或个人，在单位时间内所应完成的合格产品数量。其计算方法为

$$\text{每工日或工时产量}=\frac{1}{\text{单位产品时间定额}(\text{工日或工时})} \tag{3-8}$$

产量定额的计量单位视具体产品的性质分别选用 m、m^2、m^3、t、根和块等表示。

时间定额与产量定额互为倒数，即

$$\text{时间定额}=\frac{1}{\text{产量定额}} \tag{3-9}$$

劳动定额是根据国家的经济政策、劳动制度和有关技术文件及资料制定的。制定劳动定额常用经验估算法、统计分析法、结构计算法和技术测定法。实际应用中常将这几种方法结合使用。

(三)材料消耗定额

材料消耗定额是指在既节约又合理地使用材料的条件下，生产单位合格产品所必须消耗的材料数量，它包括合格产品上的净用量以及在生产合格产品过程中合理的损耗量。前者是指用于合格产品上的实际数量；后者指材料从现场仓库领出到完成合格产品的过程中的合理损耗量，包括场内搬运的合理损耗、加工制作的合理损耗、施工操作的合理损耗等。

基本建设中建筑材料的费用占建筑安装费用的 60%左右，因此节约而合理地使用材料具有重大意义。

水利水电工程使用的材料可分为直接性消耗材料和周转性消耗材料。材料消耗定额的编制方法有观察法、试验法、统计法和计算法。

1. 直接性消耗材料定额

根据工程需要直接构成实体的消耗材料为直接性消耗材料，包括不可避免的合理损耗材料。单位合格产品中某种材料的消耗量等于该材料的净耗量和损耗量之和，即

$$\text{材料消耗量}=\text{净耗量}+\text{损耗量} \tag{3-10}$$

$$\text{损耗率}=\frac{\text{损耗量}}{\text{消耗量}}\times 100\% \tag{3-11}$$

式中，损耗量是指在合理和节约使用材料情况下的不可避免的损耗量，其多少常用损耗率表示。

用损耗率这种形式表示材料损耗定额的原因，主要是净耗量需要根据结构图和建筑产品(工程)图来计算或根据试验确定，往往在制定材料消耗定额时，有关图纸和试验结果还没有做出来，而且就是同样产品，其规格型号也各异，不可能在编制定额时把所有的不同规格的产品都编制材料损耗定额，否则这个定额就太烦琐了，用损耗率这种形式表示，则简单省事，在使用时只要根据图纸计算出净用量，应用式(3-11)就可以算出单位合格产品中某种材料的消耗量。

材料消耗量可用下式计算

$$材料消耗量=\frac{净耗量}{1-损耗率} \tag{3-12}$$

材料消耗定额是编制物资供应计划的依据，是加强企业管理和经济核算的重要工具，是企业确定材料需要量和储备量的依据，是施工队向工人班组签发领料的依据，是减少材料积压、浪费，促进合理使用材料的重要手段。

2. 周转性材料的消耗量

前面介绍的是直接消耗在工程实体上的各种建筑材料、成品、半成品，还有一些材料是施工作业用料，也称为施工手段用料，如脚手架、模板等。这些材料在施工中并不是一次消耗完，而是随着使用次数的增加而逐渐消耗，并不断得到补充，多次周转。这些材料称为周转性材料。

周转性材料的消耗量，应按多次使用、分次摊销的方法进行计算。周转性材料每一次在单位产品上的消耗量，称为摊销量。周转性材料的摊销量与周转次数有直接关系。

(1)现浇混凝土结构模板摊销量的计算。其计算公式为

$$摊销量=周转使用量-周转回收量 \tag{3-13}$$

$$周转使用量=\frac{一次使用量+一次使用量\times(周转次数-1)\times损耗率}{周转次数} \tag{3-14}$$

$$周转回收量=一次使用量\times\frac{1-损耗率}{周转次数} \tag{3-15}$$

式中，一次使用量是指周转性材料为完成产品每一次生产所需要的材料数量。一次使用量应根据模板设计图或结构图以及典型构件计算接触面积，从而确定一次使用量。对于拦河坝、闸墩等体积较大混凝土，往往采用分块浇筑，实际立模面积大于接触面积，即在层与层之间的模板有一部分要搭接，计算时应予考虑。

损耗率是指周转性材料使用一次后因损坏不能复用数量占一次使用量的损耗百分数。

周转次数是指新的周转材料从第一次使用起到材料不能再使用时的使用次数。周转次数的确定是制定周转性材料消耗定额的关键。影响周转次数的因素有：①材料的性质，如木质材料在 6 次左右，而金属材料可达 100 次以上；②工程的结构、形状、规格；③操作技术；④施工进度；⑤材料的保管维修等。确定材料的周转次数，必须经过长期现场观测，获得大量的统计资料，按平均合理的水平确定。

(2)预制混凝土构件模板摊销量的计算。在水利工程定额中，预制混凝土构件模板摊销量的计算方法与现浇混凝土结构模板摊销量的计算方法不同，预制混凝土构件的模板摊销量是按多次使用平均摊销的计算方法，不计算每次周转损耗率。因此，计算预制模板的摊销量时，只需确定其周转次数，按图纸计算出一次使用量后，摊销量按下列公式计算

$$摊销量=\frac{一次使用量}{周转次数} \tag{3-16}$$

(四)机械台班使用定额

机械台班使用定额是施工机械生产效率的反映。在合理使用机械和合理的施工组织条件下，完成单位合格产品所必须消耗的机械台班数量标准，称为机械台班使用定额，也称为机械台班消耗定额。

机械台班消耗定额的数量单位，一般用“台班”、“台时”或“机组班”表示。一个台班是指一台机械工作一个工作班，即按现行工作制工作 8 h。一个台时是指一台机械工作 1 h。一个机组班表示一组机械工作一个工作班。

机械台班使用定额与劳动消耗定额的表示方法相同，有时间定额和产量定额两种。

1. 机械时间定额

机械时间定额就是在正常的施工条件和劳动组织条件下，使用某种规定的机械，完成单位合格产品所必须消耗的台班数量，用下式计算

$$机械时间定额(台班或台时)=\frac{1}{机械台班或台时产量定额} \tag{3-17}$$

2. 机械产量定额

机械产量定额就是在正常的施工条件和劳动组织条件下，某种机械在一个台班或台时内必须完成的单位合格产品的数量。所以，机械时间定额与机械产量定额互为倒数。

二、预算定额的编制

(一)预算定额的概念及编制原则

1. 预算定额的概念

预算定额是确定一定计量单位的分项工程或构件的人工、材料和机械台班消耗量的数量标准。全国统一预算定额由国家计委或其授权单位组织编制、审批并颁发执行。专业预算定额由专业部委组织编制、审批并颁发执行。地方定额由地方业务主管部门会同同级计委组织编制、审批并颁发执行。预算定额是编制施工图预算的依据。建设单位按预算定额的规定，为建设工程提供必要的人力、物力和资金供应；施工单位则在预算定额范围内，通过施工活动，保证按期完成施工任务。

2. 预算定额的编制原则

(1)按社会必要劳动时间确定预算定额水平。在市场经济条件下，预算定额作为确定建设产品价格的工具，应遵照价值规律的要求，按产品生产过程中所消耗的必要劳动时间确定定额水平。按照社会必要劳动时间确定预算定额水平，要注意反映大多数企业的水平，在现实的中等生产条件下、平均劳动熟练程度和平均劳动强度下，完成单位的工

程基本要素所需要的劳动时间，是确定预算定额的主要依据。

(2)简明适用，严谨准确。定额项目的划分要做到简明扼要，使用方便，同时要求结构严谨，层次清楚，各种指标要尽量固定，减少换算，少留“活口”，避免执行中的争议。

(二)预算定额与施工定额的关系

预算定额是以施工定额为基础的，但预算定额不能简单地套用施工定额，必须考虑到它比施工定额包含了更多的可变因素，需要保留一个合理的幅度差。此外，确定两种定额水平的原则是不相同的。预算定额是社会平均水平，而施工定额是平均先进水平。因此，确定预算定额时，水平要相对低一些，一般预算定额水平要低于施工定额的5%~7%。

预算定额比施工定额包含了更多的可变因素，这些因素有以下三种。

(1)确定劳动消耗指标时考虑的因素：①工序搭接的停歇时间；②机械的临时维修、小修、移动等所发生的不可避免的停工损失；③工程检查所需的时间；④细小的难以测定的不可避免工序和零星用工所需的时间等。

(2)确定机械台班消耗指标需要考虑的因素：①机械在与手工操作的工作配合中不可避免的停歇时间；②在工作班内机械变换位置所引起的难以避免的停歇时间和配套机械相互影响的损失时间；③机械临时性维修和小修引起的停歇时间；④机械的偶然性停歇，如临时停水、停电、工作不饱和等所引起的间歇；⑤工程质量检查影响机械工作损失的时间。

(3)确定材料消耗指标时，考虑由于材料质量不符合标准或材料数量不足，对材料耗用量和加工费用的影响。这些不是由施工企业造成的。

(三)预算定额的编制依据和方法

1. 预算定额的编制依据

(1)现行预算定额是在现行施工定额的基础上进行编制的，只有参考现行施工定额，才能保证二者的协调性和可比性。

(2)现行的设计规范、施工及验收规范、质量评定标准和安全操作规程，是确定设计标准和设计质量、施工方法和施工质量，以及保证安全施工的法规。确定预算定额时，必须考虑这些法规的要求和规定。

(3)有关科学试验、测定、统计和经验分析资料，新技术、新结构、新材料、新工艺和先进经验等资料。

(4)现行的预算定额以及过去颁发的预算定额和有关单位颁发的预算定额及其编制的基础材料。

(5)常用的施工方法和施工机具性能资料。

(6)现行的工资标准和材料市场价格与预算价格。

2. 预算定额的编制步骤和方法

编制预算定额的编制主要分为以下三个步骤。

(1)组织编制小组，拟定编制大纲，就定额的水平、项目划分、表示形式等进行统一研究，并对参加人员、完成时间和编制进度作出安排。

(2)调查熟悉基础资料，按确定的项目和图纸逐项计算工程量，并在此基础上，对有关规范、资料进行深入分析和测算，编制初稿。

(3)全面审查，组织有关基本建设部门讨论，听取基层单位和职工的意见，并通过新旧预算定额的对比，测算定额水平，对定额进行必要的修正，报送领导机关审批。

上述工作进行时，还要明确编制预算定额的方法，具体有以下几个方面。

(1)划分定额项目，确定工作内容及施工方法。预算定额项目应在施工定额的基础上进一步综合。通常应根据建筑的不同部位、不同构件，将庞大的建筑物分解为各种不同的、较为简单的、可以用适当计量单位计算工程量的基本构造要素。做到项目齐全、粗细适度、简明适用。同时，根据项目的划分，确定预算定额的名称、工作内容及施工方法，并使施工定额和预算定额协调一致，以便于相互比较。

(2)选择计量单位。为了准确计算每个定额项目中的消耗指标，并有利于简化工程量的计算，必须根据结构构件或分项工程的特征及变化规律来确定定额项目的计量单位。若物体有一定厚度，而长度和宽度不定时，采用面积单位，如层面、地面等；若物体的长、宽、高均不一定时，则采用体积单位，如土方、砖石、混凝土工程等；若物体断面形状、大小固定，则采用长度单位，如管道、钢筋等。

(3)计算工程量。选择有代表性的图纸和已确定的定额项目计量单位，计算分项工程的工程量。

(4)确定人工、材料、机械台班的消耗指标。预算定额中的人工、材料、机械台班消耗指标，是以施工定额中的人工、材料、机械台班消耗指标为基础，并考虑预算定额中所包括的其他因素，采用理论计算与现场测试相结合、编制定额人员与现场工作人员相结合的方法确定的。

(四)预算定额项目消耗指标的确定

1. 人工消耗指标的确定

预算定额中，人工消耗指标包括完成该分项工程必需的各种用工量，而各种用工量根据对多个典型工程测算后综合取定的工程量数据和水利部颁发的《全国水利水电建筑安装工程统一劳动定额》计算求得。

预算定额中，人工消耗指标是由基本用工和其他用工两部分组成的。

(1)基本用工。基本用工是指为完成某个分项工程所需的主要用工量。例如，砌筑各种墙体工程中的砌砖、调制砂浆以及运砖和运砂浆的用工量。此外，还包括属于预算定额项目工作内容范围内的一些基本用工量，例如在墙体工程中的门窗洞、预留抗震柱孔、附墙、烟囱等工作内容。

(2)其他用工。它是辅助基本用工消耗的工日或工时，按其工作内容分为三类：一是人工幅度差用工，是指在劳动定额中未包括的，而在一般正常施工情况下又不可避免的一些工时消耗。例如，施工过程中各种工种的工序搭接、交叉配合所需的停歇时间、工程检查及隐蔽工程验收而影响工人的操作时间、场内工作操作地点的转移所消耗的时间及少量的零星用工等。二是超运距用工，指超过劳动定额所规定的材料、半成品运距的用工数量。三是辅助用工，指材料需要在现场加工的用工数量，如筛砂子等需要增加的用工数量。

2. 材料消耗指标的确定

材料消耗指标是指在正常施工条件下，用合理使用材料的方法，完成单位合格产品所必须消耗的各种材料、成品、半成品的数量标准。

(1)材料消耗指标的组成。预算中的材料用量由材料的净用量和材料的损耗量组成。预算定额内的材料，按其使用性质、用途和用量大小划分为主要材料、次要材料和周转性材料。

(2)材料消耗指标的确定。它是在编制预算定额方案中已经确定的有关因素(如工程项目划分、工程内容范围、计量单位和工程量的计算)的基础上，可采用观测法、试验法、统计法和计算法确定。首先确定出材料的净用量，然后确定材料的损耗率，计算出材料的消耗量，并结合测定的资料，采用加权平均的方法计算出材料的消耗指标。

3. 机械台班消耗量的确定

(1)编制依据。预算定额中的机械台班消耗指标是以台时为单位计算的，有的按台班计算，一台机械工作 8 h 为一个台班，其中：①以手工操作为主的工人班组所配备的施工机械(如砂浆、混凝土搅拌机、垂直运输的塔式起重机)为小组配合使用，因此应以小组产量计算机械台班量或台时量；②机械施工过程(如机械化土石方工程、打桩工程、机械化运输及吊装工程所用的大型机械及其他专用机械)应在劳动定额中的台班定额或台时定额的基础上另加机械幅度差。

(2)机械幅度差。机械幅度差是指在劳动定额中机械台班或台时耗用量中未包括的，而机械在合理的施工组织条件下所必须的停歇时间。这些因素会影响机械的生产效率，因此应另外增加一定的机械幅度差的因素，其内容包括：①施工机械转移工作面及配套机械互相影响损失的时间；②在正常施工情况下，机械施工中不可避免的工序间歇时间；③工程检查质量影响机械的操作时间；④临时水、电线路在施工中移动位置所发生的机械停歇时间；⑤施工中工作面不饱满和工程结尾时工作量不多而影响机械的操作时间等。

机械幅度差系数，一般根据测定和统计资料取定，大型机械可参考以下幅度差系数：土方机械为 1.25，打桩机械为 1.33，吊装机械为 1.30。其他分项工程机械，如蛙式打夯机、水磨石机等专用机械，均为 1.10。

(3)预算定额中机械台班消耗指标的计算方法。

具体有以下三种指标：

①操作小组配合机械台班消耗指标。操作小组和机械配合的情况很多，如起重机、混凝土搅拌机等，这种机械，计算台班消耗指标时以综合取定的小组产量计算，不另计机械幅度差。即

$$\text{机械台班消耗指标}=\frac{\text{分项定额的计算单位量}}{\text{小组总产量}} \tag{3-18}$$

$$\text{小组总产量}=\text{小组总人数}\times\sum(\text{分项计算取定的比重}\times\text{劳动定额综合每工日产量数}) \tag{3-19}$$

②按机械台班产量计算机械台班消耗量。大型机械施工的土石方、打桩、构件吊装、运输等项目机械台班消耗量按劳动定额中规定的各分项工程的机械台班产量计算，再加上机械幅度差。即

$$大型机械台班消耗量=\frac{工序工程量}{机械台班产量定额}\times(1+机械幅度差) \quad (3\text{-}20)$$

式中，机械幅度差一般为 20%~ 40%。

③打夯、钢筋加工、水磨石等各种专用机械台班消耗指标。专用机械台班消耗指标，有的直接将值计入预算定额中，也有的以机械费表示，不列入台班数量。其计算公式为

$$台班产量=机械配备人数\times每工日产量 \quad (3\text{-}21)$$

$$台班消耗量=\frac{计量单位值}{台班产量}\times(1+机械幅度差) \quad (3\text{-}22)$$

三、概算定额的编制

(一)概算定额的概念及其作用

1. 概算定额的概念

水利水电工程概算定额也叫扩大结构定额，它规定了完成一定计量单位的扩大结构构件或扩大分项工程的人工、材料和机械台班的数量标准。

概算定额是以预算定额为基础，根据通用图和标准图等资料，经过适当综合扩大编制而成的。定额的计量单位为体积(m^3)、面积(m^2)、长度(m)，或以每座小型独立构筑物计算，定额内容包括人工工日或工时、机械台班或台时、主要材料耗用量。

2. 概算定额的作用

(1)它是编制初步设计、技术设计的设计概算和修正设计概算的依据。

(2)它是编制机械和材料需用计划的依据。

(3)它是进行设计方案经济比较的依据。

(4)它是编制建设工程招标标底、投标报价、评定标价以及进行工程结算的依据。

(5)它是编制投资估算指标的基础。

(二)概算定额的内容和编制依据

1. 概算定额的内容

概算定额一般由目录、总说明、工程量计算规则、分部工程说明或章节说明、有关附录或附表等组成。

在总说明中主要阐明编制依据、使用范围、定额的作用及有关统一规定等。在分部工程说明中主要阐明有关工程量计算规则及本分部工程的有关规定等。在概算定额表中，分节定额的表头部分列有本节定额的工作内容及计量单位，表格中列有定额项目的人工、材料和机械台班消耗量指标。

2. 概算定额的编制依据

(1)现行的设计标准及规范，施工验收规范。

(2)现行的工程预算定额和施工定额。

(3)经过批准的标准设计和有代表性的设计图纸等。

(4)人工工资标准、材料预算价格和机械台班费用等。

(5)有关的工程概算、施工图预算、工程结算和工程决算等经济资料。

(三)概算定额的编制步骤和方法

1. 概算定额的编制步骤

概算定额的编制步骤一般分为三个阶段，即编制概算定额准备阶段、编制概算定额初审阶段和审查定稿阶段。

(1)编制概算定额准备阶段。确定编制定额的机构和人员组成，进行调查研究，了解现行的概算定额执行情况和存在的问题，明确编制目的，并制定概算定额的编制方案和划分概算定额的项目。

(2)编制概算定额初审阶段。根据所制定的编制方案和定额项目，在收集资料和整理分析各种测算资料的基础上，根据选定有代表性的工程图纸计算出工程量，套用预算定额中的人工、材料和机械消耗量，再加权平均得出概算项目的人工、材料、机械的消耗指标，并计算出概算项目的基价。

(3)审查定稿阶段。对概算定额和预算定额水平进行测算，以保证两者在水平上的一致性。如与预算定额水平不一致或幅度差不合理，则需要对概算定额做必要的修改，经定稿批准后，颁布执行。

2. 概算定额的编制方法

概算定额的编制原则、编制方法与预算定额基本相似，由于在可行性研究阶段及初步设计阶段，设计资料尚不如施工图设计阶段详细和准确，设计深度也有限，要求概算定额具有比预算定额更大的综合性，所包含的可变因素更多。因此，概算定额与预算定额之间允许有 5%以内的幅度差。在水利水电工程中，从预算定额过渡到概算定额，一般采用的扩大系数为 1.03。

思考题

1. 定额的概念是什么？
2. 定额的作用有哪些？定额有哪些特性？
3. 定额有哪些不同的划分方法？是如何划分的？
4. 施工过程的概念是什么？简述施工过程是如何进行分解的。
5. 工人工作时间是如何划分的？其定额时间和非定额时间各由哪几部分组成？
6. 机械工作时间是如何划分的？其定额时间和非定额时间各由哪几部分组成？
7. 工时分析的方法主要有哪几种？分别阐述它们的适用条件。
8. 简述施工定额的概念及编制原则、依据。
9. 简述预算定额的概念及其编制依据。
10. 简述概算定额的概念及其作用。

第四章　水利水电工程费用构成

第一节　项目划分

一、概　述

根据水利工程性质，其工程项目分别按枢纽工程和引水工程及河道工程划分，工程各部分下设一、二、三级项目。一级项目相当于单项工程，二级项目相当于单位工程，三级项目相当于分部、分项工程。

在二、三级项目中，《水利工程设计概(估)算编制规定》中仅列示了代表性子目，编制概算时，二、三级项目可根据水利工程初步设计编制规程的工作深度要求和工程情况增减或再划分。以三级项目为例，可再划分为：

(1)土方开挖工程，应将土方开挖与砂砾石开挖分列；

(2)石方开挖工程，应将明挖与暗挖，平洞与斜井、竖井分列；

(3)土石方回填工程，应将土方回填与石方回填分列；

(4)混凝土工程，应将不同工程部位、不同等级、不同级配的混凝土分列；

(5)模板工程，应将不同规格形状和材质的模板分列；

(6)砌石工程，应将干砌石、浆砌石、抛石、铅丝(钢筋)笼块石等分列；

(7)钻孔工程，应按使用不同钻孔机械及钻孔的不同用途分列；

(8)灌浆工程，应按不同灌浆种类分列；

(9)机电、金属结构设备及安装工程，应根据设计提供的设备清单，按分项要求逐一列出；

(10)金属结构设备及安装工程中的钢管制作及安装工程，应将不同管径的钢管、叉管分列。

二、项目划分

项目划分具体见附录一附表 1-1 ~ 附表 1-5。

第二节　水利水电工程费用构成及计算程序

一、建设项目的费用构成

建设项目费用是指工程项目从筹建到竣工验收、交付使用所需要的费用总和。各个行业对工程建设项目费用划分的原则基本相同，但在具体费用划分及项目设置上，结合各自行业特点，又有所区别。水利工程一般规模大、项目多、投资大，在编制概预算时，对建设项目费用划分得更细、更多。水利工程建设项目费用包括工程部分、移民和环境部分，其中移民和环境部分的费用包括水库移民征地补偿费、水土保持工程费、环境保护工程费，其费用构成按《水利工程建设征地移民补偿投资概(估)算编制规定》、《水利工程环境保护设计概(估)算编制规定》和《水土保持工程概(估)算编制规定》执行。

根据现行的《水利工程设计概(估)算编制规定》(水总［2002］116号，以下简称《编制规定》)的规定，工程部分的建设项目费用由工程费(包括建筑及安装工程费和设备费)、独立费用、预备费、建设期融资利息组成。建筑安装工程费由直接工程费、间接费、企业利润和税金组成。具体费用组成见图4-1。

编制水利工程概预算，要针对每个工程的具体情况，在工程的不同设计阶段，根据设计深度及掌握的资料，按照设计要求编制工程建设项目费用。认真划分费用的组成是编制工程概预算的基础和前提。

二、水利水电工程费用的计算程序

编制水利水电工程费用时，第一，要熟悉工程概况，内容包括工程地理位置、自然条件，水文、气象、地质条件，工程的总体布置、规模、设计标准、主要建设内容，施工总体布置、施工导流、施工交通条件、主体工程施工方法和施工进度计划等，在此基础上制订编制水利工程费用的工作计划和工作大纲；第二，根据工作计划和工作大纲，收集工程的各专业设计成果，包括报告、图纸及其他设计资料，收集各种现场资料、文件资料，定额及其他与编制概预算有关的资料；第三，要根据水利水电工程项目划分办法，对工程进行详细的项目划分，确定工程量清单；第四，编制工程基础单价，包括：人工预算单价，材料预算价格，电、水、风预算价格，砂、石料单价，混凝土材料单价，施工机械台时费；第五，根据项目划分结果和基础单价计算结果，编制建筑、安装工程单价，计算设备费；第六，进行各部分工程概预算编制，汇总分部分项工程概预算，形成单位工程或单项工程概预算，汇总单位、单项工程概预算以及独立费用，编制出总概预算。最后要按规定进行分级校审和装订成册。水利工程概预算编制的一般程序如图4-2所示。

第三节　直接工程费、间接费、企业利润和税金

建筑及安装工程费是指建设单位支付给从事建筑、安装工程施工单位的全部生产费用。在工程建设中，建筑安装工作是创造价值的生产活动，其费用作为建筑安装工程价值的货币表现。根据《编制规定》，建筑及安装工程费由直接工程费、间接费、企业利润和税金四项组成，其中直接工程费和间接费是建筑及安装工程费的基本组成部分，是不含施工企业利润的用于建筑及安装工程施工的工程费用。

一、直接工程费

直接工程费是指在建筑安装工程施工过程中直接消耗在工程项目上的活劳动和物化劳动，它与分项、分部工程的规模、数量、建筑材料、施工工艺、施工条件等因素密

切相关。直接工程费由直接费、其他直接费、现场经费三项组成。

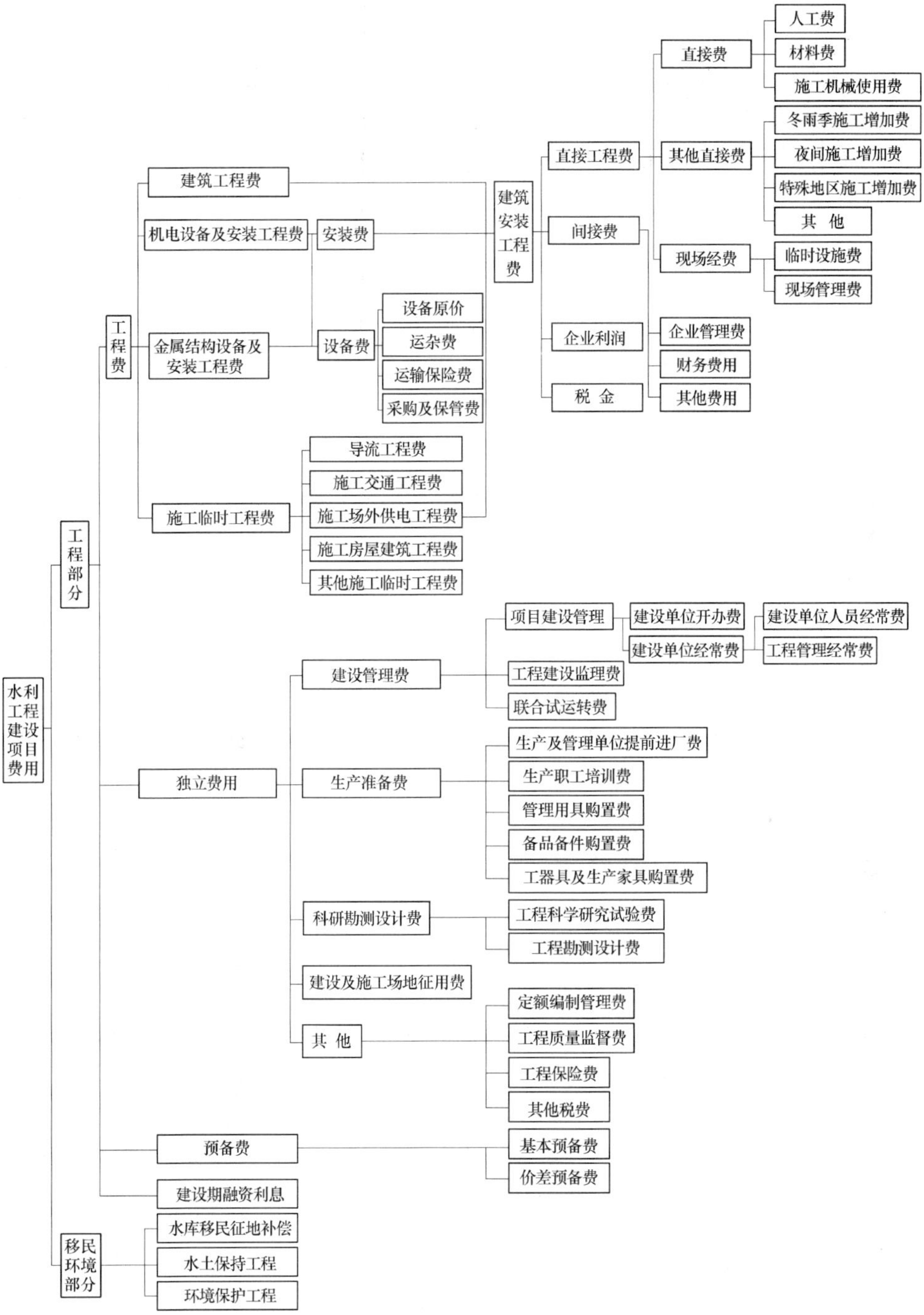

图 4-1　水利工程建设项目费用构成

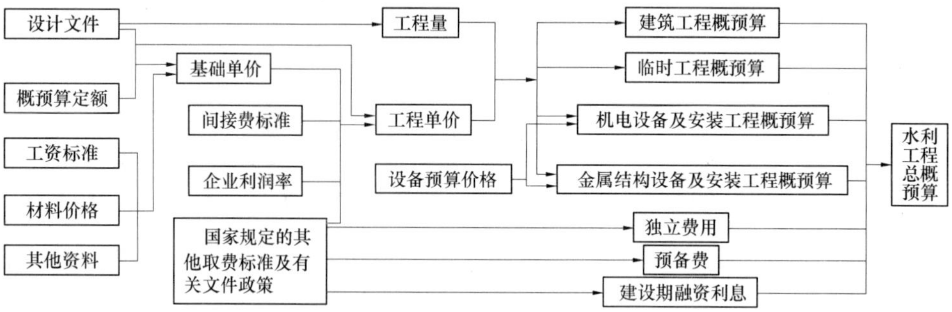

图 4-2　水利工程概预算编制程序

(一)直接费

直接费是指建筑安装工程施工过程中直接耗费的构成工程实体和有助于工程形成的各项费用，包括人工费、材料费、施工机械使用费。

1. 人工费

人工费指直接从事建筑安装工程施工的生产工人开支的各项费用，包括基本工资、辅助工资和工资附加费。

(1)基本工资由岗位工资和年功工资以及年应工作天数内非作业天数的工资组成。

岗位工资是指按照职工所在岗位各项劳动要素测评结果确定的工资。

年功工资是指按照职工工作年限确定的工资，随工作年限的增加而逐年累加。

生产工人年应工作天数内非作业天数的工资，包括职工开会学习、培训期间的工资，调动工作、探亲、休假期间的工资，因气候影响的停工工资，女工哺乳期间的工资，病假在 6 个月以内的工资及产、婚、丧假期的工资。

(2)辅助工资是指在基本工资以外，以其他形式支付给职工的工资性收入，主要是根据国家有关规定支付给职工的属于工资性质的津贴，包括地区津贴、施工津贴、夜餐津贴、节日加班津贴等。

(3)工资附加费是指按照国家规定提取的职工福利基金、工会经费、养老保险费、医疗保险费、工伤保险费、职工失业保险基金和住房公积金。

下列人员的工资不能计入人工费中，只能在相应的材料费、施工机械使用费和现场管理费中支出：①材料采购和材料保管人员；②材料到达施工现场前的装卸工人；③驾驶施工机械和运输机械的工人；④由现场管理费支付工资的人员。

2. 材料费

材料费指用于建筑安装工程项目上的消耗性材料、装置性材料和周转性材料摊销费，包括定额工作内容规定应计入的未计价材料和计价材料。

材料预算价格一般包括材料原价、包装费、运杂费、运输保险费和采购及保管费五项。

(1)材料原价是指材料指定交货地点的价格。

(2)包装费是指材料在运输和保管过程中的包装费和包装材料的折旧摊销费，该项费用并非所有材料都有。

(3)运杂费是指材料从指定交货地点至工地分仓库或相当于工地分仓库(材料堆放场)所发生的全部费用，包括运输费、装卸费、调车费及其他杂费。

(4)运输保险费是指材料在运输途中的保险费。

(5)材料采购及保管费是指材料在采购、供应和保管过程中所发生的各项费用，主要包括材料的采购、供应和保管部门工作人员的基本工资、辅助工资、工资附加费、教育经费、办公费、差旅交通费及工具用具使用费；仓库、转运站等设施的检修费、固定资产折旧费、技术安全措施费和材料检验费；材料在运输、保管过程中发生的损耗。

注意：材料费中不包括施工机械修理与使用所需的燃料和辅助材料、检验试验和冬雨季施工所需的材料、搭设临时设施的材料。这些材料费用应列入施工机械使用费、其他直接费和临时设施费。

3. 施工机械使用费

施工机械使用费指消耗在建筑安装工程项目上的机械磨损、维修、人工和动力燃料费用等。包括折旧费、修理及替换设备费、安装拆卸费、机上人工费和动力燃料费。

(1)折旧费是指施工机械在规定使用年限内回收原值的台时折旧摊销费用。

(2)修理费是指施工机械在使用过程中，为了使机械保持正常功能而进行修理所需的摊销费用和机械正常运转及日常保养所需的润滑油料、擦拭用品的费用以及保管机械所需的费用。

替换设备费是指施工机械正常运转时所耗用的替换设备及随机使用的工具附具等摊销费用。

(3)安装拆卸费是指施工机械进出工地的安装、拆卸、试运转和场内转移及辅助设施的摊销费用，部分大型施工机械的安装拆卸费不在其施工机械使用费中计列，包含在其他施工临时工程中。

(4)机上人工费是指施工机械使用时机上操作人员的人工费用。

(5)动力燃料费是指施工机械正常运转时所耗用的风、水、电、油和煤等费用。

注意：施工机械使用费中不包括材料到达工地仓库或露天堆放地点以前的装卸和运输、材料检验试验、搭设临时设施所需的机械费用。这些机械费应列入材料费、其他直接费和临时设施费中。

直接费具体计算方法见第五章。

(二)其他直接费

其他直接费是指除上述直接费外在施工过程中直接发生的其他费用，包括冬雨季施工增加费、夜间施工增加费、特殊地区施工增加费和其他。

1. 冬雨季施工增加费

冬雨季施工增加费是指在冬雨季施工期间为保证工程质量和安全生产所需增加的费用，包括增加施工工序，增设防雨、保温、排水等设施增耗的动力、燃料、材料以及因人工、机械效率降低而增加的费用。

2. 夜间施工增加费

夜间施工增加费是指施工场地和公用施工道路的照明费。照明线路工程费用包括在“临时设施费”中；施工附属企业系统、加工厂、车间的照明列入相应的产品成本中，均不包括在本项费用之内。

3. 特殊地区施工增加费

特殊地区施工增加费是指在高海拔和原始森林等特殊地区施工而增加的费用。

4. 其他

其他包括施工工具用具使用费，检验试验费，工程定位复测、工程点交、竣工场地清理、工程项目及设备仪表移交生产前的维护观察费等。其中，施工工具用具使用费是指施工生产所需，但不属于固定资产的生产工具，检验、试验用具等的购置、摊销和维护费；检验试验费是指对建筑材料、构件和建筑安装物进行一般鉴定、检查所发生的费用，包括自设实验室进行试验所耗用的材料和化学药品费用，以及技术革新和研究试验费，不包括新结构、新材料的试验费和建设单位要求对具有出厂合格证明的材料进行试验、对构件进行破坏性试验，以及其他特殊要求的检验试验费用。

(三)现场经费

现场经费是指为施工准备、组织施工生产和管理所需费用，包括临时设施费和现场管理费。

1. 临时设施费

临时设施费是指施工企业为进行建筑安装工程施工所必需的但又未被列入施工临时工程的临时建筑物、构筑物和各种临时设施的建设、维修、拆除、摊销等费用。如供风、供水(支线)、供电(场内)、夜间照明、供热系统及通信支线，土石料场，简易砂石料加工系统，小型混凝土拌和浇筑系统，木工、钢筋、机修等辅助加工厂，混凝土预制构件厂，场内施工排水，场地平整、道路养护及其他小型临时设施。

2. 现场管理费

现场管理费是指为施工准备、组织施工生产和施工管理所需的费用，其构成如下。

(1)现场管理人员的基本工资、辅助工资、工资附加费和劳动保护费。

(2)办公费，是指现场办公用具、印刷、邮电、书报、会议、水、电、烧水和集体取暖(包括现场临时宿舍取暖)用燃料等费用。

(3)差旅交通费，是指现场职工因公出差期间的差旅费、误餐补助费，职工探亲路费，劳动力招募费，职工离退休和退职一次性路费，工伤人员就医路费，工地转移费以及现场管理使用的交通工具的运行费、养路费及牌照费。

(4)固定资产使用费，是指现场管理使用的属于固定资产的设备、仪器等的折旧、大修费、维修费或租赁费等。

(5)工具用具使用费，是指现场管理使用的不属于固定资产的工具、器具、家具、交通工具和检验、试验、测绘、消防用具等的购置、维修和摊销费。

(6)保险费，是指施工管理用财产、车辆保险费，高空、井下、洞内、水下、水上作业等特殊工种安全保险费等。

(7)其他费用。

二、间接费

间接费是指施工企业为组织和管理建筑安装工程施工所发生的非生产性开支费用。

该项费用不直接发生在工程本身中，而是间接地为工程施工服务。间接费由企业管理费、财务费用和其他费用组成。

间接费与直接费、其他直接费、现场经费不同，直接费等是发生在施工现场上的有关费用，它与工程施工任务的大小有直接关系。而间接费不是发生在施工现场，它的支出与工程施工任务的大小不发生直接关系，它主要与施工企业的经营管理水平、人员办事效率高低和非生产性费用支出有着直接的联系。因此，间接费的支出，是为企业的若干工程进行施工服务，很难分清其分属于某个具体工程的费用数额。为简便计算，一般采用分摊方式，即按费用定额规定的费率间接地计入每一具体工程中。

按《编制规定》，间接费的计算基础有两种形式，建筑工程是以直接工程费为计算基础，机电、金属结构设备及安装以人工费为计算基础。间接费是建筑安装企业组织施工管理的间接成本，采用以直接工程费为计算基础，不会因定额直接人工的减少而影响间接费收入，有利于企业使用先进技术。

(一)企业管理费

企业管理费是指施工企业为组织施工生产经营活动所发生的管理费用，主要包括以下内容。

(1)施工企业管理人员的基本工资、辅助工资、工资附加费和劳动保护费。

(2)差旅交通费，是指施工企业管理人员因公出差、工作调动的差旅费，误餐补助费，职工探亲路费，劳动力招募费，离退休职工一次性路费，交通工具油料、燃料、牌照、养路费等。

(3)办公费，是指施工企业办公用具、印刷、邮电、书报、资料、会议、水、电、燃煤(气)等费用。

(4)固定资产折旧、修理费，是指企业属于固定资产的房屋、设备、仪器等折旧、维修等费用。

(5)工具用具使用费，是指企业管理使用不属于固定资产的工具、用具、家具、交通工具、检验、试验、消防等的摊销及维修费用。

(6)职工教育经费，指企业为职工学习先进技术和提高文化水平按职工工资总额计提的费用。

(7)劳动保护费，是指企业按照国家有关部门规定标准发放给职工的劳动保护用品的购置费、修理费、保健费、防暑降温费、高空作业及进洞津贴、技术安装措施费以及洗澡用水、饮用水的燃料费。

(8)保险费，是指企业财产保险、管理用车辆等保险费用。

(9)税金，是指企业按规定缴纳的房产税、管理用车辆使用税、印花税等。

(10)其他，包括技术转让费、设计收费标准中未包括的应由施工企业承担的部分施工辅助工程设计费、投标报价费、工程图纸资料费及工程摄影费、技术开发费、业务招待费、绿化费、公证费、法律顾问费、审计费、咨询费等。

(二)财务费用

财务费用是指企业为筹集资金而发生的各项费用，包括企业经营期间发生的短期融资利息净支出、汇兑净损失、金融机构手续费，企业筹集资金发生的其他财务费用，以及投标和承包工程发生的保函手续费等。

(三)其他费用

其他费用是指企业定额测定费及施工企业进退场补贴费，包括临时工、民工的进退场费用。

三、企业利润和税金

(一)企业利润

企业利润是指按规定应计入建筑安装工程费用中的利润。

(二)税金

税金是指国家对施工企业承担建筑、安装工程作业收入所征收的营业税、城市维护建设税和教育费附加。

第四节 独立费用

水利水电建设工程独立费用是指按照基本建设工程投资统计包括范围的规定，应在投资中支付并列入建设项目概算或单项工程综合概算，与工程直接有关而又难以直接摊入某个单位工程的其他工程和费用。独立费用由建设管理费、生产准备费、科研勘测设计费、建设及施工场地征用费和其他费用五项组成。

一、建设管理费

建设管理费是指建设单位在工程项目筹建和建设期间进行管理工作所需的各项费用，包括项目建设管理费、工程建设监理费和联合试运转费。

(一)项目建设管理费

项目建设管理费包括建设单位开办费和建设单位经常费。

(1)建设单位开办费，是指新组建的工程建设单位，为开展工程建设管理工作所必须购置的办公及生活设施、交通工具等，以及其他用于开办工作的费用。

(2)建设单位经常费，包括建设单位人员经常费和工程管理经常费。

①建设单位人员经常费，是指建设单位自批准组建之日起至完成该工程建设管理任务之日止，需要开支的经常费用，主要包括工作人员基本工资、辅助工资、工资附加费、劳动保护费、教育经费、办公费、差旅交通费、会议费、交通车辆使用费、技术图书资料费、固定资产折旧费、零星固定资产购置费、低值易耗品摊销费、工具用具使用费、修理费、水电费、取暖费等。

②工程管理经常费，是指建设单位从工程筹建到工程竣工期间所发生的各种管理费用，包括在该工程建设过程中用于筹措资金、召开董事(股东)会议、视察工程建设所发生的会议和差旅等费用，建设单位为解决工程建设涉及的技术、经济、法律等问题需要进行咨询所发生的费用；建设单位进行项目管理所发生的土地使用税、房产税、合同公证费、审计费、招标业务费等；施工期所需的水情、水文、泥沙、气象监测费和报汛费；工程验收费和由主管部门主持对工程设计进行审查、对安全进行鉴定等费用；在工程建

设过程中，必须派驻工地的公安、消防部门的补贴费以及其他属于工程管理性质开支的费用。

(二)工程建设监理费

工程建设监理费是指在工程建设过程中聘任监理单位，对工程的质量、进度、安全和投资进行监理所发生的全部费用，包括监理单位为保证监理工作正常开展而必须购置的交通工具、办公及生活设备、检验试验设备以及监理人员的基本工资、辅助工资、工资附加费、劳动保护费、教育经费、办公费、差旅交通费、会议费、技术图书资料费、固定资产折旧费、零星固定资产购置费、低值易耗品摊销费、工具用具使用费、修理费、水电费、采暖费等。

(三)联合试运转费

联合试运转费是指水利水电工程中的发电机组、水泵等安装完毕，在竣工验收前，进行整套设备带负荷联合试运转期间所需的各项费用，包括联合试运转期间所消耗的燃料、动力、材料及机械使用费，工具用具购置费，施工单位参加联合试运转人员工资等。

二、生产准备费

生产准备费是指水利水电建设项目的生产、管理单位为准备正常的生产运行或管理发生的费用，包括生产及管理单位提前进厂费、生产职工培训费、管理用具购置费、备品备件购置费、工器具及生产家具购置费五项。

(一)生产及管理单位提前进厂费

生产及管理单位提前进厂费指生产、管理单位在工程完工之前，有一部分工人、技术人员和管理人员提前进厂进行生产筹备工作所需的各项费用，包括提前进厂人员的基本工资、辅助工资、工资附加费、劳动保护费、教育经费、办公费、差旅交通费、会议费、技术图书资料费、零星固定资产购置费、修理费、低值易耗品摊销费、工具用具使用费、水电费、取暖费等，以及其他属于生产筹建期间应开支的费用。

(二)生产职工培训费

生产职工培训费是指工程在竣工验收之前，生产及管理单位为保证生产、管理工作能顺利进行，需对工人、技术人员与管理人员进行培训所发生的费用，包括基本工资、辅助工资、工资附加费、劳动保护费、差旅交通费、实习费等，以及其他属于职工培训应开支的费用。

(三)管理用具购置费

管理用具购置费是指为保证新建项目的正常生产和管理所必须购置的办公和生活用具等费用，包括办公室、会议室、档案资料室、阅览室、文娱室、医务室等公用设施需要的家具器具。

(四)备品备件购置费

备品备件购置费指工程在投产以后的运行初期，由于易损件损耗和可能发生的事故，而必须准备的备品备件和专用材料的购置费，不包括设备价格中配备的备品备件。

(五)工器具及生产家具购置费

工器具及生产家具购置费是指按设计规定，为保证初期生产正常运行所必须购置的不属于固定资产标准的生产工具、器具、仪表、生产家具等的购置费，不包括设备价格中已包括的专用工具。

三、科研勘测设计费

科研勘测设计费是指工程建设所需的科研、勘测和设计等费用，包括工程科学研究试验费和工程勘测设计费。

(一)工程科学研究试验费

工程科学研究试验费是指在工程建设中，为解决工程的技术问题，而进行必要科学研究试验所需的费用。

(二)工程勘测设计费

工程勘测设计费是指工程从项目建议书开始以后各设计阶段发生的勘测费和设计费，包括项目建议书、可行性研究、初步设计、招标设计和施工图设计阶段发生的勘测费、设计费和为勘测设计服务的科研试验费用。

四、建设及施工场地征用费

建设及施工场地征用费是指根据设计确定的永久工程征地、临时工程征地和管理单位用地所发生的征地补偿费用及应缴纳的耕地占用税等，主要包括征用场地上的林木、作物的赔偿，建筑物的迁建和居民迁移费等。

五、其他费用

(一)工程保险费

工程保险费是指工程建设期间，为使工程能在遭受水灾、火灾等自然灾害和意外事故造成损失后得到经济补偿，而对建筑、设备及安装工程保险所发生的保险费用。

(二)其他税费

其他税费是指按国家规定应缴纳的与工程建设有关的税费。

第五节　预备费、建设期融资利息

一、预备费

预备费包括基本预备费和价差预备费两项。

(一)基本预备费

基本预备费主要是为解决在工程施工过程中，经上级批准的设计变更和国家政策性变动增加的投资及为解决意外事故而采取的措施所增加的工程项目和费用。

(二)价差预备费

价差预备费主要是为解决在工程建设过程中，因人工工资、材料和设备价格上涨以及费用标准调整而增加的投资。

二、建设期融资利息

建设期融资利息是指根据国家财政金融政策，工程在建设期内需偿还并应计入工程总投资的融资利息。

思考题

1. 建设项目费用的概念是什么？
2. 编制水利水电工程费用的计算程序是什么？

第五章　水利水电工程基础单价的编制

水利水电工程基础单价是计算工程单价的基本依据，需要根据水利行业的有关规定、材料来源、施工方案、工程所在地区情况等进行确定。

水利水电工程基础单价包括人工预算单价，材料预算单价，施工机械台时费，施工用电、水、风单价，砂石料单价和砂浆、混凝土材料单价等。

第一节　人工预算单价

人工预算单价是确定工程造价时计算各种生产工人人工费所采用的人工费单价，是计算建筑安装工程单价和施工机械台时费中人工费的基础单价。

需要指出的是，人工预算单价和生产工人的工资不同。工资是施工企业按劳动者的劳动数量(劳动者完成某一合格产品所消耗的必要劳动时间之和，或劳动者完成某一合格产品的总量)与质量(物化在商品中的抽象劳动，是无差别的人类劳动的凝结)以货币形式付给劳动者的劳动报酬。人工预算单价是指一个建筑安装工人工作单位时间(一个工作日或一个工作时)在工程概预算中应计入的全部人工费用。它反映了社会生产工人的工资水平和企业内不同劳动者群体的平均劳动报酬水平，它不能作为建筑安装工人实发工资的标准。影响人工预算单价的主要因素包括社会平均工资水平、生活消费指数、劳动力市场供需情况、人工预算单价的组成内容和政府推行的社会保障及福利政策等。

一、人工预算单价的组成

根据现行《编制规定》和水利部水利企业工资制度改革办法，水利工程企业的工人按技术等级不同分为工长、高级工、中级工和初级工四级。各级工的人工预算单价均由基本工资、辅助工资、工资附加费三部分组成。

(一)基本工资

基本工资是指生产工人的岗位工资、年功工资及年应工作天数内非作业天数的工资。

(1)岗位工资，是指按照职工所在岗位各项劳动要素测评结果确定的工资。

(2)年功工资，是指按照职工工作年限确定的工资，随工作年限增加而逐年累加。

(3)生产工人年应工作天数内非作业天数的工资，包括职工开会学习、培训期间的工资，调动工作、探亲、休假期间的工资，因气候影响的停工工资，女工哺乳期间的工资，病假在6个月以内的工资及产、婚、丧假期的工资。

(二)辅助工资

辅助工资指在基本工资之外，以其他形式支付给职工的工资性收入，包括根据国家有关规定属于工资性质的各种津贴，主要有地区津贴、施工津贴、夜餐津贴、节日加班津贴等。

(三)工资附加费

工资附加费是指按照国家规定提取的职工福利基金、工会经费、养老保险费、医疗保险费、工伤保险费、职工失业保险基金和住房公积金。

二、人工预算单价的计算标准

(一)有效工作时间

年应工作天数指一年 365 天减去公休日 104 天(一年 52 周)，再减去法定节假日 11 天(法定节假日为国庆、春节各 3 天，元旦、五一劳动节、中秋节、端午节、清明节各 1 天)，即年应工作天数=365−104−11=250(工日)。日工作时间按我国标准为 8 工时/工日。

(二)基本工资标准

根据国家和行业的有关规定，结合水利工程的特点，基本工资按工程类别(枢纽工程、引水工程及河道工程)和工程所在地的工资区(国家根据各地区的地理位置、交通条件、经济发展状况，目前把全国分为六至十一类六个工资区。各地区工资区类别可从各省颁发的全省工资区类别表查得)不同而标准不同。按国家规定享受生活费补贴的特殊地区，可按规定计入基本工资。现行《水利工程设计概(估)算编制规定》确定的工资标准见表 5-1。

表 5-1　基本工资标准表(六类工资区)

序号	名称	单位	枢纽工程	引水工程及河道工程
1	工长	元/月	550	385
2	高级工	元/月	500	350
3	中级工	元/月	400	280
4	初级工	元/月	270	190

根据国家劳动部的规定，六类以上工资区的工资系数如表 5-2 所示，全国各地区工资区类别划分见表 5-3。

表 5-2　六类以上工资区的工资系数表

序号	工资区	地区工资系数
1	七类工资区	1.026 1
2	八类工资区	1.052 2
3	九类工资区	1.078 3
4	十类工资区	1.104 3
5	十一类工资区	1.130 4

表 5-3　全国各地区工资区类别划分表

类别	地　区	
十一类	新疆维吾尔自治区、宁夏回族自治区、青海省、西藏自治区	
	四川省	甘孜藏族自治州；阿坝藏族羌族自治州的壤塘县、若尔盖、阿坝二县；红原县的麦洼、阿木河两个区和龙日区的大录乡，马尔康县的日布乡，松潘县的毛尔盖区，南坪县日区的四寨、安曲两乡
	云南省	临沧专区的双江、镇康、永德等三县，耿马佤族和沧源佤族自治县；思茅专区的孟连傣族拉祜族佤族、澜沧拉祜族、西盟佤族等三自治县；西双版纳傣族自治州的景洪、勐腊、猛海等三县；迪庆藏族自治州的德钦县
	海南省	海口市，琼山、安安、万宁、澄迈、临高、文昌、琼海、屯昌、儋县九县，海南黎族苗族自治州的保亭、琼中、崖县、东方、白沙、陵水、乐乐、昌江八县，三亚市
	甘肃	兰州市；定西专区的定西、榆中、通渭、陇西、渭源、会宁、临洮、皋兰县；平凉专区的静宁县；天水专区的天水市，天水、西和、礼县、甘谷、武山、泰安、漳县七县；武都专区的成县、武都、康县、文县、宕昌、岷县；武威专区的武威、永昌、永登、景泰、民勤、古浪县、祝天藏族自治县；张掖专区的张掖、临泽、山丹、民乐、高台县、肃南裕固族自治县；酒泉专区的玉门市、酒泉县安西、敦煌二县，金塔县肃北蒙古族、阿克塞哈萨克族二自治县，临夏回族自治州的临夏市、临夏、永靖、和政、康乐、广河等五县，东乡族自治县；甘南藏族自治州临潭、卓尼、迭部、舟曲、碌曲、夏河、玛曲县
	内蒙古	伊克昭盟的海勃湾市，巴彦淖尔盟的乌达市，阿拉善左旗，额济纳旗
十类	四川	阿坝藏族自治州的马尔康(除日布乡)、松潘(毛尔盖区)、黑水等三县，金川县的下集、观音桥两个区和阿柯里乡、国营农场。阿坝藏族自治州红原县的龙日、刷金寺两个区
	云南	东川市；曲靖专区会泽县原划归东川市的迤车、待补、者海、罗布等四个区；临沧专区钠临沧县；思茅专区的墨江、普洱二县和江城哈尼族彝族自治县；红河哈尼族彝族自治州的个旧市，金平、元阳、绿春、红河等四县和河口瑶族、屏边苗族二自治县；德宏傣族景颇族自治州的潞西、陇川、盈江、梁河、瑞丽等五县，畹町镇；怒江傈族自治州的碧江、福贡、泸水等三县和贡山独龙族怒族自治县
	陕西	榆林专区的靖边、定边二县
	甘肃	平凉专区的庄浪县
	广东	广州市
九类	黑龙江	黑河专区的爱辉、逊克、嘉荫、孙吴、呼玛等五县
	吉林	通化专区的抚松、靖宇二县和长白朝鲜族自治县；延边朝鲜自治州安图县的老图山区
	四川	阿坝藏族自治州的小金、南坪(除大录乡)二县，金川县的安宁、城关两个区
	甘肃	定西专区的靖远县；天水专区的徽县、两当、清水等三县和张家川回族自治县
八类	陕西	西安市及其所辖长安县；咸阳专区的咸阳市和户县、兴平二县；渭南专区的铜川市；延安专区的延长县；宝鸡专区的宝鸡市，宝鸡、岐山、武功等三县
	甘肃	平凉专区的平凉、华亭、泾川、灵台、崇信等五县；庆阳专区的环县和庆阳县的西风镇
	广东	佛山专区的佛山市，海南、番禺二县及珠海县的万山群岛；汕头专区的汕头市；湛江专区的湛江、茂名二市，徐闻县
	四川	雅安专区的宝兴县；阿坝藏族自治州汶川县的映秀区的卧龙乡，理县的米亚罗区，茂汶羌族自治县的沙坝、赤不苏、较场等三个区
	福建	厦门市
	内蒙古	巴彦淖尔盟的磴口县，乌拉特中后联合旗；白云鄂博矿区
	上海	上海市

续表 5-3

类别	地区	
七类	辽宁	旅大市的长海县
	福建	福州市；厦门市同安县；闽侯专区的闽侯、平潭二县；晋江专区的泉州市，晋江、惠安、莆田、南安、安溪、永春、德化、仙游等八县；龙溪专区的漳州市，龙海、长泰、漳浦、东山、华安、诏安、云霄、平和、南靖等九县；三明专区的三明市
	内蒙古	乌兰察布盟的固阳县，达尔罕茂明安联合、四子王二旗；锡林郭勒盟的多伦、化德二县，阿巴嘎、西乌珠穆沁、东乌珠穆沁、苏尼特左、苏尼特右、太仆寺、正镶白、正蓝、镶黄、阿巴哈纳尔等十旗，呼伦贝尔盟的额尔古纳、新巴尔虎右二旗、鄂伦春自治旗；伊克昭盟的东胜县、达拉特、准格尔、伊金霍洛、乌审、鄂托克、杭锦等六旗，巴彦淖尔盟的乌拉特前旗；石拐矿区
	陕西	咸阳专区的乾县、彬县、旬邑、泾阳、高陵、周至、礼泉、永寿、长武、淳化、三原等十一县；渭南专区的渭南、富平、蒲城、澄城、合阳、华县、潼关、临潼、耀县、白水、韩城、大荔、华阴、蓝田等十四县；延安专区的子长、延川二县；榆林专区的榆林、府谷、吴堡、绥德、子洲、神木、佳县、米脂、清涧、横山等十县；商洛专区的商县、柞水、洛南、镇安等四县；宝鸡专区的千阳、扶风、眉县、凤翔、陇县、麟游、太白等七县
	浙江	舟山专区的定海、岱山、嵊泗、普陀等四县
	四川	凉山彝族自治州美姑县的侯布列拖、柳洪打洛两个区，甘孜藏族自治州的泸定县
	甘肃	庆阳专区的庆阳、合水、华池、宁县、正宁、镇原等六县
	广东	广州市的花县、从化二县；佛山专区的江门市，顺德、珠海(除万山群岛)、三水、中山、高鹤、台山、恩平、新会、开平等九县；韶关专区的韶关市，曲江、佛冈、仁化等三县，乳源瑶族自治县；汕头专区的澄海、南澳、惠来、揭阳、潮安、饶平、潮阳、普宁等八县；惠阳专区的惠阳市，东莞、惠阳、增城、宝安等四县；肇庆专区的肇庆市，高要县；湛江专区的阳江、海康、阳春、遂溪等四县

注：①其他地区均为六类工资区；②全国曾多次对工资区的划分进行过调整，上表可能有个别出入，应用时可在当地劳动部门确认。

(三)辅助工资标准

辅助工资标准见表 5-4。

表 5-4　辅助工资标准

序号	项目	枢纽工程	引水及河道工程
1	地区津贴	按国家、省、自治区、直辖市的规定	
2	施工津贴	5.3 元/天	3.5 ~ 5.3 元/天
3	夜餐津贴	4.5 元/夜班，3.5 元/中班	

注：初级工的施工津贴标准按表中数值的 50%计取。

(四)工资附加费标准

工资附加标准见表 5-5。

表 5-5　工资附加费标准

序号	项目	费率标准(%)	
		工长、高中级工	初级工
1	职工福利津贴	14	7
2	工会经费	2	1
3	养老保险费	按各省、自治区、直辖市规定	按各省、自治区、直辖市规定的 50%
4	医疗保险费	4	2
5	工伤保险费	1.5	1.5
6	职工失业保险基金	2	1
7	住房公积金	按各省、自治区、直辖市规定	按各省、自治区、直辖市规定的 50%

注：养老保险费率一般取 20%以内，住房公积金费率一般取 5%左右。

三、人工预算单价的计算方法

人工预算单价应根据国家的有关规定，按水利水电施工企业工人工资标准和工程所在地工资区类别进行计算。

根据水利部水总[2002]116 号文件的规定，现行人工预算单价的分项计算方法如下。

(一)基本工资计算

基本工资(元/工日)=基本工资标准(元/月)×地区工资系数×12 月÷年应工作天数×1.068

(二)辅助工资计算

辅助工资(元/工日)=地区津贴+施工津贴+夜餐津贴+节日加班津贴

(1)地区津贴(元/工日)=津贴标准(元/月)×12 月÷年应工作天数×1.068

(2)施工津贴(元/工日)=津贴标准(元/天)×365 天×95%÷年应工作天数×1.068

(3)夜餐津贴(元/工日)=(中班津贴标准+夜班津贴标准)÷2×(20%或 30%)

(4)节日加班津贴(元/工日)=基本工资(元/工日)×3×11÷年应工作天数×35%

(三)工资附加费计算

工资附加费(元/工日)=职工福利基金+工会经费+养老保险费+医疗保险费+工伤保险费+职工失业保险基金+住房公积金

(1)职工福利基金(元/工日)=[基本工资(元/工日)+辅助工资(元/工日)]×费率标准(%)

(2)工会经费(元/工日)=[基本工资(元/工日)+辅助工资(元/工日)]×费率标准(%)

(3)养老保险费(元/工日)=[基本工资(元/工日)+辅助工资(元/工日)]×费率标准(%)

(4)医疗保险费(元/工日)=[基本工资(元/工日)+辅助工资(元/工日)]×费率标准(%)

(5)工伤保险费(元/工日)=[基本工资(元/工日)+辅助工资(元/工日)]×费率标准(%)

(6)职工失业保险基金(元/工日)=[基本工资(元/工日)+辅助工资(元/工日)]×费率标准(%)

(7)住房公积金(元/工日)=[基本工资(元/工日)+辅助工资(元/工日)]×费率标准(%)

注：①1.068 为年应工作天数内非工作天数的工资系数；②计算夜餐津贴时，枢纽工程取 30%，引水及河道工程取 20%。

(四)人工预算单价计算

人工工日预算单价(元/工日)=基本工资(元/工日)+辅助工资(元/工日)+工资附加费(元/工日)　(5-1)

人工工时预算单价(元/工时)=人工工日预算单价(元/工日)÷日工作时间(工时/工日)　(5-2)

根据以上计算方法，六类工资区在无地区津贴的情况下，水利工程不同工种的人工预算单价计算结果见表 5-6。

表 5-6　六类地区不同工种人工预算单价表

工程类别	枢纽工程		引水工程及河道工程	
工长	57.25(元/工日)	7.16(元/工时)	40.14(元/工日)	5.02(元/工时)
高级工	53.26(元/工日)	6.66(元/工时)	37.36(元/工日)	4.67(元/工时)
中级工	45.30(元/工日)	5.66(元/工时)	31.78(元/工日)	3.97(元/工时)
初级工	24.51(元/工日)	3.06(元/工时)	17.48(元/工日)	2.19(元/工时)

【例 5-1】　西部某省一综合利用的大(1)型水利枢纽工程，该工程所在地为十一类工资区，该省无地区津贴，养老保险费率为 20%，住房公积金费率为 5%，试计算高级工的人工预算单价。

解：人工预算单价计算在规定的“人工预算单价计算表”中进行。

十一类工资区的工资系数为 1.130 4。高级工的人工预算单价的计算见表 5-7。

表 5-7　人工预算单价计算表

地区类别：十一类工资区		定额人工等级：高级工	
序号	项目	计算式	单价(元)
1	基本工资	500×1.130 4×12÷250×1.068	28.974
2	辅助工资	0+7.851+1.200+1.339	10.390
2.1	地区津贴	0	0
2.2	施工津贴	5.3×365×95%÷250×1.068	7.851
2.3	夜餐津贴	(3.5+4.5)÷2×30%	1.200
2.4	节日加班津贴	28.974×3×11÷250×35%	1.339
3	工资附加费		19.092
3.1	职工福利基金	(28.974+10.390)×14%	5.511
3.2	工会经费	(28.974+10.390)×2%	0.787
3.3	养老保险费	(28.974+10.390)×20%	7.873
3.4	医疗保险费	(28.974+10.390)×4%	1.575
3.5	工伤保险费	(28.974+10.390)×1.5%	0.590
3.6	职工失业保险基金	(28.974+10.390)×2%	0.787
3.7	住房公积金	(28.974+10.390)×5%	1.968
4	人工工日预算单价	28.974+10.390+19.092	58.456
5	人工工时预算单价	58.456÷8	7.307

第二节 材料预算价格

材料是建筑安装工人加工或施工的劳动对象，是工程投资的重要组成部分。材料的预算价格是计算建筑安装工程单价材料费的基础。

一、水利工程材料

水利水电建筑安装工程中使用的材料种类繁多，常表现为原材料、成品、半成品、构件及零件等。

材料根据使用性质可分为消耗性材料、周转性材料和装置性材料。消耗性材料是指直接消耗在工程的生产过程中的材料，如石方开挖工程中的火工材料，内燃机械运转中消耗的油料等。周转使用的材料是指施工过程只局部消耗(磨损)可重复使用的材料，如浇筑混凝土用的模板、支撑件等。装置性材料是指施工过程中作为安装对象的材料，如安装工程中的电缆、管道、轨道等。

材料根据供应方式分为外购材料和自产材料。外购材料是指建设或施工单位以采购的方式从外单位购得的材料。水利水电工程除当地建筑材料外，大多属外购材料。自产材料是指由施工或建设单位自己生产的用于本工程的材料。大中型水利水电工程的当地建筑材料(砂、卵石、碎石、块石、条石等)大多属自产材料。

材料根据对工程投资影响程度分为主要材料和次要材料。主要材料是指水利水电工程中对工程投资影响大的材料，一般是工程用量大或用量小但价格昂贵的材料。可根据工程具体条件选水泥、钢材、木材、油料、火工产品、砂石料、电缆、母线等为主要材料。对于混凝土工程和沥青混凝土心(斜)墙大坝工程，由于粉煤灰、沥青的用量大，在编制工程概(估)算时，应将其作为主要材料。次要材料是指除主要材料外的所有材料。

二、材料预算价格

材料预算价格是指材料自供应地运至工地分仓库(或相当于工地分仓库的材料堆放场地)的出库价格。

材料预算价格一般包括材料原价、包装费、运杂费、运输保险费和采购保管费五项费用。即

$$材料预算价格=材料原价+包装费+运杂费+运输保险费+采购保管费 \quad (5\text{-}3)$$

需要说明的是，材料包装费和运输保险费并不是对每种材料都会发生的。例如，散装材料不存在包装费；包装材料费用已计入出厂价的材料就不必再计算包装费；不参加运输保险的材料不存在运输保险费。另外，主要材料和次要材料的预算价格在工程概预算中的分析方法和计算方法是不同的。

三、主要材料预算价格的编制

(一)编制方法

1. 调查收集基本资料

在编制材料的预算价格之前，要认真收集下列基本资料，使编制的材料预算价格符

合实际。

(1)确定材料的来源地和供货比例。材料的来源地对材料运价和运输费影响较大；水利工程用材料不仅数量大、品种多，而且同一种材料可能有几个供货点，所以应综合考虑计算。选择材料的来源地应调查工程涉及的交通情况和现行的运输费用政策，分析确定货物的最佳运输方式和运输路线；应保证货源的可靠性；应尽量就近定点并以厂家直供方式为主采购材料。

(2)调查材料的原价。可通过实际收集和查阅近期的有关物价信息和物价公告，并对其进行认真的分析和论证，以确定该工程采用的材料的原价。

(3)调查并确定合适的运输方式和运费。

2. 材料预算价格的计算

1)材料原价

材料原价也称材料市场价或交货价格，其价格(火工产品除外)一般均按市场调查价格计算。同一材料因产地、供应商不同，会有不同的供应价，应按产地的市场价和供应比例，采用加权平均的方法计算。一般水利工程的主要材料原价可按下述方法确定。

(1)水泥。水泥按其主要成分不同分为硅酸盐类水泥(含普通硅酸盐水泥、矿渣硅酸盐水泥、火山灰硅酸盐水泥、粉煤灰硅酸盐水泥、硅酸盐水泥、抗硫酸盐硅酸盐水泥等)、铝酸盐类水泥和无熟料水泥。水泥产品根据国家计委、建材局计价管理的规定，从1996年4月1日起，全部执行市场价，水泥产品价格由厂家根据市场供求状况和水泥生产成本自主定价。如设计采用早强水泥，可按设计确定的比例计入。在可行性研究阶段编制投资估算时，水泥市场价可统一按袋装水泥价格计算。

(2)钢材。水利工程使用的钢材主要包括钢筋、型钢、钢管、钢板等。钢材按市场价计算，钢筋预算价格由普通圆钢 $A_3\phi15 \sim 18$ mm、低合金钢 20 MnSi $\phi19 \sim 24$ mm 按设计比例计算。各种型钢、钢板的预算价格按设计要求的代表型号、规格和比例确定。钢材的原价按工程所在地省会或就近大城市的金属材料公司、钢材交易中心、钢铁厂的市场批发价格计算。

(3)木材。木材按树种分为针叶树和阔叶树。针叶树树干通直而高大，材质较软，属于软木树，如松、柏、杉等，是建筑工程中使用的主要材种。阔叶树属于硬木树，如桦、樟、青杠等。木材按加工程度分为原条、原木、锯材。其中原条指经修枝、剥皮的伐木，常用做建筑施工的脚手架；原木是伐木经修枝、剥皮后，以其最合适的用途，加以截断的圆形木段，原木既可直接用做电杆、桩木、屋架、檩条和椽子，又可进一步加工使用；锯材又叫成材，是原木加工后的初步产品，包括板材、枋材和枕木。板材指横切面的宽为厚的3倍及以上的成材；枋材指宽不足厚的3倍的成材。木材按树种的价格差异分为六类树木：①樟木、楠木、红豆、紫檀等；②杉木、柏木等；③云杉、冷杉、柏木、红杉等；④马尾松、云南松、桦树等；⑤榆木、水杉、泡桐等；⑥杨木、柳木、梧桐等。

木材的等级是以其构造上的缺陷(如弯曲、节子、腐朽、虫害、裂纹等)按国家标准评定的。林业部门将加工原木的直径与长度按一定的档次划分为各级标准尺寸，即为原木的径级和长级。径级以2 cm进一级；东北、内蒙古原木以0.5 m进一个长级，其他地区原木以0.2 m进一个长级。

凡工程所需的各种木材，由林区储木场直接提供的，原则上均执行设计选定的储木场的大宗市场批发价；由工程所在地木材公司供给的，执行地区木材公司提供的大宗市场批发价。确定木材市场价的代表规格，按二、三类树木各占 50%，Ⅰ、Ⅱ等材各占 50%，长度按 2.0 ~ 3.8 m，原松木径级ϕ20 ~ 28 cm，锯材按中板中枋，杉木径级根据设计由储木场供应情况确定。

木材的原价按工程所在地就近的木材公司或林区储木场的市场价计算。

(4)油料。汽油按辛烷值分为 66、70、75、80、85、90 等牌号。汽油的牌号应根据发动机的压缩比来选择，压缩比大的选用较高牌号的汽油。柴油分为轻柴油和重柴油。轻柴油是 1 000 r/min 以上的高速柴油机的燃料，按凝点分为–35、–20、–10、0、10 五个牌号；重柴油是 1 000 r/min 以下的中速和低速柴油机的燃料，按凝点分为 10、20、30 三个牌号。

汽油、柴油全部按工程所在地区市场价计算其预算价格，汽油代表规格为 70 号，柴油代表规格由工程所在地区气温条件确定。油料的原价按工程所在地就近的石油站大型油库的批发价格计算。

(5)火工产品。火工产品指炸药、雷管、导火线或导电线。水利工程主要使用硝铵类炸药，其主要成分为硝酸铵，加入 TNT 和木粉。常用的品种有岩石硝铵炸药、露天硝铵炸药、抗水露天硝铵炸药和煤矿硝铵炸药。硝铵炸药分为 1 号、2 号等。水利工程爆破中用的最多的是 2 号岩石硝铵炸药。

火工产品按全部由工程选定的所在地区化工厂供应，统一按国家定价或化工厂的出厂价计算。现阶段出厂价统一执行国家兵总爆函[1996]117 号文颁发的《关于调整民爆产品出厂价格的通知》。

需要说明的是，各种主要材料还有多种规格，不同规格的价格也不同。在概算阶段，可以表 5-8 推荐的代表规格及比例来计算材料的综合价格。在预算阶段，可根据施工图纸设计的规格统计的比例计算。

2)包装费

包装费是指为便于材料的运输或为保护材料而进行包装所发生的费用。包括厂家所进行的包装以及在运输过程中所进行的捆扎、支撑等费用。凡由生产厂家负责包装并已将包装费计入材料市场价的，在计算材料的预算价格时，不再计算包装费。包装费和包装品的价值，因材料品种和厂家处理包装品的方式不同而异，应根据具体情况分别进行计算。一般情况下，袋装水泥的包装费按规定计入出厂价，不计回收，不计押金；散装水泥有专用罐车运输，一般不计包装费。钢材一般不进行包装，特殊钢材存在少量包装费，但与钢材价格相比，所占比重很小，编制预算价格时可忽略不计。木材应按实际发生的情况进行计算。火工产品包装费已包括在出厂价中。油料用油罐车运输，一般不存在包装费。

3)材料运杂费

材料运杂费是指材料由产地或交货地点运往工地分仓库或相当于工地分仓库的材料堆放场所需要的费用，包括各种运输工具的运费、调车费、装卸费、出入库费和其他费用。在编制材料预算价格时，应按施工组织设计中所选定的材料来源和运输方式、运输工具，以及厂家和交通部门规定的取费标准，计算材料的运杂费。

表 5-8　主要材料代表规格参考表

序号	材料名称		代表规格	比例(%)
1	钢筋	圆钢	普通碳素钢 A_3 ϕ16~18 mm	70
		圆钢	低合金钢 20MnSi ϕ20~25 mm	30
2	木材	原木	东北材，三类材，Ⅰ等ϕ18~28 cm，长 2~3.8 m	40
			东北材，三类材，Ⅱ等ϕ18~28 cm，长 2~3.9 m	60
			南方材，二、三类材各 50%，Ⅰ等ϕ18~28 cm，长 2~3.8 m	40
			南方材，二、三类材各 50%，Ⅱ等ϕ18~28 cm，长 2~3.9 m	60
		板枋材	东北材，三类材，中板Ⅰ等ϕ18~28 cm，长 3~3.8 m	40
			东北材，三类材，中板Ⅱ等ϕ18~28 cm，长 3~3.9 m	60
			南方材，二、三类材，中板Ⅰ等ϕ18~28 cm，长 3~3.10 m	40
			南方材，二、三类材，中板Ⅱ等ϕ18~28 cm，长 3~3.11 m	60
3	油料	汽油	70 号	100
		柴油	Ⅰ类气温区，0 号	75~100
			Ⅰ类气温区，-10~-20 号	0~25
			Ⅱ类气温区，0 号	55~65
			Ⅱ类气温区，-10~-20 号	45~60
			Ⅲ类气温区，0 号	40~55
			Ⅲ类气温区，-10~-20 号	45~60
4	火工	雷管	非金属壳	100
		炸药	2 号岩石水胶炸药，3 号岩石水胶炸药或 2 号煤炭水胶炸药，1~9 kg/包	100

注： Ⅰ类气温区：广东，广西，云南，贵州，四川，江苏，湖南，浙江，湖北，安徽；Ⅱ类气温区：河南，河北，山西，山东，陕西，甘肃，宁夏，内蒙古；Ⅲ类气温区：青海，新疆，西藏，辽宁，吉林，黑龙江。

材料的运输方式一般分为铁路(火车)运输、公路(汽车)运输、水路(船舶)运输和联合运输四种方式。各运输方式特点比较见表 5-9。

表 5-9　铁路、公路、水路运输特点比较

运输方式	运价	时间	中转环节
铁路运输	中等	快	中等
公路运输	高	中等	少
水路运输	低	慢	可能多

(1)铁路运输费的计算。委托国有铁路部门运输的材料，在国有线路上行驶时，其运杂费一律按铁道部现行《铁路货物运价规则》及有关规定计算；属于地方营运的铁路，执行地方的规定。

(2)施工单位自备机车车辆在自营专用线上行驶的运杂费，按列车台时费和台时货运量以及运行维护人员开支摊销费计算。其运杂费计算公式为

$$\text{每吨运费}=\frac{\text{机车台时费}+\text{车辆台时费之和}}{\text{每列火车设计载重量}\times\text{装载系数}\times\text{列车每小时行驶次数}}+\text{每吨装卸费}+\text{现场管理人员开支的摊销费(元/t)} \tag{5-4}$$

如果自备机车要通过国有铁路，还应付给铁路部门过轨费。其运杂费计算公式为

$$\text{每吨运费}=\frac{\text{机车台时}+\text{车辆台时费之和}+\text{列车过轨费}}{\text{每列火车设计载重量}\times\text{装载系数}\times\text{列车每小时行驶次数}}+\text{每吨装卸费}+\text{现场管理人员开支的摊销费(元/t)} \tag{5-5}$$

列车过轨费按铁道部门的规定计算。

火车整车运输货物，除特殊情况，一律按车辆标记载重量装载计费。但在实际运输过程中经常出现不能满载的情况，在计算运杂费时，用装载系数(指货物的实际运输重量与货物运输的计费重量之比)来表示。据统计，火车整车运输装载系数如表 5-10 所示，供计算时参考。

表 5-10　火车整车运输装载系数

序号	材料名称		单位	装载系数
1	水泥、油料		t/车皮 t	1.0
2	木材		m^3/车皮 t	0.90
3	钢材	大型工程	t/车皮 t	0.90
4		中型工程	t/车皮 t	0.80 ~ 0.85

在铁路运输方式中，要确定每一种材料运输中的整车与零担比例，据以分别计算其运杂费。整车运价较零担运价便宜，所以要尽可能以整车方式运输。根据已建大、中型水利水电工程实际情况，水泥、木材、炸药、柴油、汽油等可以全部按整车计算，钢材则要考虑一部分零担。对于其比例，大型工程可按 10% ~ 20%选取，中型工程按 20% ~ 30%选取，如有实际资料，应按实际资料选取。

(3)公路运杂费的计算。按工程所在地市场价计算，汽车运输轻浮货物时，按实际载重量计价。轻浮货物是指每立方米重量不足 250 kg 的货物。整车运输时，其长、宽、高不得超过交通部门的有关规定，以车辆标记吨位计重。零担运输时，以货物包装的长、宽、高各自最大值计算体积，按每立方米折算 250 kg 计价。

(4)水路运输包括内河运输和海洋运输，其运输费按航运部门现行规定计算。

(5)特殊材料或部件运输，要考虑特殊措施费、改造路面和桥梁的费用等。

4)材料运输保险费

材料运输保险费是指向保险公司缴纳的货物保险费用。材料运输保险费可按工程所在省、自治区、直辖市或中国人民保险公司的有关规定计算。其计算公式为

$$材料运输保险费=材料原价\times材料运输保险费率 \tag{5-6}$$

5)材料采购保管费

材料采购保管费是指建设单位和施工单位的材料供应部门在组织材料采购、运输保管和供应过程中所需的各项费用。包括：①各级材料计划、采购、供应和保管部门工作人员的工资、办公费、差旅费和劳动保护费。②仓库和转运站的检修费、工具用具使用费、固定资产折旧费、技术安全措施费和材料的检验、试验费等。③材料在运输保管过程中损耗的摊销费。材料采购保管费的计算公式为

$$材料采购保管费=(材料原价+包装费+材料运杂费)\times采购保管费率$$

其中，现行部颁标准中采购保管费率为 3%。

综上，材料的预算价格计算公式为

$$\begin{aligned}材料预算价格&=材料原价+包装费+运杂费+运输保险费+采购保管费\\&=(材料原价+包装费+运杂费)\times(1+采购保管费率)+运输保险费\end{aligned} \tag{5-7}$$

(二)材料价差

为避免因市场价格偏高的材料预算价格影响工程投资预测的合理性，水利部水总[2002]116号文颁发的《水利工程设计概(估)算编制规定》中规定，“砂、碎石、砾石、块石、料石等预算价格控制在70元/m^3左右，超过部分计取税金后列入相应部分之后”；“西藏等地区，部分材料运输距离较远、预算价格较高，应限价计入工程单价，余额以补差形式计算税金后列入相应部分之后”。

上述规定有两层含义，一是概预算编制办法对有些材料规定了上限价(一般根据国家“重要生产资料国家最高限价”和市场调节价确定)，称为材料基价或定额规定价。我们把按市场价计算出的某种材料预算价格与材料定额规定价之差称为该种材料的价差。二是指出了材料价差在编制工程单价时的处理办法。

【例5-2】 某水电站大坝用水泥由某水泥厂直供，水泥强度等级为42.5(相当于515#水泥)，其中袋装水泥占20%，散装水泥占80%，袋装水泥市场价为320元/t，散装水泥市场价为290元/t。袋装水泥和散装水泥均通过公路由水泥厂运往工地仓库，袋装水泥运杂费为22.0元/t，散装水泥运杂费为10.6元/t；从仓库至拌和楼由汽车运送，运费1.5元/t；进罐费1.3元/t；运输保险费率按1%计，采购保管费率按3%计。试计算水泥预算价格。

解： 水泥原价=袋装水泥市场价×20%+散装水泥市场价×80%

=320×20%+290×80%=296(元/t)

水泥运杂费=水泥厂至工地仓库运杂费+工地仓库至拌和楼运杂费+进罐费

=(22.0×20%+10.6×80%)+1.5+1.3=15.68(元/t)

水泥运输保险费=水泥市场价×运输保险费率

=296×1%=2.96(元/t)

水泥预算价格=(水泥原价+包装费+运杂费)×(1+采购及保管费率)+运输保险费

=(296+0+15.68)×(1+3%)+2.96=323.99(元/t)

以上计算也可在“主要材料预算价格计算表”中进行，见表5-11。

表5-11 主要材料预算价格计算表

编号	名称及规格	单位	价格(元/t)					
			原价	包装费	运杂费	采购及保管费	运输保险费	预算价格
1	42.5级水泥	t	296	0	15.68	9.35	2.96	323.99

四、次要材料预算价格的编制

次要材料一般品种较多，其费用在投资中所占比例很小，一般不必逐一详细计算其预算价格。次要材料预算价格可采用工程所在地区就近城市定额预算管理站公布的工业与民用建筑安装工程材料预算价格或信息价格加运到工地的运杂费用(一般可取为预算价格的5%左右，根据运输距离情况，该比例还可据实测算)来确定。

五、材料预算价格汇总表

用以上方法计算出各种材料预算价格后，便可将各计算结果对应地填入表5-12、

表 5-13 的材料汇总表中，以备计算建筑和安装工程单价时用。

需要说明的是，对有定额规定价的材料应注明规定价和预算价，并计算和填入材料价差。

表 5-12　主要材料预算价格汇总表　(单位：元)

序号	名称和规格	单位	预算价格	其中				价差
				原价	运杂费	运输保险费	采购及保管费	
1	水泥 32.5 级	t	323.99	296.00	15.68	2.96	9.35	
2	柴油	kg	2.89	2.38	0.43	0.00	0.08	
3	钢筋	t	3 020.06	2 850.00	53.60	28.50	87.96	
4	碎石	m^3	76.01	65.00	8.80	0.00	2.21	6.01

表 5-13　次要材料预算价格汇总表　(单位：元)

序号	名称与规格	单位	原价	运杂费	合计
1	混凝土管 D50	m	50	2.5	52.50
2	铁钉	kg	6	0.3	6.30
3	电焊条	kg	7	0.35	7.35

第三节　施工机械台时费

我国水利水电工程的建设实践证明，水利资源的开发从某种程度上说依赖于施工机械的发展。随着水利水电工程施工机械化程度的不断提高，施工机械购置费和使用费在水利工程建筑安装工程量中所占的比例将不断上升，因此正确计算施工机械使用费对合理确定工程造价就显得十分重要。

一、施工机械和施工机械费用定额

(一)水利水电工程施工机械的分类

水利水电工程施工机械种类很多，按设备的功能分为土石方机械、混凝土机械、运输机械、起重机械、砂石料加工机械、钻孔灌浆机械、工程船舶、动力机械和其他机械九大类。按设备动力分为风动、油动、电动三类机械。

(二)施工机械费用定额

我国在水利水电工程概预算编制中的施工机械费用定额目前有两种。一种为施工机械台班费定额，常用于地方中、小型水利工程，如现行的《陕西省水利水电工程施工机械台班费定额》(1996)就属于此类；另一种为施工机械台时费定额，仅适用于大、中型水利工程，如水利部颁发的《水利工程施工机械台时费定额》(2002)就属于该类。在编制施工机械费用时，一定要根据工程规模和资金来源正确选用施工机械费用定额。

二、施工机械台时费的概念及作用

施工机械台时费是指施工机械在 1 h 内正常运行所损耗和分摊的各项费用之和。台时是指施工机械工作运转时间，即施工机械运转时计费，非运转时不计费。非工作运转时间的自然损耗，已在总寿命台时中考虑。施工机械台时费根据施工机械台时费定额进行编制，它是计算建筑安装工程单价中施工机械使用费的基础单价。

三、施工机械台时费的组成

施工机械台时费由三类费用组成。

(一)第一类费用

第一类费用包括折旧费、修理及替换设备费(含大修理费、经常性修理费)和安装拆卸费。现行定额中按2000年度价格水平计算并用金额表示。第一类费用包括下列费用。

1. 折旧费

折旧费是指施工机械在规定使用年限(寿命期)内收回原值的台时折旧摊销费用。计算公式为

$$台时折旧费=\frac{机械预算价格\times(1-残值率)}{机械经济寿命总台时} \tag{5-8}$$

或

$$台时折旧费=\frac{机械预算价格\times年折旧率}{机械年工作台时} \tag{5-9}$$

$$机械预算价格=机械市场价+运杂费 \tag{5-10}$$

$$残值率=\frac{机械残值-清理费}{机械预算价格}\times100\% \tag{5-11}$$

$$机械经济寿命总台时=经济使用年限\times年工作台时 \tag{5-12}$$

式中，运杂费一般按原价的5%～7%计算，若有实际资料则按实际资料计算；残值率是指机械达到使用寿命需要报废时的残值扣除清理费后占机械预算价格的百分率，残值率一般可取 4%～5%；机械经济寿命总台时是指机械在经济使用期内所运转的总台时数；经济使用年限是指国家规定的该种机械从使用到报废的平均工作年数(在经济使用年限内该种机械花费的年费用最少)；年工作台时是指该种机械在经济使用期内平均每年运行的台时数。

2. 修理及替换设备费

修理费是指机械使用过程中，为了使机械保持正常功能而进行修理所需的摊销费用和机械正常运转及日常保养所需润滑油料费、擦拭用品费以及机械保管费。替换设备费是指施工机械正常运转时所耗用的替换设备、随机使用的工具附具等所需的台时摊销费用。

1)大修理费的计算

$$台时大修理费=\frac{一次大修理费\times大修理次数}{机械经济寿命总台时} \tag{5-13}$$

大修理次数是指机械在经济使用期限内需大修理的次数，计算公式为

$$大修理次数=\frac{机械经济寿命总台时}{大修理间隔台时}-1 \tag{5-14}$$

一次大修理费用可按一次大修理所需人工、材料、机械等进行计算，也可参照实际

资料按占机械预算价格的百分数计算。

2)经常性修理费的计算

经常性修理费包括修理费、润滑及擦拭材料费。

(1)修理费。修理费包括中修费用和各级保养费用。计算公式为

$$修理费=\frac{中修费用+各级保养费用}{大修理间隔台时} \tag{5-15}$$

中修费用和各级保养费用的计算可按大修理消耗工时、材料为基数，按资料确定中修和各级保养所耗用工时和材料所占的比例。

(2)润滑及擦拭材料费。

$$台时润滑及擦拭材料费=\frac{机械年润滑及擦拭材料费}{年工作台时} \tag{5-16}$$

其中，润滑油脂的耗用量按机械台时耗用燃料油量的百分比计算，柴油机械取 6%，汽油机械取 5%。棉纱头及其他油耗用量按实际计算。

在实际计算中，一些单位据统计资料按下列公式计算。

$$台时经常性修理费=台时大修理费\times经常性修理费率 \tag{5-17}$$

$$经常性修理费率=\frac{典型机械台时经常修理费}{典型机械台时大修理费}\times100\% \tag{5-18}$$

3)替换设备及工具、附具摊销费的计算

$$台时替换设备及工具、附具摊销费=\frac{年替换设备及工具、附具费}{年工作台时} \tag{5-19}$$

表 5-14 是几种施工机械替换设备及工具、附具的参考数量。

表 5-14　施工机械替换设备及工具、附具的参考数量表

机械名称	替换设备及工具、附具名称	年需要数量(m)
空压机	胶皮管	50
电焊机	橡皮软线 50 mm^2	100
对焊机	橡皮软线 50 mm^2	20
混凝土振捣器	软线	30
凿岩机	高压胶皮管	20
水泵	弹簧软管	8
塔式起重机 2～6 t	电缆线	80
塔式起重机 15 t	电缆线	120
塔式起重机 25 t	电缆线	140
塔式起重机 40 t	电缆线	150
自升塔式起重机 10 t	电缆线	200
龙门起重机	电缆线	200
电动机	电缆线	10

在实际中，也可按占大修理费的百分比的方法计算。

4)保管费的计算

$$台时保管费=\frac{机械预算价格}{机械年工作台时}\times保管费率 \tag{5-20}$$

保管费率的高低与机械预算价格有直接关系。机械预算价格越高，保管费率越低。保管费率一般为 0.15%～1.5%。

3. 安装拆卸费

安装拆卸费指施工机械进出工地的安装、拆卸、试运转和场内转移及辅助设施的摊销费用。计算公式为

$$台时安装拆卸费=台时大修费\times安拆卸费率 \tag{5-21}$$

$$安拆卸费率=\frac{典型机械安装拆卸费}{典型机械台时大修理费}\times100\% \tag{5-22}$$

需要说明的是，特大型和部分大型施工机械的安装拆卸费不在其施工机械使用费中计列，包括在其他施工临时工程中，例如砂石料系统、混凝土拌和及浇筑系统等。机械不需安装拆卸时，台时费中不计列此项费用，例如自卸汽车、船舶、拖轮等。

(二)第二类费用

第二类费用分为人工、动力、燃料或消耗材料等费用。定额以工时数量和实物消耗量表示，其费用按国家规定的人工工资计算办法和工程所在地的物价水平分别计算。

1. 人工

人工指机械使用时机上操作人员的工时消耗。包括机械运转时间、辅助时间、用餐、交接班以及必要的机械正常中断时间。台时费中人工费按中级工计算。

2. 动力、燃料或消耗材料

它们指机械正常运转所需的风(压缩空气)、水、电、油及煤等。其中，机械消耗电量包括机械本身和最后一级降压变压器低压侧至施工用电点之间的线路损耗，风、水消耗包括机械本身和移动支管的损耗。

(1)内燃机械台时燃料消耗量。计算公式为

台时燃料消耗量(kg)=1(h)×额定耗油量[kg/(kW·h)]×额定功率(kW)×发动机综合利用系数　(5-23)

发动机综合利用系数=发动机时间利用系数×发动机能量利用系数×单位油耗修正系数×油耗损耗增加系数　(5-24)

发动机综合利用系数一般为 0.20～0.40。

(2)电动机械台时电力消耗量。计算公式为

台时电力消耗量(kW·h)=1(h)×电动机综合利用系数 K×电动机额定功率 N(kW)　(5-25)

$$K=\frac{K_1\times K_2}{K_3\times K_4} \tag{5-26}$$

式中，K 为电动机综合利用系数；K_1 为电动机时间利用系数，一般取 0.40～0.60；K_2 为电动机能量利用系数，一般取 0.50～0.70；K_3 为低压线路电力损耗系数，一般取 0.95；K_4 为平均负荷时电动机有效利用系数，一般取 0.78～0.88；N 为电动机额定功率，kW。

(3)蒸汽机械台时水、煤消耗量。计算公式为

台时水(煤)消耗量(kg)=1(h)×蒸汽机额定功率(kW)×额定水(煤)单位耗用量[kg/(kW·h)]×蒸汽机综合利用系数　(5-27)

式中，综合利用系数机车取 0.14 ~ 0.80，锅炉、打桩机取 0.55 ~ 0.75。

(4)风动机械台时压气消耗量。其计算公式为

台时压气消耗量(m^3)=60(min)×风动机械压气消耗量(m^3/min)×风动机械综合利用系数　(5-28)

式中，综合利用系数一般可取 0.60 ~ 0.70。

(三)第三类费用

第三类费用是指施工机械每台时所摊销的牌照税、车船使用税、养路费、保险费等，按各省、自治区、直辖市现行规定收费标准计算。不领取牌照、不缴纳养路费的非车船类施工机械不计算。

四、施工机械台时费的计算

施工机械台时费根据施工机械台时费定额进行编制，现执行的是水利部水总[2002]116 号文颁发的《水利工程施工机械台时费定额》。对于定额中没有的施工机械，按上述公式及有关规定编制补充台时费并计算其费用；对定额中列出的施工机械，计算公式为

施工机械台时费=第一类费用+第二类费用+第三类费用　(5-29)

(一)第一类费用

根据施工机械的型号和规格，查阅台时费定额得定额第一类费用。即

第一类费用=第一类费用×K　(5-30)

式中，K 为物价变化影响系数，一般由行业定额管理部门文件公布。目前，K=1.0。

(二)第二类费用

查阅台时费定额得人工工时、燃料、动力消耗量，用下式计算

第二类费用=定额人工工时×中级工人工预算单价+$\sum$(定额材料消耗量×材料预算单价)　(5-31)

(三)第三类费用

第三类费用根据实际计算。一般机械无第三类费用，但施工机械如果需要通过公共道路时，按工程所在地政府现行的收费标准计算车船使用税和养路费。

车船使用税(元/台时)=车船使用税标准[元/(年·t)]×吨位(t)÷年工作台时(台时/年)　(5-32)

养路费(元/台时)=养路费标准[元/(月·t)]×吨位(t)×12(月/年)÷年工作台时(台时/年)　(5-33)

【例 5-3】　某大型水利枢纽工程，位于六类工资区内。该地的汽油和柴油预算价分别为 3.2 元/kg、2.8 元/kg，电的预算价格为 0.8 元/(kW·h)，根据现行部颁定额计算 3.5 t 散装水泥车、15 t 塔式起重机、522 kW 推土机的台时费。

解：六类工资区的中级工的人工预算单价为 5.66 元/工时。机械台时费的计算结果见表 5-15。

五、施工机械台时费汇总表

依据上述计算方法，计算出工程所需的所有施工机械的台时费，将计算结果整理填入“施工机械台时费汇总表”，见表 5-16，以备编制建筑工程单价应用。

表 5-15　施工机械台时费计算表

编号			1		2		3	
名称			3.5 t 散装水泥车		15 t 塔式起重机		522 kW 推土机	
定额依据			部颁[2002]3064		部颁[2002]4031		部颁[2002]1055	
一类费用	折旧费		11.12		52.25		360.34	
	修理及替换设备费		9.81		19.81		187.38	
	安装拆卸费				3.77		4.29	
	小计		20.93		75.83		552.01	
二类费用	类别	预算价	定额数量	价格	定额数量	价格	定额数量	价格
	人工(工时)	5.66	1.3	7.36	2.7	15.28	2.4	13.58
	汽油(kg)	3.20	5.9	18.88				
	柴油(kg)	2.80					74.9	209.72
	电(kW·h)	0.80			45.4	36.32		
	风(m^3)							
	水(m^3)							
	煤(kg)							
	小计			26.24		51.60		223.30
三类费用								
施工机械台时费(元/台时)			47.17		127.43		775.31	

表 5-16　施工机械台时费汇总表　（单位：元）

序号	名称及规格	台时费	其中				
			折旧费	修理及替换设备费	安拆费	人工费	动力燃料费
1	3.5 t 散装水泥车	47.17	11.12	9.81		7.36	18.88
2	15 t 塔式起重机	127.43	52.25	19.81	3.77	15.28	36.32
3	522 kW 推土机	775.31	360.34	187.38	4.29	13.58	209.72

第四节　施工用电、风、水预算价格

在水利水电工程施工过程中，风、水、电的耗用量非常大。作为特殊耗材，正确为其定价，是提高工程概算准确性的重要环节。在编制施工用风、水、电预算单价时，要按照施工组织设计确定的风、水、电的布置方式、供应形式、设备供应情况或施工企业的实际资料等进行计算。

一、施工用电预算价格

(一)施工用电分类

水利水电工程施工用电，一般有两种供电方式：由国家或地方电网及其他电厂供电的外购电和由施工企业自建发电厂供电的自发电。

施工用电按用途可分为生产用电和生活用电两部分。生产用电是指直接计入工程成本的生产过程用电，包括施工机械用电、施工照明用电和其他生产用电；生活用电是指生活文化福利建筑的室内、外照明和其他生活用电。生活用电不直接用于生产，应在间接费内开支或由职工负担，不在施工用电电价计算范围内。水利工程概算中的电价计算范围仅指生产用电。

(二)外购电电价的计算

电网供电由于电源可靠、电价低廉，是水利工程施工的首选和主要电源。外购电电价格由基本电价、电能损耗摊销费和供电设施维修摊销费组成。根据施工组织设计确定的供电方式以及不同电源的电量所占比例，按国家或工程所在省、自治区、直辖市规定的电网电价和规定的加价进行计算。

1. 基本电价

基本电价是指按国家或工程所在地规定由供电部门收取的供电价格，包括电网电价、电力建设基金及各种按规定的加价。基本电价按国家及各省、市、自治区物价主管部门规定的电价确定。

2. 电能损耗摊销费

电能损耗摊销费是指从施工企业与供电部门的产权分界处(供电单位收费计量点)起到现场各施工点最后一级降压变压器低压侧止，所有变配电设备和输配电线路上所发生的电能损耗摊销费，包括由高压电网到施工主变压器高压侧之间的高压输电线路损耗和由主变压器高压侧至现场各施工点最后一级降压变压器低压侧之间的变配电设备及配电线路损耗两部分。需要说明的是，从最后一级降压变压器低压侧至施工用电点的配电设备和输配电线路损耗，已包括在各施工设备、工器具的台时耗电定额内，电价中不再考虑。

电能损耗的计算方法有两种：一是按月平均总供电量(或典型月总供电量)用近似公式计算。这种方法从理论上讲有一定的科学性，但计算较复杂，在初步设计阶段，繁多的计算参数也不易确定，故一般不采用。二是按占供电量的百分率(即损耗率)计算。这种方法虽不够严谨，但因其建立在实际资料的基础上，因而比较可靠。一般高压输电线路损耗率可取 4%～6%，变配电设备及配电线路损耗率可按 5%～8%计取。线路短、用电负荷集中的取小值，反之取大值。

3. 供电设施维修摊销费

供电设施维修摊销费是指摊入电价的变配电设备的大修理费、安装拆卸费、设备及输配电线路运行维护费。

摊销费用的计算较烦琐，初步设计阶段的施工组织设计深度往往难以满足计算要求，故一般情况下都采用经验指标直接摊入电价的方法计算。一般供电设施维修摊销费取 0.02～0.03 元/(kW·h)。

综上，外购电电价计算公式为

电网供电价格=基本电价+电能损耗摊销费+供电设施维修摊销费
=基本电价÷(1−高压输电线路损耗率)÷(1−35 kV 以下变配电设备及配电线路损耗率)+供电设施维修摊销费(变配电设备除外)　(5-34)

(三)自发电电价的计算

自发电一般为柴油发电机组供电。供电成本较高，是远离电网的施工工地供电的主要方式，一般作为施工的备用电源或高峰用电时使用。

自发电价格由基本电价、电能损耗摊销费和供电设施维修摊销费组成。自发电的基本电价是指柴油发电机的发电成本。自发电的电能损耗摊销费是指从施工企业自建发电厂的出线侧起至现场各施工点最后一级降压变压器低压侧止，所有变配电设备和输配电线路上发生的电能损耗费用。同时，从最后一级降压变压器低压侧至施工用电点的施工设备和低压配电线路损耗，已包括在各用电施工设备、工器具的台班耗电定额内，电价中不再考虑。供电设施维修摊销费同外购电。

因为柴油发电机组供冷却水的方式有两种，其电价计算公式也不同。

(1)当柴油发电机组用自设水泵供冷却水时，电价计算公式为

$$\text{柴油机发电供电价格}=\frac{\text{柴油发电机组(台)时总费用}+\text{水泵组(台)时总费用}}{\text{柴油发电机定额容量之和}\times K}\div(1-\text{厂用电率})\div(1-\text{变配电设备及配电线路损耗率})+\text{供电设施维修摊销费} \tag{5-35}$$

(2)当柴油发电机组采用循环冷却水，不用水泵时，电价计算公式为

$$\text{柴油机发电供电价格}=\frac{\text{柴油发电机组(台)时总费用}}{\text{柴油发电机定额容量之和}\times K}\div(1-\text{厂用电率})\div(1-\text{变配电设备及配电线路损耗率})+\text{单位循环冷却水费}+\text{供电设施维修摊销费} \tag{5-36}$$

式中，K 为发电机出力系数，一般取 0.8 ~ 0.85；厂用电率取 4% ~ 6%；单位循环冷却水费取 0.03 ~ 0.05 元/(kW·h)；其他同前。

(四)综合电价的计算

若工程同时采用两种或两种以上供电电源，各用电量比例按施工组织设计确定，综合电价可由加权平均法求得。在自发电站缺乏设计时，初估电价可参考表 5-17 和燃料价格计算。

表 5-17　柴油发电机性能参考表

序号	发电机装机容量(kW)	固定费[元/(kW·h)]	耗油指标[kg/(kW·h)]
1	40 ~ 50	0.62	0.39
2	60 ~ 85	0.53	0.33
3	160 ~ 200	0.35	0.31
4	250 ~ 300	0.30	0.30

【例 5-4】　某水利工程施工用电 95%由电网供电，5%由自备柴油发电机发电。已知电网供电基本电价为 0.35 元/(kW·h)；损耗率高压线路取 5%，变配电设备和输电线路损耗率取 8%，供电设施摊销费 0.03 元/(kW·h)，厂用电率取为 5%。柴油发电机总容量为 1 000 kW，其中 1 台 200 kW，2 台 400 kW，并配备 3 台 3.7 kW 水泵，供给冷却水；以上三种机械台时费分别为 140 元/台时、248 元/台时和 12 元/台时。试计算电网供电、自发电电价和综合电价。

解：(1)电网供电价格。

电网供电价格=0.35 ÷ (1−5%) ÷ (1−8%)+0.03=0.43[元/(kW·h)]

(2)自发电电价。K 取 0.83，则

$$\text{柴油发电机供电价格}=\frac{(140+248\times 2)+12\times 3}{1\,000\times 0.83}\div(1-5\%)\div(1-8\%)+0.03=0.96[\text{元}/(\text{kW·h})]$$

(3)综合电价。

综合电价=电网供电价格×95%+自发电电价×5%=0.43×95%+0.96×5%=0.46[元/(kW·h)]

二、施工用风预算价格

(一)施工用风的作用及分类

施工用风主要指在水利水电工程施工过程中用于开挖石方、振捣混凝土、处理基础、输送水泥、安装设备等工程施工机械所需的压缩空气，如风钻、潜孔钻、风镐、凿岩台车、爬罐、装岩机、振动器等。

压缩空气一般由自建压缩系统供给。常用的有移动式空压机和固定式空压机。在大中型工程中，采用多台固定式空压机集中组成压气系统为主要风源，以移动式空压机为辅助风源。对于工程量小、布局分散的工程，常采用移动式空压机供风，此时可将其与不同施工机械配套，以空压机台时费乘台时使用量直接计入工程单价，不再单独计算风价，相应风动机械台时费中不再计算台时耗风价。

(二)风价的计算

施工用风的价格由基本风价、供风损耗摊销费和供风管道维修摊销费组成。其中，基本风价是根据施工组织设计所配置的供风系统设备，按台时总费用除以台时总供风量计算的单位风量价格；供风损耗摊销费是指由压气站至用风工作面的固定供风管道，在输送压气过程中所发生的风量损耗摊销费用。其大小与管路敷设质量好坏、管道直径、长短等有关。损耗率可按总用风量的 15%～20%计算，供风管路短的取小值，长的取大值。但风动机械本身的用风及移动的供风管道损耗已包括在该机械的台班耗风定额内，不在风价中计算；供风管道维修摊销费是指摊入风价的供风管道的维护修理费用。因该项费用数值较小，初步设计阶段常不进行具体计算，而采用经验指标值。建议采用 0.001～0.002 元/m^3。

因为空压机系统供冷却水的方式有两种，其施工用风价格的计算公式也不同。

(1)当空压机系统用自设水泵供冷却水时，风价计算公式为

$$\text{施工用风价格}=\frac{\text{空气压缩机组(台)时总费用}+\text{水泵组(台)时总费用}}{\text{空气压缩机额定容量之和}\times 60\ \text{min}\times K}\div(1-\text{供风损耗率})+\text{供电设施维修摊销费} \tag{5-37}$$

(2)当空压机系统采用循环冷却水，不用水泵时，风价计算公式为

$$\text{施工用风价格}=\frac{\text{空气压缩机组(台)时总费用}}{\text{空气压缩机额定容量之和}\times 60\ \text{min}\times K}\div(1-\text{供风损耗率})+\text{单位循环冷却水费}+\text{供电设施维修摊销费} \tag{5-38}$$

式中，K 为能量利用系数，一般取 0.70～0.85；供风损耗率取 8%～12%；单位循环冷却

水费取 0.005 元/m^3；供风设施维修摊销费取 0.002 ~ 0.003 元/m^3。

在压气系统缺乏设计时，初估风价可参考表 5-18 和工地电价计算。

表 5-18　压气系统风价计算参数参考表

工程规模	组成压气系统的主体空压机(m^3/min)	固定费(元/m^3)	耗电指标(kW·h/m^3)
中小型	10	0.042	0.16
中型	20	0.037	0.15
大中型	40	0.030	0.13
大型	60	0.023	0.11
特大型	100	0.020	0.10

【例 5-5】某水库大坝施工用风，共设置左坝区和右坝区两个压气系统，总容量为 187 m^3/min，配置 40 m^3/min 的固定式空压机 1 台，台班预算价格为 991.94 元/台班，20 m^3/min 的固定式空压机 6 台，台班预算价格为 601.06 元/台班，9 m^3/min 的移动式空压机 3 台，台班预算价格为 304.41 元/台班；冷却用水泵 7 kW 的 2 台，台班预算价格为 59.20 元/台班。其他资料：空气压缩机能量利用系数 0.85，风量损耗率 10%。供风设施维修摊销率 0.002 元/m^3，试计算施工用风风价。

解：(1)台时总费用为

$$(991.94+601.06\times6+304.41\times3+59.20\times2)\div8=703.74(\text{元/台时})$$

(2)施工用风价格为

$$\text{施工用风价格}=\frac{703.74}{187\times60\times0.85}\div(1-10\%)+0.002=0.08(\text{元/m}^3)$$

三、施工用水预算价格

(一)施工用水分类

水利工程施工用水包括生产用水和生活用水。生产用水主要包括施工机械用水、砂石料筛洗用水、混凝土拌制养护用水、土石坝砂石料压实用水、钻孔灌浆用水等。生产用水水价是计算各种用水施工机械台时费用和工程单价的基础。生活用水指职工、家属的饮用水和洗涤用水，在间接费用内开支或由职工自行负担，不计入施工用水水价之内。如果生产、生活用水采用同一系统供水，凡为生活用水而增加的费用(如净化药品费等)不应摊入生产用水的单价内。

(二)施工用水单价的计算

施工用水价格由基本水价、供水损耗摊销费和供水设施维修摊销费组成，根据施工组织设计所配置的供水系统设备组(台)时总费用和组(台)时总有效供水量计算。

基本水价是根据施工组织设计确定的按施工高峰用水所配置的供水系统设备(不含备用设备)，按台班产量计算的单位水量价格。基本水价大小与生产用水的工艺要求以及施工布置有关，如用水需作沉淀处理，扬程高等，则水价高；反之水价就低。

供水设施维修摊销费是指摊入水价的储水池、供水管路的单位维护修理费用。一般工程中生产用水与生活用水的摊销费难以分清，可按 0.02 ~ 0.03 元/m^3 摊入水价，大型工程或一、二级供水系统可取大值，中小型工程多级供水系统可取小值。

供水损耗摊销费是指施工用水在储存、输送、处理过程中造成的水量损失，用损耗率表示。蓄水池及输水管路的设计、施工质量和维修管理水平的高低对损耗率有直接影响，一般取 8% ~ 12%。

水价计算公式为

$$\text{施工用水价格}=\frac{\text{水泵组(台)时总费用}}{\text{水泵额定容量之和}\times K}\div(1-\text{供水损耗率})+\text{供电设施维修摊销费} \quad (5\text{-}39)$$

式中，K 为能量利用系数，一般取 0.75 ~ 0.85。

水价计算中应注意下列问题。

(1)施工用水有循环用水时，水价要根据施工组织设计的供水工艺流程计算。

(2)供水系统为一级供水时，台时总出水量按全部工作水泵的总出水量计。

(3)供水系统为多级供水时，供水全部通过最后一级水泵，台时总出水量按最后一级的出水量计，而台时总费用应包括所有各级工作水泵的台时费。

(4)供水系统为多级供水时，但供水量中有部分不通过最后一级水泵，而由其他各级分别供出，其台时总出水量为各级出水量之和。

(5)在生产、生活采用同一多级水泵系统供水时，如最后一级全部供生活用水，则最后一级的水泵台时费不应计算在台时总费用内,但台时总出水量应包括最后一级出水量。

(6)在计算台时总出水量和总费用时，在总出水量中如不包括备用水泵的出水量，则台时费中也不应包括备用水泵的台时费；反之，如计入备用水泵的出水量，在台时总费用中也应计入备用水泵的台时费。一般不计备用水泵。

(7)计算水泵台时的总出水量，宜根据施工组织设计配备的水泵型号、系统的实际扬程和水泵性能曲线确定。对施工组织设计提出的台时出水量，也应按上述方法进行验证，如相差较远，应在出水量或设备型号、数量上作适当调整(反馈到施工设计调整)，使之基本一致、合理。

【例 5-6】 某水电工程施工用水为二级泵站供水，一级泵站设 5 台 4DA8×5 水泵(其中备用一台)，包括管道损失在内的扬程为 80 m；二级泵站设 4 台 4DA8×8 水泵(其中备用一台)，包括管道损失在内的扬程为 120 m。按设计要求，一级泵站每班直接供给用户的水量为 100 m^3，二级泵站每班供水量为 930 m^3。已知水泵的出力系数为 0.80，损耗率 10%，摊销费 0.02 元/m^3，4DA8×5 水泵台班费 35.90 元，4DA8×8 水泵台班费 52.10 元。试计算该工程施工用水水价。

解： 台时总费用=(35.90×4+52.10×3)÷8=37.49(元/台时)

台时总出水量=(100+930)÷8=128.75(m^3)

$$\text{施工用水价格}=\frac{37.49}{128.75\times 0.80}\div(1-10\%)+0.02=0.42(\text{元}/m^3)$$

第五节　砂石料单价

一、砂石料概念及分类

广义的砂石料是砂、卵(砾)石、碎石、块石、条石、料石等的统称。本节所说的砂石料是砂砾料、砂、砾石、碎石等骨料的统称。按其来源不同可分为天然砂石料和人工砂石料两种。天然砂石料是经岩石风化和水流冲刷而形成的，经开采、筛分、冲洗而得的砂和石子。有河砂、山砂、海砂及河卵石、山卵石和海卵石等；人工砂石料是采用爆破等方式，开采岩体经加工而成的碎石和人工砂(机制砂)。大中型工程的砂石料一般由施工单位自行采备，小型工程一般可就近在市场上采购。外购砂石料的单价可按材料预算价格的编制方法进行编制。自行采备的砂石料必须单独编制单价。

二、自采砂石料单价

(一)基本资料的收集

砂石料的采备方案是根据料场的具体情况、施工单位的设备情况和工程的施工组织等条件确定的。因此，选取砂石料生产工艺前，必须深入现场，调查研究。调查的主要内容有：

(1)料场的位置、分布、地形条件、工程地质和水文地质特点、岩石种类及物理特性等。

(2)料场的储量及可开采量，设计砂石料用量。

(3)砂石料场的天然级配与设计级配，级配平衡计算成果。

(4)各料场覆盖层清理厚度、数量及其占毛料开采量的比例和清理方法。

(5)毛料的开采、运输、堆存方式。

(6)砂石料加工工序流程、成品堆放、运输方式及废渣处理方法。

(二)砂石料单价及其计算

砂石料单价是指从覆盖层清除、毛料开采、运输、堆存、破碎、筛分、冲洗、成品料运输、堆存到弃料处理等全部工序流程所发生的直接费用。

1. 砂石料的主要生产工艺

1)覆盖层清除

天然砂石料场表面层的杂草、树木、腐殖土或风化及半风化岩石等覆盖物，在毛料开采前必须清理干净。该工序单价应根据施工组织设计确定的开挖方式，套用概预算定额计算，然后摊入砂石料成品单价中。

2)毛料开采运输

毛料开采运输是指毛料从料场开采、运输到毛料暂存处(预筛分车间受料仓)的整个过程。该工序费用计算应根据施工组织设计确定的施工方法及选用的机械规格和型号，选用概预算定额计算。

3)原料堆存

储备料场砂砾料堆存待用，旨在调节砂砾料开采运输与加工之间的不平衡，也有因其他因素大量储备原料堆存待用的情况，具体储备料场设置位置、储备时间、储备数量应由施工组织设计确定。

4)毛料的破碎、筛分、冲洗加工

天然砂石料的破碎、筛分、冲洗加工包括预筛分、超径石破碎、筛洗、中间破碎、二次筛分、堆存及废料清除等工序。人工砂石料的加工包括破碎(一般分粗碎、中碎、细碎)、筛分(一般分预筛、初筛、复筛)、清洗等过程，最终得到 5 种成品骨料，即砂和 5 ~ 20 mm、20 ~ 40 mm、40 ~ 80 mm、80 ~ 150 mm 四组粒径的粗骨料。

编制破碎筛洗加工单价时，应根据施工组织设计确定的施工机械、施工方法，套用概预算定额进行计算。

5)成品的运输

经过筛洗加工后的成品料，运至混凝土生产系统的储料场堆存。运输方式根据施工组织设计确定，运输单价采用概预算相应的子目计算。当砂石料运输机械通过公共道路向交通部门缴纳养路费时，其费用应计入砂石料的单价中。

2. 计算参数的确定

1)覆盖层清除摊销率

清除摊销率=覆盖层清除量 ÷ 成品骨料总量×100%　(5-40)

2)弃料处理摊销率

砂石料加工过程中，不可避免会产生部分不合格或不能用的弃料，包括级配弃料、超径弃料。级配弃料和超径弃料用弃料处理摊销率表示。计算公式为

弃料处理摊销率=弃料量÷成品骨料总量×100%　(5-41)

根据弃料处理单价和弃料处理摊销率将弃料处理的单价摊入成品骨料单价中。

3. 砂石料的单价计算方法简介

自采砂石料单价计算比较复杂，方法也较多，但常用的方法有三种，即系统单价法、工序单价法和典型相近的代表性设备配制法。

1)系统单价法

系统单价法是以整个砂石料生产系统(从料源开采运输起到骨料运至拌和楼(场)骨料料仓(堆)的生产全过程)为计算单元，用系统的班(时)生产总费用除以系统班(时)骨料产量求得骨料单价。计算公式为

骨料单价=系统的班(时)生产总费用÷系统班(时)骨料产量　(5-42)

系统生产总费用中人工费按施工组织设计确定的劳动组合计算的人工数量乘以相应的人工单价求得；机械使用费按施工组织设计确定的机械组合所需机械型号、数量分别乘以相应的机械台班(台时)单价(可用部颁施工机械台班(台时)费定额计算)；材料费可按有关定额计算。

系统产量应考虑施工期不同时期(初期、中期、末期)的生产不均匀性等因素，经分析计算后确定。

系统单价法避免了影响计算成果准确性的损耗和体积变化这两个微妙问题，计算原理相对科学。但要求施工组织设计应达到一定的深度，系统的班(时)生产总费用计算才能准确。

砂石生产系统班(时)平均产量值的确定难度较大，有一定程度的任意性。

2)工序单价法

工序单价法是将砂石料生产系统，分解成若干个工序，以工序为计算单元，先计算工序单价，再计入施工损耗求得骨料单价。其按计入损耗的方式，又可分为两种：

(1)综合系数法。按各工序计算出骨料单价后，一次计入损耗，即各工序单价之和乘以综合系数。则

骨料单价=覆盖层清除摊销费+弃料处理摊销费+各工序单价之和乘以综合系数　(5-43)

综合系数法计算简捷方便，但这种方法笼统地以综合系数来简化处理复杂的损耗问题，难以反映工程实际。

(2)单价系数法。将各工序的损耗和体积变化，以工序流程单价系数的形式计入各工序单价。该方法概念明确，结构科学，易于结合工程实际。水利水电系统过去常采用此法。

$$骨料单价=覆盖层清除摊销费+弃料处理摊销费+\sum(工序单价\times工序系数) \quad (5\text{-}44)$$

自采砂石料单价是指从料场覆盖层清除、毛料开采运输、预筛分破碎、筛洗储存到成品运至混凝土拌制系统骨料仓的全部生产过程所发生的人工费、材料费和施工机械使用费。

其他直接费、现场经费、间接费、计划利润和税金不得计入砂石料单价中，应在混凝土、浆砌石等需要砂石料的工程单价中综合计算。

3)典型相近的代表性设备配制法

水利部 2002 年定额按不同规模，列出了通用工艺设备。砂石的加工工艺可进行模块化组合，根据组合情况进行计算。考虑市场因素，自采砂石料的某些生产过程若委托给别的企业，则单价可包括间接费、计划利润和税金等，但注意计算工程单价时不能重复计算间接费、计划利润和税金等费用。用“典型相近的代表性设备配制法”计算砂石料的单价是目前水利部 2002 年定额推荐采用的方法。需要强调的是，水利部 2002 年《水利建筑工程概算定额》和《水利建筑工程预算定额》中已经考虑了骨料加工过程中的损耗，且定额单位均为成品堆放体积，故计算砂石料单价时，不再另计其他任何系数和损耗。

4. 砂石料的单价计算步骤

(1)砂石料级配平衡计算。根据地质勘探资料，编制砂砾料天然级配表；根据混凝土、砂浆的配比列表计算骨料需要量；然后根据天然级配表、骨料需要量进行砂石料级配平衡计算。若骨料级配供求不平衡，则需进行调整。如砾石多而缺砂时，可用砾石制砂，中小石不足时可用超径石或大石破碎补充。

(2)拟定砂石生产流程和工厂规模。砂石生产流程可根据具体情况拟定，砂石加工厂规模由施工组织设计确定。根据《施工组织设计规范》(SL 303—2004)规定，砂石加工厂的生产能力应按混凝土高峰时段(3～5 个月)月平均骨料需用量及其他砂石需用量计算。工厂生产时间，通常为每日二班制，高峰时为三班制，每月有效工作小时可按 360 h 计。小型工程的砂石加工厂按一班制生产时，每月有效工作小时按 180 h 计。计算求得需要成品的小时生产能力后，即可求得按进料量计的小时处理能力，据此套用相应定额。

(3)选用合适定额计算各工序单价，砂石料加工所有工序单价之和即为基本单价。

(4)选用合适定额计算覆盖层清除单价、弃料处理单价，并计算覆盖层清除摊销率和弃料处理摊销率；单价和相应的摊销率相乘之和即为附加单价。

(5)砂石料的基本单价与附加单价之和组成砂石料的综合单价。

一般地，砂石料作为一种材料，在用定额计算工序单价时，只计算人工费、材料费和机械费，不计算别的费用。若某些生产过程委托给别的企业，则可计算其他费用，但在编制工程单价时，注意不要重复计算。

【例 5-7】 某施工企业自行采备砂石料，①采取的工艺流程如下：覆盖层清除—毛料开采运输—预筛分、超径破碎运输—筛洗、运输—成品骨料运输。②根据定额计算的工序单价为：覆盖层清除单价 11 元/m^3，弃料运输单价 12.5 元/m^3。粗骨料加工：毛料开采运输单价 10.9 元/m^3，预筛分、超径破碎运输单价 7.56 元/m^3，筛洗、运输单价 9.30 元/m^3，成品骨料运输单价 7.78 元/m^3。砂制备：毛料开采运输单价 14 元/m^3，预筛分、超径破碎运输单价 7.15 元/m^3，筛洗、运输单价 8.21 元/m^3，成品骨料运输单价 15.06 元/m^3。③设计砂石料用量 140 万 m^3，其中粗骨料 98 万 m^3，砂 42 万 m^3。料场覆盖层 16 万 m^3，设计成品骨料总量 148 万 m^3。超径弃料 3.5 万 m^3，粗骨料级配弃料 23.5 万 m^3，砂级配弃料 5.15 万 m^3。试求该工程的砂石料单价。

解： (1)基本单价计算。

粗骨料基本单价=10.9+7.56+9.3+7.78=35.54(元/m^3)

砂基本单价=14+7.15+8.21+15.06=44.42(元/m^3)

(2)附加单价计算。

覆盖层清除单价=11×16/148=1.19(元/m^3)

超径石处理单价=(10.9+7.56+12.5)×3.5/98=1.11(元/m^3)

粗骨料级配处理单价=(10.9+7.56+9.3+12.5)×23.5/98=9.65(元/m^3)

砂级配处理单价=(14+7.15+8.21+12.5)×5.15/42=5.13(元/m^3)

(3)粗骨料综合单价=35.54+1.19+1.11+9.65=47.49(元/m^3)

砂综合单价=44.42+1.19+5.13=50.74(元/m^3)

三、外购砂石料单价

对于一些工程，因当地砂石料缺乏或料场储量不能满足工程需要，或者因砂石料用量较少，不宜自采砂石料时，可从附近砂石料场采购。

外购砂石料单价按材料预算价格计算办法，根据市场实际情况和有关规定计算。它包括原价、运杂费、损耗、采购保管费四项费用，其计算公式为

外购砂石单价=(原价+运杂费)×(1+损耗率)×(1+采购保管费率)　　(5-45)

原价是指砂石料产地的销售价。运杂费是指由砂石料产地运至工地砂石料堆料场所发生的运输费、装卸费等。据统计，每转运一次的运输损耗率为：砂子 1.5%，石子 1%。

堆存损耗率=砂(石)料仓(堆)的容积×4%(石子用 2%)÷
通过砂(石)料仓(堆)的总堆存量×100%　　(5-46)

采购保管费率应为 4%，其中包括材料运输、保管过程中所发生的损耗率，由于砂

石料运输及堆存的损耗较大，已单独列项，故砂石料的采购保管费应扣除损耗因素，扣除后的费率一般采用 2%~3%。

四、价 差

水利部水总[2002]116 号文颁发的《水利工程设计概(估)算编制规定》中规定，"砂、碎石、砾石、块石、料石等预算价格控制在 70 元/m^3 左右，超过部分计取税金后列入相应部分之后"。因此，石料在预算价格超过规定价时，超过部分要按价差处理。

第六节 砂浆、混凝土材料单价

一、混凝土、砂浆配合比及材料用量

(一)混凝土配合比

在计算混凝土、砂浆材料单价时，首先要根据设计情况，考虑采购、管理等方面正确地选用混凝土、砂浆的配合比。参见《水利建筑工程概(预)算定额》附录 7"混凝土、砂浆配合比及材料用量表"。

(二)混凝土配合比有关说明

(1)除碾压混凝土材料配合参考表(见概算定额附录部分)，水泥混凝土强度等级均以 28 d 龄期用标准试验方法测得的具有 95%保证率的抗压强度标准值确定，如设计龄期超过 28 d，按表 5-19 系数换算。计算结果如介于两种强度等级之间，应选用高一级的强度等级。

表 5-19 混凝土各龄期强度等级折算系数

设计龄期(d)	28	60	90	180
强度等级折算系数	1	0.83	0.77	0.71

(2)混凝土配合比表系卵石、粗砂混凝土，如改用碎石或细砂，按表 5-20 系数换算。

表 5-20 骨料不同混凝土配合比换算系数

项目	水泥	砂	石子	水
卵石换为碎石	1.10	1.10	1.06	1.10
粗砂换为中砂	1.07	0.98	0.98	1.07
粗砂换为细砂	1.10	0.96	0.97	1.10
粗砂换为特细砂	1.16	0.90	0.95	1.16

注：水泥按重量计，砂、石子、水按体积计。

(3)混凝土细骨料的划分标准为：

细度模数 3.19~3.85(或平均粒径 1.2~2.5 mm)为粗砂；

细度模数 2.5~3.19(或平均粒径 0.6~1.2 mm)为中砂；

细度模数 1.78~2.5(或平均粒径 0.3~0.6 mm)为细砂；

细度模数 0.9 ~ 1.78(或平均粒径 0.15 ~ 0.3 mm)为特细砂。

(4)埋块石混凝土，应按配合比表的材料用量扣除埋块石实体的数量计算。

①埋块石混凝土材料量=配合表列材料用量×(1−埋块石率)，1 块石实体方=1.67 码方。

②因埋块石增加的人工工时见表 5-21。

表 5-21　埋块石混凝土增加的工时表

埋块石率(%)	5	10	15	20
每 100 m^3 埋块石混凝土增加的人工工时	24.0	32.0	42.4	56.8

注：不包括块石运输及影响浇筑的工时。

(5)有抗渗抗冻要求时，按表 5-22 水灰比选用混凝土强度等级。

表 5-22　抗渗(冻)等级与水灰比关系表

抗渗等级	水灰比	抗冻等级	水灰比
W4	0.60 ~ 0.65	F50	<0.58
W6	0.55 ~ 0.60	F100	<0.55
W8	0.50 ~ 0.55	F150	<0.52
W12	<0.50	F200	<0.50
		F300	<0.45

(6)除碾压混凝土材料配合参考表，混凝土配合表的预算量还包括场内运输及操作损耗在内。不包括搅拌后(熟料)的运输和浇筑损耗，搅拌后的运输和浇筑损耗已根据不同浇筑部位计入定额内。

(7)水泥用量按机械拌和拟定，若是人工拌和，水泥用量增加 5%。

(8)按照国际标准(ISO 3893)的规定，且为了与其他规范相协调，将原规范混凝土及砂浆标号的名称改为混凝土或砂浆强度等级。新强度等级与原标号对照见表 5-23 和表 5-24。

表 5-23　混凝土新强度等级与原标号对照表

原用标号(kgf/cm^2)	100	150	200	250	300	350	400
新强度等级	C9	C14	C19	C24	C29.5	C35	C40

表 5-24　砂浆新强度等级与原标号对照表

原标号(kgf/cm^2)	30	50	75	100	125	150	200	250	300	350	400
新强度等级	M3	M5	M7.5	M10	M12.5	M15	M20	M25	M30	M35	M40

(9)水泥强度等级换算系数见表 5-25。

表 5-25　水泥强度等级换算系数参考表

强度等级	32.5	42.5	52.5
32.5	1.00	0.86	0.76
42.5	1.16	1.00	0.88
52.5	1.31	1.13	1.00

二、混凝土材料单价计算

混凝土材料单价是指按级配计算的砂、水泥、水、掺和料和外加剂等每一立方米混凝土的材料费用的价格。不包括拌制、运输、浇筑等工序的费用，也不包括除搅拌损耗外的施工操作损耗及超填量等。

在计算混凝土材料单价时，应按本工程的混凝土级配试验资料计算。如无试验资料，可参照定额附录混凝土级配表及配合比的调整规定计算。若石料预算价超过 70 元/m^3，还应算出每立方米混凝土的价差。

【例 5-8】 某水利工程设计采用 C20 混凝土闸墩，C10 混凝土地面。若当地材料预算价为①32.5 级水泥 300 元/t，卵石 45 元/m^3，粗砂 50 元/m^3，水 0.75 元/m^3；②32.5 级水泥 300 元/t，碎石 72 元/m^3，中砂 60 元/m^3，水 0.75 元/m^3。试分别计算混凝土材料单价。

解：(1)混凝土最大粒径取 40 mm。查 2002《水利建筑工程概(预)算定额》附录 7，混凝土材料单价计算见表 5-26。

表 5-26 混凝土材料单价计算表

混凝土强度等级	水泥强度等级	级配	水泥		石子		砂		水		预算价(元/m^3)	价差(元/m^3)
			0.30		45		50		0.75			
			预算量(kg)	价格(元)	预算量(m^3)	价格(元)	预算量(m^3)	价格(元)	预算量(m^3)	价格(元)		
C10	32.5	2	208	62.40	0.79	35.55	0.55	27.50	0.15	0.11	125.56	
C20	32.5	2	289	86.70	0.81	36.45	0.49	24.50	0.15	0.11	147.76	

(2)混凝土最大粒径取 40 mm。碎石的单价应按规定价 70 元/m^3 计算，每立方米碎石的价差为 72−70=2(元/m^3)。另外，卵石换为碎石，粗砂换为中砂，混凝土配合比按表 5-20 调整，调整系数为：水泥 1.1×1.07=1.177，砂 1.1×0.98=1.078，石子 1.06×0.98=1.039，水 1.1×1.07=1.177。对 C10 混凝土，每立方米混凝土各材料预算量分别为：水泥 208×1.177=244.82(kg)，石子 0.79×1.039=0.82(m^3)，砂 0.55×1.078=0.59(m^3)，水 0.15×1.177=0.18(m^3)。则混凝土材料预算单价=244.82×0.30+0.82×70+0.59×60+0.18×0.75=166.38(元/m^3)；价差=0.82×2=1.64(元/m^3)。同理可求出 C20 混凝土材料单价和价差。见表 5-27。

表 5-27 混凝土材料单价计算表

混凝土强度等级	水泥强度等级	级配	水泥		石子		砂		水		预算价(元/m^3)	价差(元/m^3)
			0.3	0.3	72	70	60	60	0.75			
			预算量(kg)	价格(元)	预算量(m^3)	价格(元)	预算量(m^3)	价格(元)	预算量(m^3)	价格(元)		
C10	32.5	2	245	73.45	0.82	57.40	0.59	35.40	0.18	0.14	166.38	1.64
C20	32.5	2	338	101.44	0.84	58.91	0.53	31.96	0.18	0.13	192.44	1.68

三、砂浆材料单价计算

砂浆材料单价计算方法除配合比中无石子，计算与混凝土基本相同，在此不再赘述。

思考题

1. 调查你所在的工资区及其有关标准，按现行部颁概算定额计算在当地建一水利枢纽工程的各级(工长、高级工、中级工、初级工)人工的预算单价。

2. 编制工程概算时，怎样区分主要材料和次要材料？它们的单价计算有哪些不同？

3. 某大型水利工程，其中级工的人工预算单价为 5.62 元/工时，柴油预算单价为 3.8 元/kg，从《水利工程施工机械台时费定额》查得，32 t 自卸汽车的一类费用为 233.44 元/台时，二类费用中，人工工时为 1.3 元/工时，柴油耗量为 25.5 kg/台时；45 t 自卸汽车的一类费用为 299.38 元/台时，二类费用中，人工工时为 1.3 元/工时，柴油耗量为 37 kg/台时。①试列表计算上述机械的台时费；②用直线内插法计算 40 t 自卸汽车的台时费。

4. 某一工程由电网供电 97%，自备柴油发电机供电 3%。电网电价为 0.40 元/(kW·h)，建设基金和其他加价为 0.08 元/(kW·h)，损耗率高压线路取 6%，变配电设备和输电线路损耗率取 10%，供电设施摊销费 0.035 元/(kW·h)；柴油发电机发电的基本电价为 0.89 元/(kW·h)，变配电设备和输电线路损耗率取 10%，供电设施摊销费 0.035 元/(kW·h)，试计算其综合电价。

5. 依据例 5-8 中的条件，分别计算砌筑砂浆 M10 和 M20 的预算单价。

第二篇　初步设计概算编制

第六章　建筑工程概算编制

第一节　建筑工程概算编制方法

建筑工程概算按主体建筑工程、交通工程、房屋建筑工程、外部供电线路工程、其他建筑工程分别采用不同的方法编制。

一、主体建筑工程

(1)主体建筑工程概算按设计工程量乘以工程单价进行编制。

(2)主体建筑工程量应根据《水利水电工程设计工程量计算规定》(SL 328—2005)，按项目划分要求，计算到三级项目。

(3)当设计对混凝土施工有温控要求时，应根据温控措施设计，计算温控措施费用；也可以经过分析确定指标后，按建筑物混凝土方量进行计算。

(4)细部结构工程。参照水工建筑物细部结构指标表确定，见表 6-1。

表 6-1　水工建筑物细部结构指标表

<table>
<tr><td>项目名称</td><td colspan="2">混凝土重力坝、重力拱坝、宽缝重力坝、支墩坝</td><td>混凝土双曲拱坝</td><td>土坝、堆石坝</td><td>水闸</td><td>冲砂闸、泄洪闸</td></tr>
<tr><td>单位</td><td colspan="2">元/m^3(坝体方)</td><td>元/m^3(坝体方)</td><td>元/m^3(坝体方)</td><td>元/m^3(混凝土)</td><td>元/m^3(混凝土)</td></tr>
<tr><td>综合指标</td><td colspan="2">11.9</td><td>12.6</td><td>0.84</td><td>35</td><td>30.8</td></tr>
<tr><td>项目名称</td><td colspan="2">进水口、进水塔</td><td>溢洪道</td><td>隧洞</td><td>竖井、调压井</td><td>高压管道</td></tr>
<tr><td>单位</td><td colspan="2">元/m^3(混凝土)</td><td>元/m^3(混凝土)</td><td>元/m^3(混凝土)</td><td>元/m^3(混凝土)</td><td>元/m^3(混凝土)</td></tr>
<tr><td>综合指标</td><td colspan="2">14</td><td>13.3</td><td>11.2</td><td>14</td><td>3.0</td></tr>
<tr><td>项目名称</td><td>地面厂房</td><td>地下厂房</td><td>地面升压变电站</td><td>地下升压变电站</td><td>船闸</td><td>明渠(衬砌)</td></tr>
<tr><td>单位</td><td>元/m^3(混凝土)</td><td>元/m^3(混凝土)</td><td>元/m^3(混凝土)</td><td>元/m^3(混凝土)</td><td>元/m^3(混凝土)</td><td>元/m^3(混凝土)</td></tr>
<tr><td>综合指标</td><td>27.3</td><td>42</td><td>24.5</td><td>15.4</td><td>21.7</td><td>6.2</td></tr>
</table>

注：①表中综合指标包括多孔混凝土排水管、廊道木模板制作与安装、止水工程、伸缩缝工程、接缝灌浆管路、冷却水管路、栏杆、路面工程、照明工程、爬梯、通气管道、坝基渗水处理、排水工程、排水渗井钻孔及反滤料、坝坡踏步、孔洞钢盖板、厂房内上下水工程、防潮层、建筑钢材及其他细部结构工程。②表中指标通常指直接费。

二、交通工程

交通工程投资按设计工程量乘以单价计算，也可根据工程所在地造价指标或有关实际资料，采用扩大指标编制。

三、房屋建筑工程

(1)水利工程的永久性房屋建筑面积，用于生产和管理办公的部分，由设计单位按有关规定，结合工程规模确定；用于生活文化福利建筑工程的部分，在考虑国家现行房改政策的情况下，按主体建筑工程投资的百分率计算。

枢纽工程：投资额≤50 000 万元时为 1.5%～2.0%，100 000 万元≥投资额>50 000 万元时为 1.1%～1.5%；投资额>100 000 万元时为 0.8%～1.1%。引水及河道工程为 0.5%～0.8%。

注：在每档中，投资小或工程位置偏远者取大值；反之，取小值。

(2)室外工程投资，一般按房屋建筑工程投资的 10%～15%计算。

四、供电线路工程

根据设计的电压等级、线路架设长度及所需配备的变配电设施要求，采用工程所在地区造价指标或有关实际资料计算。

五、其他建筑工程

(1)内外部观测工程按建筑工程属性处理。内外部观测工程项目投资应按设计资料计算。如无设计资料，可根据坝型或其他工程形式，按照主体建筑工程投资的百分率计算：当地材料坝 0.9%～1.1%；混凝土坝 1.1%～1.3%；引水式电站(引水建筑物)1.1%～1.3%；堤防工程 0.2%～0.3%。

(2)动力线路、照明线路、通信线路等工程按设计工程量乘以单价或采用扩大单位指标编制。

(3)其余各项按设计要求分析计算。

第二节　工程单价计算

一、概　述

(一)工程单价的概念

工程单价是指完成单位工程量(如 1 m^3、100 m^3、1 km、1 t、1 台(套)等)所耗用的直接工程费、间接费、企业利润和税金四部分费用的总和。工程单价包括建筑工程单价和安装工程单价两部分，是编制建筑安装工程投资的基础，是工程概预算特有的概念。

建筑产品由于其自身的特殊性和定价特点，无法像工业产品那样统一定价，必须在寻找分项价格共性的基础上通过特殊的计算程序计算出工程单价，也就是将不同的建筑产品分解为比较简单的、具有共性的人工、材料和机械消耗量等基本构成要素，在此基础上编制工程单价。完成单位基本构成要素所需的人工、材料及机械使用“量”可以通过查定额等方法加以确定，其使用“量”与各自基础单“价”的乘积之和构成直接费，再按有关取“费”标准计算其他直接费、现场经费、间接费、企业利润和税金。直接费与各项取“费”之和即构成建筑或安装工程单价，这一计算过程称为工程单价编制或工程单价分析。因此，工程单价由“量”、“价”、“费”三要素组成。

工程单价的编制方法有定额法和实物量法，我国目前广泛采用定额法。在初步设计阶段使用概算定额编制的工程单价称为工程概算单价；在施工图设计阶段使用预算定额编制的工程单价称为工程预算单价。现行建筑工程概算定额包括：土方开挖、石方开挖、土石填筑、混凝土、模板、砂石备料、钻孔灌浆及锚固、疏浚及其他工程共九章及附录。本教材重点介绍土方工程、石方工程、土石填筑工程、混凝土工程、模板工程和钻孔灌浆及锚固工程等六项内容的概算单价编制，预算单价的编制仅简要介绍。

(二)计算程序及编制方法

1. 建筑工程单价计算程序

工程单价编制一般采用列表法，该表称为工程单价表。编制工程单价应采用 2002《水利工程设计概(估)算编制规定》规定的表格格式，并按规定的工程单价计算程序进行计算，见表 6-2。表中的定额劳动量、定额材料用量和定额机械使用量查现行的概预算定额可得；人工预算单价、材料预算单价和施工机械台时费利用基础单价的计算结果。

表 6-2　建筑工程单价计算程序表

定额编号：________　　项目：________　　定额单位：________

施工方法：

编号	名称	计算方法
(一)	直接工程费	(1)+(2)+(3)
(1)	直接费	①+②+③
①	人工费	Σ定额劳动量(工时)×人工预算单价(元/工时)
②	材料费	Σ定额材料用量×材料预算单价
③	机械使用费	Σ定额机械使用量(台时)×施工机械台时费(元/台时)
(2)	其他直接费	(1)×其他直接费率之和
(3)	现场经费	(1)×现场经费费率之和
(二)	间接费	(一)×间接费率
(三)	企业利润	[(一)+(二)]×企业利润率
(四)	税金	[(一)+(二)+(三)]×税率
(五)	建筑工程单价	(一)+(二)+(三)+(四)

2. 建筑、安装工程费率的确定

1)其他直接费

(1)冬雨季施工增加费。计算方法：根据不同地区，按直接费的百分率计算。西南、中南、华东区：0.5%～1.0%；华北区：1.0%～2.5%；西北、东北区：2.5%～4.0%。

西南、中南、华东区，按规定不计冬季施工增加费的地区取小值，计算冬季施工增加费的地区可取大值；华北区，内蒙古等较严寒地区可取大值，其他地区取中值或小值；西北、东北区，陕西、甘肃等省取小值，其他地区可取中值或大值。

(2)夜间施工增加费。按直接费的百分率计算，建筑工程为 0.5%，安装工程为 0.7%。

(3)特殊地区施工增加费。它是指在高海拔和原始森林等特殊地区施工而增加的费用，其中高海拔地区的高程增加费，按规定直接进入定额；其他特殊增加费(如酷热、风沙)，应按工程所在地区规定的标准计算；地方没有规定的不得计算此项费用。

(4)其他。按直接费的百分率计算。其中，建筑工程为 1.0%，安装工程为 1.5%。

2)现场经费

现场经费根据工程性质不同分为枢纽工程、引水工程及河道工程两部分。对于有些施工条件复杂、大型建筑物较多的引水工程可执行枢纽工程的费率标准。

(1)枢纽工程现场经费标准。见表 6-3。工程类别划分：①土石方工程，包括土石方开挖与填筑、砌石、抛石工程等；②砂石备料工程，包括天然砂石料和人工砂石料开采加工；③模板工程，包括现浇各种混凝土时制作及安装的各类模板工程；④混凝土浇筑工程，包括现浇和预制各种混凝土、钢筋制作安装、伸缩缝、止水、防水层、温控措施等；⑤钻孔灌浆及锚固工程，包括各种类型的钻孔灌浆、防渗墙及锚杆(索)、喷浆(混凝土)工程等；⑥其他工程，指除上述工程外的工程。

表 6-3　枢纽工程现场经费费率表

序号	工程类别	计算基础	现场经费费率(%)		
			合计	临时设施费	现场管理费
一	建筑工程				
1	土石方工程	直接费	9	4	5
2	砂石备料工程(自采)	直接费	2	0.5	1.5
3	模板工程	直接费	8	4	4
4	混凝土浇筑工程	直接费	8	4	4
5	钻孔灌浆及锚固工程	直接费	7	3	4
6	其他工程	直接费	7	3	4
二	机电、金属结构设备安装工程	人工费	45	20	25

(2)引水工程及河道工程现场经费标准。见表 6-4。工程类别划分：①除疏浚工程外，其余均与枢纽工程相同。②疏浚工程，指挖泥船、水力冲挖机组等机械疏浚江河、湖泊的工程。

表 6-4　引水工程及河道工程现场经费费率表

序号	工程类别	计算基础	现场经费费率(%)		
			合计	临时设施费	现场管理费
一	建筑工程				
1	土方工程	直接费	4	2	2
2	石方工程	直接费	6	2	4
3	模板工程	直接费	6	3	3
4	混凝土浇筑工程	直接费	6	3	3
5	钻孔灌浆及锚固工程	直接费	7	3	4
6	疏浚工程	直接费	5	2	3
7	其他工程	直接费	5	2	3
二	机电、金属结构设备安装工程	人工费	45	20	25

注：若自采砂石料，则费率标准同枢纽工程。

3)间接费

间接费根据工程性质的不同分为枢纽工程、引水工程及河道工程两部分标准。对于有些施工条件复杂、大型建筑物较多的引水工程可执行枢纽工程的费率标准。枢纽工程间接费的取费标准见表 6-5，引水工程及河道工程间接费的取费标准见表 6-6。

表 6-5　枢纽工程间接费费率表

序号	工程类别	计算基础	间接费费率(%)
一	建筑工程		
1	土石方工程	直接工程费	9(8)
2	砂石备料工程(自采)	直接工程费	6
3	模板工程	直接工程费	6
4	混凝土浇筑工程	直接工程费	5
5	钻孔灌浆及锚固工程	直接工程费	7
6	其他工程	直接工程费	7
二	机电、金属结构设备安装工程	人工费	50

注：①工程类别划分同现场经费；②若土石方填筑等工程项目所利用原料为已计取现场经费、间接费、企业利润和税金的砂石料，则其间接费率选取括号中的数值。

表 6-6　引水工程及河道工程间接费费率表

序号	工程类别	计算基础	间接费费率(%)
一	建筑工程		
1	土方工程	直接工程费	4
2	石方工程	直接工程费	6
3	模板工程	直接工程费	6
4	混凝土浇筑工程	直接工程费	4
5	钻孔灌浆及锚固工程	直接工程费	7
6	疏浚工程	直接工程费	5
7	其他工程	直接工程费	5
二	机电、金属结构设备安装工程	人工费	50

注：①工程类别划分同现场经费；②若工程自采砂石料，则费率标准同枢纽工程。

4)企业利润

企业利润按直接工程费与间接费之和的 7%计算。

5)税金

为了计算简便，在编制概算时，可按下列公式和税率进行计算。

$$税金=(直接工程费+间接费+企业利润)\times 税率 \tag{6-1}$$

若安装工程中含未计价装置性材料费，则计算税金时应计入未计价装置性材料费。

税率标准：建设项目在市区的，为 3.41%；建设项目在县城镇的，为 3.35%；建设项目在市区或县城镇以外的，为 3.22%。有些地区征收地方教育费附加、水利建设基金等，税率会有所不同，应注意收集工程所在地的税收文件，正确选用。

3. 工程单价编制方法

遵循以上工程单价计算程序和计算标准，在应用定额法编制工程单价时，常用的编制方法有综合定额计算法和综合单价计算法两种。

1)综合定额计算法

所谓综合定额计算法就是对于由两种或两种以上不同工序组成的某一项目，将按照不同的施工工序、定额参数选定的不同定额子目进行综合，得到一个综合定额，然后根据综合定额计算其工程单价。

2)综合单价计算法

综合单价计算法就是按照不同的施工工序、定额参数选取不同的定额子目，然后计算出不同工序的单价，最后将各工序单价进行综合得到工程单价。

应用上，可根据工程的具体情况灵活选用这两种计算方法。对于某道工序重复较多的情况，可采用综合单价法，这样可以避免每次计算该道工序单价的重复性。如混凝土拌制定额相同，只是运输和浇筑定额不同，这样只需计算一个拌制单价，与不同的运输和浇筑定额单价组合，从而可得到建筑不同部位和不同形式的混凝土工程单价。采用综合定额计算工程单价的优点比较突出，由于其人工、材料、施工机械使用数量都是综合量，会给以后进行工料分析计算带来很大方便，很多设计院所概预算编制人员均采用此法。无论是用综合单价计算法还是用综合定额计算法算出的工程单价应该是相同的。

(三)正确使用定额

(1)根据合理的施工组织设计确定施工因素，以便正确选用定额。同时，要对定额的总说明、章节说明、定额表附注以及定额附录认真阅读掌握，熟悉各定额子目的适用范围、工作内容以及有关定额系数的使用方法。

(2)凡定额中缺项或虽有类似定额，但其技术条件有较大差异时，应根据本工程施工组织设计编制补充定额，计算工程单价。补充定额应与现行定额水平及包含内容一致。

(3)非水利水电工程项目，按照专业专用的原则，应执行有关专业部委颁发的定额，如《公路工程设计概算定额》、《铁路工程设计概算定额》、《建筑工程预算定额》等。

(4)现行水利建筑工程概算定额已根据施工技术规范规定计入了不构成建筑工程单位实体的各种施工操作损耗、允许的超挖及超填量、合理的施工附加量和体积变化的合理消耗量。现行的水利建筑工程预算定额均按不含超挖超填量制定。

(5)现行水利建筑工程概算定额按一日三班作业施工，每班 8 h 工作制拟定。如采用一日一班或二班制时，定额不作调整。

(6)定额中的材料包括主要材料、其他材料和零星材料，按水利水电工程平均消耗量水平列量。定额中未列示品种规格的材料，根据设计选定的品种规格计算，但定额数量不得调整，已列示品种规格的，使用时不得变动。

(7)定额中的机械包括主要机械和其他机械，按水利水电工程常用施工机械和典型施工方法的平均水平列量。凡机械定额以“组时”表示的，其每组机械配置均按设计资料计算，但定额数量不得调整。

(8)凡在一种材料(或机械)名称之后，同时并列几种不同型号规格的，如石方工程、开挖工程定额导线中的火线和电线以及土石方、砂石料运输定额中的自卸汽车等，表示这种材料(或机械)只能选用其中一种型号规格的定额进行计价。凡一种材料(或机械)名称分几种型号规格与材料(或机械)名称同时并列的，则表示这些名称相同而型号规格不同的材料(或机械)应同时计价。

(9)定额中其他材料费、零星材料费、其他机械费均以费率(%)形式表示，其计算基数是：其他材料费以主要材料费之和为计算基数，零星材料费以人工费、机械费之和为计算基数，其他机械费以主要机械费之和为计算基数。

(10)定额只用一个数字表示的，仅适用于该数字本身。当所求值(运距、建筑物尺寸等)介于两个相邻子目之间时，可用插入法调整，调整方法如下

$$A = B + \frac{(C - B) \times (a - b)}{c - b} \tag{6-2}$$

式中，A 为所求定额数；B 为小于 A 而最接近 A 的定额数；C 为大于 A 而最接近 A 的定额数；a 为 A 项定额参数；b 为 B 项定额参数；c 为 C 项定额参数。

(11)高原地区定额调整系数。在海拔比较高的地区施工时，生产效率会受到一定的影响。现行水利工程定额适用于海拔小于或等于 2 000 m 地区的工程项目。海拔大于 2 000 m 的地区，根据水利工程所在地的海拔及规定的调整系数(见表 6-7)计算。海拔应以拦河坝或水闸顶部的海拔为准。没有拦河坝或水闸的，以厂房顶部海拔为准。一个工程只采用一个调整系数。

表 6-7　高原地区定额调整系数表

项目	海拔(m)					
	2 000 ~ 2 500	2 500 ~ 3 000	3 000 ~ 3 500	3 500 ~ 4 000	4 000 ~ 4 500	4 500 ~ 5 000
人工	1.10	1.15	1.20	1.25	1.30	1.35
机械	1.25	1.35	1.45	1.55	1.65	1.75

(12)定额中有关共同性的规定。土类级别划分，除冻土外，均按土石 16 级分类法的前Ⅰ ~ Ⅳ级划分土类级别，见表 6-8。岩石级别划分按土石 16 级分类法的Ⅴ ~ ⅩⅥ级划分，见表 6-9。岩石级别在《水利水电工程钻探规程》(SL 291—2003)中按 12 级划分，概预算定额按 16 级划分，两者之间的对照关系见表 6-10。土方工程中有自然方、松方、压实方等几种计量方法，其换算关系如表 6-11 所示。其中，自然方是指未经扰动的自然状态下的体积，松方是指经过开挖松动了的体积，实方则是经过回填压实的体积。

表 6-8　一般工程土类分级表

土质级别	土质名称	自然湿容重(kg/m^3)	外形特征	开挖方法
Ⅰ	1.砂土 2.种植土	1 650 ~ 1 750	疏松，黏着力差或易透水，略有黏性	用锹或略加脚踩开挖
Ⅱ	1.壤土 2.淤泥 3.含壤种植土	1 750 ~ 1 850	开挖时能成块，并易打碎	用锹需用脚踩开挖
Ⅲ	1.黏土 2.干燥黄土 3.干淤泥 4.含少量砾石黏土	1 800 ~ 1 950	黏手，看不见砂粒或干硬	用镐、三齿耙开挖或用锹需用力加脚踩开挖
Ⅳ	1.坚硬黏土 2.跞质黏土 3.含卵石黏土	1 900 ~ 2 100	土壤结构坚硬，将土分裂后成块状或含黏粒砾石较多	用镐、三齿耙工具开挖

表 6-9　岩石类别分级表

岩石级别	岩石名称	实体岩石自然湿度时的平均容重(kg/m³)	净占时间(min/m)			极限抗压强度(kg/cm²)	强度系数 f
			用直径30 mm合金钻头，凿岩机打眼(工作气压为4.5个大气压)	用直径30 mm淬火钻头，凿岩机打眼(工作气压为4.5个大气压)	用直径25 mm钻杆，人工单人打眼		
Ⅴ	1.砂藻土及软的白垩岩 2.硬的石炭纪的黏土 3.胶结不紧的砾岩 4.各种不坚实的页岩	1 500 1 950 1 900~2 200 2 000		≤3.5	≤30	≤200	1.5~2
Ⅵ	1.软的有孔隙、节理多的石灰岩及贝壳石灰岩 2.密实的白垩岩 3.中等坚实的页岩 4.中等坚实的泥灰岩	2 200 2 600 2 700 2 300		4 (3.5~4.5)	45 (30~60)	200~400	2~4
Ⅶ	1.水成岩卵石经石灰质胶结而成的砾石 2.风化的、节理多的黏土质砂岩 3.坚硬的泥质页岩 4.坚实的泥灰岩	2 200 2 200 2 800 2 500		6 (4.5~7)	78 (61~95)	400~600	4~6
Ⅷ	1.角砾状花岗岩 2.泥灰质石灰岩 3.黏土质砂岩 4.云母页岩及砂质页岩 5.硬石膏	2 300 2 300 2 200 2 300 2 900	6.8 (5.7~7.7)	8.5 (7.1~10)	115 (96~135)	600~800	6~8
Ⅸ	1.软的风化较甚的花岗岩、片麻岩及正长岩 2.滑石质的蛇纹岩 3.密实的石灰岩 4.水成岩卵石经硅质胶结的砾岩 5.砂岩 6.砂质石灰质的页岩	2 500 2 400 2 500 2 500 2 500 2 500	8.5 (7.8~9.2)	11.5 (10.1~13)	157 (136~175)	800~1 000	8~10
Ⅹ	1.白云岩 2.坚实的石灰岩 3.大理岩 4.石灰质胶结的质密的砂岩 5.坚硬的砂质页岩	2 700 2 700 2 700 2 600 2 600	10 (9.3~10.8)	15 (13.1~17)	195 (176~215)	1 000~1 200	10~12
Ⅺ	1.粗粒花岗岩 2.特别坚实的白云岩 3.蛇纹岩 4.火成岩卵石经石灰质胶结的砾岩 5.石灰质胶结的坚实的砂岩 6.粗粒的正长岩	2 800 2 900 2 600 2 800 2 700 2 700	11.2 (10.9~11.5)	18.5 (17.1~20)	240 (216~260)	1 200~1 400	12~14
Ⅻ	1.有风化痕迹的安山岩及玄武岩 2.片麻岩、粗面岩 3.特别坚实的石灰岩 4.火成岩卵石经硅质胶结的砾岩	2 700 2 600 2 900 2 600	12.2 (11.6~13.3)	22 (20.1~25)	290 (261~320)	1 400~1 600	14~16
XIII	1.中粗花岗岩 2.坚实的片麻岩 3.辉绿岩 4.玢岩 5.坚实的粗面岩 6.中粒正常岩	3 100 2 800 2 700 2 500 2 800 2 800	14.1 (13.4~14.8)	27.5 (25.1~30)	360 (321~400)	1 600~1 800	16~18

续表 6-9

岩石级别	岩石名称	实体岩石自然湿度时的平均容重(kg/m³)	净占时间(min/m)			极限抗压强度(kg/cm²)	强度系数 f
			用直径30 mm合金钻头，凿岩机打眼(工作气压为4.5个大气压)	用直径30 mm淬火钻头，凿岩机打眼(工作气压为4.5个大气压)	用直径25 mm钻杆，人工单人打眼		
XIV	1.特别坚实的细粒花岗岩 2.花岗片麻岩 3.闪长岩 4.最坚实的石灰岩 5.坚实的玢岩	3 300 2 900 2 900 3 100 2 700	15.5 (14.9~18.2)	32.5 (30.1~40)		1 800~2 000	18~20
XV	1.安山岩、玄武岩、坚实的角闪岩 2.最坚实的辉绿岩及闪长岩 3.坚实的辉长岩及石英岩	3 100 2 900 2 800	20 (18.3~24)	46 (40.1~60)		2 000~2 500	20~25
XVI	1.钙钠长石质橄榄石质玄武岩 2.特别坚实的辉长岩、辉绿岩、石英岩及玢岩	3 300 3 000	>24	>60		>2 500	>25

表 6-10　岩石 12 类分级与 16 类分级对照表

12 类分级			16 类分级		
岩石级别	可钻性(m/h)	一次提钻长度(m)	岩石级别	可钻性(m/h)	一次提钻长度(m)
IV	1.6	1.7	V	1.6	1.7
V	1.15	1.5	VI VII	1.2 1.0	1.50 1.40
VI	0.82	1.3	VIII	0.85	1.30
VII	0.57	1.1	IX X	0.72 0.55	1.20 1.10
VIII	0.38	0.85	XI	0.38	0.85
IX	0.25	0.65	XII	0.25	0.65
X	0.15	0.50	XIII XIV	0.18 0.13	0.55 0.40
XI	0.09	0.32	XV	0.09	0.32
XII	0.045	0.16	XVI	0.045	0.16

表 6-11　土石方松实系数换算表

项　　目	自然方	松　　方	实　　方	码　　方
土　　方	1	1.33	0.85	
石　　方	1	1.53	1.31	
砂　　方	1	1.07	0.94	
混 合 料	1	1.19	0.88	
块　　石	1	1.75	1.43	1.67

注：①松实系数是指土石料体积的比例关系；②块石实方指堆石坝坝体方，块石松方即块石堆方。

二、土方开挖工程单价编制

土方工程按施工方法可分为机械施工和人力施工两种。其中，人力施工因效率低，一般只用在工作面狭窄或施工机械难以进入的部位，如小断面沟槽开挖、小断面斜井开挖及陡坡上的小型土方开挖等。土方工程由土方开挖和土方运输两个工序组成。土方开挖常用的施工机械有推土机、挖掘机、装载机、铲运机等。土方运输常用的施工机械为自卸汽车和胶带机。

(一)影响土方开挖工序工效的主要因素

1. 影响土方开挖的主要因素

1)土的级别

一般情况下，土的级别越高，开挖的难度越大，工效越低，相应单价越高。

2)运输距离

运输距离越长，所需时间也越长，相应的单价越高。合理的运输距离应为挖土区的平面中心位置至弃土区(堆土区)的中心位置之间的距离。

3)施工条件

施工条件不同，开挖的工效不同，如冻土开挖施工难度大于一般土方开挖施工难度。

4)设计要求的开挖形状

开挖形状有渠道、沟槽、柱坑、平洞、斜井、竖井等，定额也按这些因素分节，各节分别按其宽度、深度、面积等划分子目。断面越小、深度越深时，对施工工效的影响就越大。

2．影响土方运输的主要因素

(1)运土距离。运土的距离越长，所需时间也越长，但在一定的起始范围内，不是直线的反比关系，而是对数的曲线关系。

(2)土的级别。从运输角度看，土的级别越高，其密度(t/m^3)也越大，由于土石方都习惯采用体积作为单位，所以土的级别越高，运输每立方米的产量越低。

(3)施工条件。装卸车的条件、路况、卸土场的条件等都影响运土的工效。

(二)土方开挖工程单价编制

1. 正确选用定额子目

根据设计资料，确定选用定额的各项参数，合理选用定额子目。一般步骤如下：

(1)根据设计资料，明确土方开挖种类。

(2)根据地质资料，确定土的级别。

(3)根据施工组织设计确定的土方开挖的施工方法、运输距离、挖运机械及其容量合理选用定额子目。

2. 编制工程单价

土方开挖、运输一般合并为挖运综合单价计算，也可以分别计算。

(三)编制土方开挖工程单价时应注意的问题

(1)砂砾(卵)石开挖和运输，按Ⅳ类土定额计算。

(2)挖掘机、装载机挖土定额是按挖装自然方拟定的，如挖装松土时，人工及挖装机械乘以 0.85 调整系数。推土机推松土时，定额乘以 0.8 的调整系数。

(3)平洞、斜井土方开挖定额中的轴流通风机台时数量，是按一个工作面长度 200 m 拟定的，如超过 200 m，按定额乘以表 6-12 所列系数进行调整，当工作面长度介于两子目之间时，可用插入法计算。

表 6-12　通风机械定额台时数量调整系数表

工作面长度(m)	200	300	400	500	600	700	800	900	1000
通风机台时调整系数	1.00	1.33	1.50	1.80	2.00	2.28	2.50	2.78	3.00

【例 6-1】 华北地区某枢纽工程坝基土方开挖，Ⅱ类土，采用 2 m^3 挖掘机挖装，12 t 自卸汽车运输 1 km 弃土，试计算坝基土方开挖概算单价。

解： 根据施工方法、土质级别及运输距离，查《水利建筑工程概算定额》，选用定额子目[10634]。冬雨季施工增加费率取 1%，夜间施工增加费率取 0.5%，特殊地区施工增加费不计，其他费率取 1%，合计得其他直接费费率为 2.5%。该工程属枢纽工程，各种费率取值为：现场经费费率 9%，间接费费率 9%，企业利润率 7%，税率 3.22%。

采用《水利工程设计概(估)算编制规定》中规定的建筑工程单价表表格形式，编制坝基土方开挖单价表，见表 6-13。将定额消耗量和相关的基础单价计算结果代入计算，坝基土方开挖单价计算结果为 11.25 元/m^3。

表 6-13　坝基土方开挖单价表

定额编号：[10634]　　定额单位：100 m^3

施工方法：2 m^3 挖掘机挖Ⅱ类土，12 t 自卸汽车运 1 km 弃土					
编号	名称及规格	单位	数量	单价(元)	合计(元)
一	直接工程费				934.36
(一)	直接费				837.99
1	人工费		4.10		12.46
	初级工	工时	4.10	3.04	12.46
2	材料费				32.23
	零星材料费	%	4.00	805.76	32.23
3	机械使用费				793.29
	挖掘机　液压 2 m^3	台时	0.61	263.47	160.72
	推土机　59 kW	台时	0.30	79.80	23.94
	自卸汽车　12 t	台时	4.78	127.33	608.64
(二)	其他直接费	%	2.5	837.99	20.95
(三)	现场经费	%	9	837.99	75.42
二	间接费	%	9	934.36	84.09
三	企业利润	%	7	1 018.45	71.29
四	税金	%	3.22	1 089.74	35.09
五	合计				1 124.83

三、石方开挖工程单价

(一)石方开挖的主要施工方法

石方开挖按施工方法可分为人工开挖、钻孔爆破及掘进机开挖三种。

1. 人工开挖

人工开挖采用十字镐、风镐等简易工具来挖除岩体，耗工费时，适用于有特殊要求的开挖部位。

2. 钻孔爆破

钻孔爆破(简称钻爆)法是一种传统的石方开挖方法，在水利水电工程中应用十分广泛。开挖方法有浅孔爆破法、深孔爆破法、洞室爆破法和控制爆破法(定向、光面、预裂、静态爆破等)。

钻孔机械一般分为凿岩机(分手持式风钻、气腿式风钻)、凿岩台车(分掘进台车、露天凿岩台车和井下凿岩台车)、潜孔钻等。

常用的炸药有硝铵炸药、铵油炸药、铵沥蜡炸药、铵松蜡炸药、浆状炸药、水胶炸药、乳胶炸药、硝化甘油炸药、高威力硝铵炸药等。

3. 掘进机开挖

掘进机是一种新型的开挖专用设备，与传统的钻孔爆破法的区别在于掘进机改钻孔爆破为对岩石进行纯机械的切割或挤压破碎，并使掘进与出渣、支护等作业能平行连续地进行，施工安全，工效较高。该法在有条件的地方进行隧洞开挖使用。水总[2007]118号文颁发的《水利工程概预算补充定额(掘进机施工隧洞工程)》作为2002《水利建筑工程概算定额》、《水利建筑工程预算定额》的补充。该定额包括全断面岩石掘进机(简称TBM)施工、盾构施工和其他三大部分。

掘进机施工法包括盾构掘进及TBM掘进。

1)盾构施工法

盾构施工法使用盾构机在地下掘进，适用于土层中的隧洞施工，主要由稳定开挖面、挖掘及排土、衬砌(包括壁后灌浆)三大要素组成，其中开挖面的稳定方法是其工作原理的主要方面，也是区别于硬岩掘进机的主要方面。盾构机可分为泥水式、土压平衡式盾构机等不同类型。泥水式盾构机通过加压泥水或泥浆来稳定开挖面，而土压平衡式盾构机则是把土料作为稳定开挖面的介质。

2)TBM施工法

TBM(Tunnel Boring Machine)是全断面隧道掘进机的简称，是利用回转刀具开挖，同时破碎洞内围岩及掘进，形成整个隧道断面的一种新型、先进的隧道施工机械。不同于常规钻爆法，TBM集钻、掘进、支护于一体，使用电子、信息、遥测、遥控等高新技术对全部作业进行指导和监控，使掘进过程始终处于最佳状态。在长大隧道施工中优先采用TBM进行快速开挖已成为总的发展趋势。在相同的条件下，其掘进速度为常规钻爆法的4～10倍，最佳日进尺可达150 m。此外，还有优质、安全、经济、有利于环境保护和劳动力保护的优点。掘进机的不足之处是体积、重量太大，不够灵活机动，对地质条件的适应程度不如钻爆法。此外，对操作人员的素质要求较高，短期内投资较大，也常常限制它的推广应用。因此，目前不少国家采用因地制宜的办法，对隧道主体采用掘进机开挖，其余部分采用常规钻爆法；或先用掘进机挖导洞，然后再进行扩挖。

全断面掘进机(TBM)主要分为敞开式和护盾式两大类。

(1)敞开式掘进机。敞开式 TBM 只有一个短的顶支撑，没有外部的盾支撑，向前移动时主要靠主撑靴和千斤顶。这种 TBM 主要用于岩石较好和所需掘进力比较大的情况。使用敞开式掘进机，一般是随开挖在刀盘后部施作临时支护，如锚杆、喷射混凝土、架设钢拱架等，然后再施作二次混凝土衬砌。

(2)护盾式掘进机。护盾式 TBM 有一个外壳，它与主撑靴系统和千斤顶系统一起向前移动，适用于地质条件复杂和采用管片衬砌的情况。使用护盾掘进机时，一般采用圆形全周管片式衬砌。其优点是：适合软弱围岩，特别是当围岩允许承载力很低，撑靴不能支撑岩面时，可利用尾部推力推千斤顶，顶推已安装的管片获得推进反力；当撑靴可以支撑岩面时，双护盾掘进机可以使掘进和换步同时进行，提高了循环速度；利用管片安装机安装管片速度快，支护效果好，安全性强。为了防水的需要，每块管片之间要安装止水条，并需在管片外围和洞壁间隙压入豆砾石和注浆。

敞开式和护盾式掘进机的区别在于敞开式掘进机在开挖中依靠支撑于岩壁上的水平支撑提供设备推力和扭矩的支撑反力，开挖后的围岩暴露于机器四周。而护盾式掘进机则可在掘进中利用尾部已安装的衬砌管片作为推进的支撑，围岩由于有护盾的防护，在护盾长度的范围内不暴露，因此护盾式掘进机更适用于岩性复杂的围岩。

(二)石方开挖单价

石方开挖按施工条件分为明挖石方和暗挖石方两大类。定额按工程部位、设计开挖断面尺寸、开挖方式、岩石级别等划分节和子目。编制石方开挖工程单价应根据地质报告提供的岩石名称、外形特征、颗粒组成、饱和极限抗压强度、可钻性等地勘资料，合理确定岩石级别。按设计开挖形状和断面尺寸、开挖与出渣方式、运输距离等，正确套用相应定额子目。影响石方开挖工效的因素主要有：

(1)岩石级别。岩石级别是影响开挖工效的主要因素之一。岩石的级别越高，其强度越高，钻孔的阻力越大，工效越低，对爆破的抵抗力也越大，所需的炸药也越多。合理地确定岩石级别是正确地选择岩石的爆破方法、合理选择爆破参数的关键。

(2)设计对开挖形状及开挖面的要求。设计对有形状要求的开挖，如沟、槽、坑、洞、井等，其爆破系数(每平方米工作面上的炮孔数)较没有形状要求的一般石方开挖大得多，对于小断面的开挖尤甚。爆破系数越大，爆破效率越低，耗用爆破器材(炸药、雷管、导线)也越多。石方开挖定额大多按开挖形状及部位分节，各节再按岩石级别分子目。

(三)石方运输单价

1. 运输方案的选择

应根据施工工期、运输数量、运距远近等因素，选择既能满足施工强度要求，又能做到费用最省的最优方案。一般情况下，人力运输(挑抬、轻轨斗车、胶轮车等)适用于工作面狭小，运输距离短、施工强度低的工程或工程部位；自卸汽车运输的适应性较大，一般工程均可采用；机车运输可以在特定的条件下使用，例如电瓶机车可用于洞(井)出渣运输，内燃机车可用于长距离的石料运输。在做方案和单价分析时，应注意采用方案的全部工程投资进行比较。如内燃机车的运输单价较低，但其轨道的建造、运行管理(道口、道岔)、维护等费用支出较大，应经过全面分析后方可确定，以取得最佳的经济效益。

2. 正确选用运输定额子目

(1)当有洞内外连续运输时，应分别套用不同的定额子目。洞内运输部分，套用“洞内”运输定额的“基本运距”及“增运”子目；洞外运输部分，套用“露天”定额的“增运”子目，并且仅选用运输机械的台时使用量。

(2)洞内和洞外为非连续运输(如洞内为斗车，洞外为自卸汽车)时，洞外运输部分应采用“露天”定额的“基本运距”及“增运”子目。

(四)编制石方开挖单价应注意的问题

(1)工程地质条件(岩石级别)。应按地质专业提供的资料，确定相应的级别。现行部颁定额按Ⅴ~ⅩⅣ岩石拟定，当岩石级别高于ⅩⅣ级岩石时，按相应定额中的ⅩⅢ~ⅩⅣ级岩石开挖定额，乘以表6-14中系数进行调整。

表6-14 不同岩石级别定额调整系数表

项目	系数		
	人工	材料	机械
风钻为主各节定额	1.30	1.10	1.40
潜孔钻为主各节定额	1.20	1.10	1.30
液压钻、多臂钻为主各节定额	1.15	1.10	1.15

(2)水工结构设计资料(设计断面面积、水平夹角等)。石方开挖定额的开挖断面是指设计开挖断面，概算定额已计入根据施工技术规范规定允许的超挖量及必要的施工附加量。使用定额时应认真阅读章节说明，根据开挖断面面积、底宽、开挖厚度、水平夹角等合理确定石方开挖的类型，正确选用定额子目。

(3)施工方案及施工布置(开挖方法、支洞布置、运输方式等)。

(4)洞内、洞外石渣运输综合运距(露天、洞内运输)。洞内运距按工作面长度的一半计算。综合运距根据各工作面承担主洞出渣量的权重加权平均计算。挖掘机或装载机装石渣汽车运输定额，其露天与洞内定额的区分，按挖掘机或装载机装车地点确定。

(5)通风机定额综合调整系数。洞井石方开挖定额中通风机台时量是按一个工作面长度400 m拟定，如工作面长度超过400 m，应按表6-15所列系数(用插入法计算)调整通风机台时定额量。

表6-15 通风机定额台时数量调整系数表

工作面长度(m)	系数	工作面长度(m)	系数	工作面长度(m)	系数
400	1.00	1 000	1.80	1 600	2.50
500	1.20	1 100	1.91	1 700	2.65
600	1.33	1 200	2.00	1 800	2.78
700	1.43	1 300	2.15	1 900	2.90
800	1.50	1 400	2.29	2 000	3.00
900	1.67	1 500	2.40		

(6)炸药代表型号的选用。定额中的炸药按 1～9 kg 包装的炸药价格计算，其代表型号规格：一般石方开挖，按 2#岩石铵梯炸药选用；边坡、槽、坑、基础石方开挖按 2#岩石铵梯炸药和 4#抗水岩石铵梯炸药各半选用；平洞、斜井、竖井、地下厂房石方开挖按 4#抗水岩石铵锑炸药选用。

(7)定额所采用钻头的要求(合理选用价格)。石方开挖定额中所列的“合金钻头”是指风钻(手持式、气腿式)用的钻头；“钻头”指液压履带钻或液压凿岩台车用的钻头。

(8)石方运输单价与开挖综合单价。在概算定额开挖各节定额子目中均列有“石渣运输”项目。该项目的数量，已包括完成每一定额单位有效实体所需增加的超挖量、施工附加量及施工损耗的数量。编制概算单价时，一般应根据施工组织设计选定的运输方式，按石渣运输量乘以石渣运输单价(仅计算直接费)计算开挖综合单价。

由于预算定额石方开挖不含设计允许的超挖量和施工附加量，计算石渣运输量时应加以考虑，并套用预算定额计价。如计算平洞石方开挖工程预算单价时，设计断面的工程量、施工附加量应套用平洞石方开挖定额计算，施工规范允许范围以内的超挖量应套用平洞超挖石方定额计算，并按占设计断面工程量的比例，将超挖量、施工附加量的工料机用量摊入设计开挖断面平洞石方开挖定额内，计算平洞石方开挖(含石渣运输)综合预算单价。

【例 6-2】 某水利枢纽工程一般石方开挖，采用手风钻钻孔爆破，2 m^3 液压挖掘机装石渣，12 t 自卸汽车运 2 km 弃渣，岩石类别为Ⅷ类，试计算石方开挖概算单价。

基本资料：人工预算单价、材料预算价格及机械台时费见各单价表。

解：

1. 综合单价法

根据施工方法和岩石级别，查 2002《水利建筑工程概算定额》，石方开挖采用[20001]子目，石渣运输采用[20469]子目。石方运输直接费计算见表 6-16。

表 6-16　一般石方运输单价表

定额编号：[20469]　　定额单位：100 m^3

施工方法：2 m^3 挖掘机挖装石渣，12 t 自卸汽车运 2 km

编号	名称及规格	单位	数量	单价(元)	合计(元)
(一)	直接费				1 813.82
1	人工费		10.20		31.01
	初级工	工时	10.20	3.04	31.01
2	材料费				35.57
	零星材料费	%	2.00	1 778.26	35.57
3	机械使用费				1 747.25
	挖掘机　2 m^3	台时	1.53	263.47	403.11
	推土机　88 kW	台时	0.77	133.34	102.67
	自卸汽车　12 t	台时	9.75	127.33	1 241.47

由表 6-16 可知，石渣运输单价直接费为 18.138 元/m^3，将其代入一般石方开挖单价表中计算综合单价，计算过程见表 6-17。由表 6-17 知，石方开挖综合单价为 36.69 元/m^3。

表 6-17 一般石方开挖单价表

定额编号：[20001]　　　　定额单位：100 m^3

施工方法：手风钻钻孔爆破，岩石级别Ⅷ级

编号	名称及规格	单位	数量	单价(元)	合计(元)
一	直接工程费				3 047.64
(一)	直接费				2 733.31
1	人工费				260.11
	工长	工时	1.60	7.11	11.38
	中级工	工时	11.10	5.62	62.38
	初级工	工时	61.30	3.04	186.35
2	材料费				352.58
	合金钻头	个	1.02	50.00	51.00
	炸药	kg	26	6.00	156.00
	雷管	个	24	0.90	21.60
	导线　电线	m	117	0.60	70.20
	其他材料费	%	18	298.80	53.78
3	机械使用费				234.25
	风钻　手持式	台时	4.47	47.64	212.95
	其他机械费	%	10	212.95	21.30
4	石渣运输	m^3	104	18.138	1 886.37
(二)	其他直接费	%	2.5	2 733.31	68.33
(三)	现场经费	%	9	2 733.31	246.00
二	间接费	%	9	3 047.64	274.29
三	企业利润	%	7	3 321.93	232.54
四	税金	%	3.22	3 554.47	114.45
五	合计				3 668.92

2. 综合定额法

根据已知条件，将开挖和运输工序消耗量进行综合，编制在一张表格之内计算，具体步骤如下。

(1)确定定额编号。由[20001]子目知，每开挖 1 m^3 石方需运输石渣 1.04 m^3，因此将[20469]子目的工料机消耗量均乘以 1.04(零星材料费、其他材料费和其他机械费的百分率不变)，与[20001]子目进行综合。定额编号写为[20001]+[20469]×1.04，其中“+”号可以省略。

(2)将各工序的施工方法统一叙述，填写在施工方法一栏中。

(3)将工料机消耗量相加。如初级工消耗量为 61.3＋10.2×1.04=71.91(工时)。

(4)根据综合后的消耗量和基础单价计算结果，计算人工费和机械费。其他材料费和其他机械费按各定额子目对应的主要材料费和主要机械费乘以该子目中规定的百分率计算。本例中只有[20001]子目中有其他材料费和其他机械费。

(5)计算零星材料费。有时选用的开采和运输定额子目中零星材料费费率不同，需对开采和运输分别计算零星材料费相加即为总的零星材料费。本题中，只有石方运输定额子目[20469]有零星材料费，计算如下

零星材料费=(人工费+机械费)×2%

=(10.2×1.04×3.04+1.53×1.04×263.47+0.77×1.04×133.34+9.75×1.04×127.33)×2%

=36.988(元/100 m^3)

计算结果详见表 6-18。石方挖运工程单价为 36.69 元/m^3，与综合单价法结果相同。

表 6-18　一般石方挖运工程单价表

定额编号：[20001] [20469]×1.04　　　　定额单位：100 m^3

施工方法：手风钻钻孔爆破，岩石级别Ⅷ级；2 m^3 挖掘机挖装石渣，12 t 自卸汽车运 2 km					
编号	名称及规格	单位	数量	单价(元)	合计(元)
一	直接工程费				3 047.65
(一)	直接费				2 733.31
1	人工费				292.36
	工长	工时	1.60	7.11	11.38
	中级工	工时	11.10	5.62	62.38
	初级工	工时	71.91	3.04	218.60
2	材料费				389.57
	合金钻头	个	1.02	50.00	51.00
	炸药	kg	26	6.00	156.00
	雷管	个	24	0.90	21.60
	导线　电线	m	117	0.60	70.20
	其他材料费	%	18	298.80	53.78
	零星材料费	元	36.988	1.00	36.99
3	机械使用费				2 051.38
	挖掘机　2 m^3	台时	1.591	263.47	419.23
	推土机　88 kW	台时	0.801	133.34	106.78
	自卸汽车　12 t	台时	10.140	127.33	1 291.13
	风钻　手持式	台时	4.47	47.64	212.95
	其他机械费	%	10	212.95	21.30
(二)	其他直接费	%	2.5	2 733.31	68.33
(三)	现场经费	%	9	2 733.31	246.00
二	间接费	%	9	3 047.65	274.29
三	企业利润	%	7	3 321.93	232.54
四	税金	%	3.22	3 554.47	114.45
五	合计				3 668.92

【例 6-3】 某工程引水隧洞(平洞)长 3 500 m，岩石级别为Ⅻ级。隧洞为圆形断面，设计衬砌后内径为 6.0 m，混凝土衬砌厚度为 50 cm。根据规范规定隧洞超挖按 16 cm 考虑；隧洞石方开挖采用三臂液压凿岩台车钻孔，洞内外均采用 2 m^3 挖掘机装 12 t 自卸汽车出渣。在隧洞中部设一施工支洞，支洞长 200 m。由隧洞两端工作面和支洞进口的两个工作面开挖，如图 6-1 所示；土石方开挖工程量阶段系数为 1.05。试计算：①通风机定额综合调整系数；②该平洞开挖石渣洞内、洞外综合运距；③引水隧洞洞挖石方概算工程量；④平洞石方开挖概算工程单价；⑤完成该平洞石方开挖需要的工时数量。

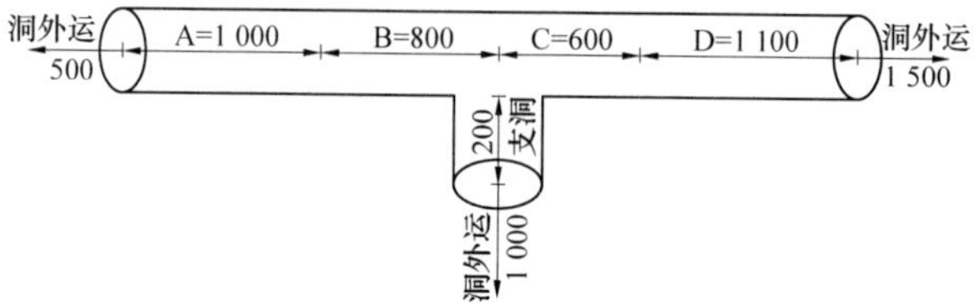

图 6-1　工作面长度及洞外运距示意图(单位：m)

解：

1. 计算通风机定额综合调整系数

1)计算各工作面承担主洞工程权重

各段占主洞工程权重为

A 段：由左向右开挖，1 000/3 500=28.57%；B 段：由右向左开挖，800/3 500=22.86%；C 段：由左向右开挖，600/3 500=17.14%；D 段：由右向左开挖，1 100/3 500=31.43%。

2)计算通风机定额综合调整系数

通风机定额综合调整系数计算过程见表 6-19，通风机综合调整系数为 1.78。

表 6-19　通风机定额综合调整系数计算表

编号	权重(%)	通风长度(m)	通风机调整系数	系数
A	28.57	1 000	1.80	28.57% × 1.80=0.51
B	22.86	800+200=1 000	1.80	22.86% × 1.80=0.41
C	17.14	600+200=800	1.50	17.14% × 1.50=0.26
D	31.43	1 100	1.91	31.43% × 1.91=0.60
综合系数	100			1.78

2. 计算平洞开挖石渣洞内、洞外综合运距

1)洞内综合运距

洞内综合运距计算过程见表 6-20，计算结果为 539 m。

2)洞外综合运距

洞外运距为 500 m×28.57%+1 000 m×22.86%+1 000 m×17.14%+1 500 m×31.43%=1 014 m。

故该平洞石方开挖的石渣运输综合运距为洞内 539 m、洞外 1 014 m。为计算简便，取洞内运输 550 m，洞外运输 1 000 m。

表 6-20　洞内综合运距计算表

编号	权重(%)	洞内运渣计算长度(m)	计算式
A	28.57	500	1 000/2
B	22.86	600	200+800/2
C	17.14	500	200+600/2
D	31.43	550	1 100/2
综合	100	539	500×28.57%+600×22.86%+500×17.14%+550×31.43%

3. 计算引水隧洞洞挖石方概算工程量

概算工程量应按设计断面的几何轮廓尺寸计算并乘以阶段系数(工程量计算见本章第三节)，不计超挖超填厚度(概算定额已综合考虑)。

设计开挖断面直径为：6 m+0.5 m × 2=7 m；设计开挖断面面积为：3.5^2×3.14=38.47 m^2；

洞挖石方图纸工程量为：38.47 m^2×3 500 m=134 645 m^3；

洞挖石方概算工程量为：134 645 m^3×1.05=141 377 m^3。

4. 计算平洞石方开挖概算工程单价

1)选择开挖定额

设计开挖断面面积为 38.47 m^2，采用三臂液压凿岩台车钻孔，岩石级别为Ⅻ级，据此选用定额子目[20243]及[20247]内插计算。

每 100 m^3 石方开挖需运输石渣：117+(113–117)/(60–30)×(38.47–30)=116(m^3)。

2)选择石渣运输定额

洞内运输 550 m，选用定额[20474]及[20475]内插计算；洞外运输 1 000 m，由于是洞内外连续运输，选用定额子目[20473]。

5. 单价计算

根据已知条件，将开挖和运输综合计算，计算结果详见表 6-21。该隧洞石方开挖概算单价为 119.34 元/m^3。

6. 计算所需的工时数量

由表 6-21 可知，完成 100 m^3 平洞石方开挖需 358.21 工时，则完成该平洞石方开挖需要的工时数量为：141 377 m^3×3.58 工时/m^3=506 130 工时。

四、土石填筑工程单价

土石填筑工程分为堆砌石工程和土石填筑工程两大类。

(一)堆砌石工程单价编制

堆砌石工程所用材料均为当地材料，并且施工技术简单，工程造价低，因而在水利工程中普遍使用。堆砌石工程包括坝体堆石、砌石、抛石等，其中砌石工程又分为干砌石、浆砌石、铺筑砂垫层等。

1. 填充胶结材料

1)水泥砂浆

水泥砂浆由水泥、砂、水按一定配合比拌制而成，强度高，防水性能好，多用于重要的建筑物及建筑物的水下部位。

表 6-21　平洞石方开运工程单价表

定额编号：[20243 20247 内插] [20474 20475 内插]×1.16 [20473]×1.16　　定额单位：100 m^3

施工方法：开挖断面 38.47 m^2，三臂液压凿岩台车开挖Ⅻ级岩石，2 m^3挖掘机装 12 t 自卸汽车运石渣，洞内运 0.55 km、洞外运 1 km 弃渣。轴流通风机定额乘以综合调整系数 1.78

编号	名称及规格	单位	数量	单价	合计(元)
一	直接工程费				9 913.06
(一)	直接费				8 890.64
1	人工费		358.21		1 413.48
	工长	工时	10.17	7.11	72.30
	中级工	工时	109.74	5.62	616.76
	初级工	工时	238.30	3.04	724.42
2	材料费				2 211.95
	钻头　ϕ45 mm	个	0.686	360	247.00
	钻头　ϕ102mm	个	0.010	1 500	15.00
	炸药　4#抗水	kg	164.530	6	987.18
	非电毫秒雷管	个	127.224	1.5	190.84
	导爆管	m	857.062	0.3	257.12
	其他材料费	%	28	1 697.14	475.20
	零星材料费	元	39.61	1.00	39.61
3	机械使用费				5 265.21
	凿岩台车　三臂	台时	2.289	675.07	1 544.96
	平台车	台时	1.531	138.97	212.80
	轴流通风机　37 kW	台时	38.186	32.97	1 259.00
	其他机械费	%	3	3 016.77	90.50
	挖掘机　2 m^3	台时	2.250	263.47	592.91
	推土机　88 kW	台时	1.125	133.34	150.03
	自卸汽车　12 t	台时	11.113	127.33	1 414.99
(二)	其他直接费	%	2.5	8 890.64	222.27
(三)	现场经费	%	9	8 890.64	800.16
二	间接费	%	9	9 913.06	892.18
三	企业利润	%	7	10 805.24	756.37
四	税金	%	3.22	11 561.60	372.28
五	合计				11 933.89

2)混合砂浆

混合砂浆是指在水泥砂浆中掺入一定数量的石灰膏、黏土或壳灰(蛎贝壳烧制)，以减少水泥用量。其适用于强度要求不高的小型工程或次要建筑物的水上部位。

3)细石混凝土

细石砂浆是指在水泥砂浆中掺入适量的小石子(40 mm 以下)，可节省水泥，提高砌体强度。

2. 堆砌石工程单价的编制

堆砌石工程单价编制的步骤如下。

1)计算备料单价

备料单价计算分自行采备和外购两种。自行采备套用概算定额的砂石备料子目计算，应注意自然方、堆方、码方的体积换算。如为外购块石、条石或料石时，按材料预算价格计算。应考虑从开挖石渣中捡集块(片)石的可能性，以节约开采费用，其利用数量应根据开挖石渣的多少和岩石的质量情况合理确定。

2)计算胶结材料单价

如为浆砌石或细石混凝土砌石，需计算胶结材料的单价。干砌石不需使用胶结材料，不需计算胶结材料单价。

3)计算堆砌石工程单价

根据设计确定的砌体形式和施工方法，套用相应定额计算。砂、碎石(砾石)、块石、料石等预算价格控制在 70 元/m^3 左右，超过部分计取税金后列入相应部分之后。

3. 编制砌石工程概算单价应注意的问题

(1)石料自料场至施工现场堆放点的运输费用应包括在石料单价内。施工现场堆放点至工作面的场内运输已包括在砌石工程定额内。编制砌石工程概算单价时，不得重复计算石料运输费用。

(2)浆砌石定额中均已计入了一般要求的勾缝，如设计要求开槽勾缝，应增加开槽勾缝所需的费用。

(3)料石砌筑定额包括了砌体外露面的一般修凿，如设计要求做装饰性修凿，应另行增加装饰性修凿费用。

(4)定额中砂、碎石、堆石料的材料计量单位为堆方，块石、片石和卵石料的计量单位为码方，条石、料石为清料方。砌筑定额中的石料数量均已考虑了施工操作损耗和体积变化(码方、清料方与实方之间的体积变化)因素。

(5)对于浆砌石拱圈和隧洞砌石定额，应注意是否包括拱架及支撑的制作、安装、拆除、移设的费用。

(二)土石填筑工程单价

土石填筑单价包括土石料开采运输单价和压实单价两部分。土石料开采运输单价由覆盖层清除摊销单价和开采运输单价组成。

1. 覆盖层清除摊销费

套用土石方开挖工程定额计算出覆盖层清除总费用，根据覆盖层清除总方量占土石料运输总方量或填筑压实方总方量的百分比将总费用进行分摊。

1)摊入土石方填筑工程单价

将覆盖层清除费用摊入土石方填筑工程单价，适用于根据各工序工程单价(不是直接费)计算综合单价法和综合定额法的情形。

覆盖层清除摊销费(元/压实方)=覆盖层清除单价×摊销比例(%)　(6-3)

摊销比例(%)=覆盖层清除方量(自然方)/设计成品方量(压实方)×100%　(6-4)

2)摊入土石料开采运输单价

当采用各工序直接费计算综合单价时，应将覆盖层清除费用摊入土石料开采运输单价。

覆盖层清除摊销单价(元/自然方)=覆盖层清除单价×摊销比例(%)　(6-5)

摊销比例(%)=覆盖层清除方量(自然方)/土料总方量(自然方)×100%　(6-6)

2. 土料处理

当土料的含水量不符合规定标准时，应采取料场排水、分层取土等措施，如仍不符合要求，应采取加以翻晒、分区集中堆放或加水处理等措施。其费用按比例摊入土方填筑工程单价。

3. 土料开采运输

土方挖运定额的计量单位为自然方，而土方填筑综合定额为成品压实方(坝体方)。

(1)压实(填筑)概算填筑定额中每 100 m^3 实体所需运输的土石料自然方量已列出(如土坝需土料 126 m^3 自然方)，不用再进行压实方和自然方的折算。土石坝物料压实定额已根据施工技术规范规定计入了施工操作损耗、允许的超挖及超填量、合理的施工附加量和体积变化，并考虑了坝面干扰系数。编制概算时，可根据压实定额所列物料运输数量采用概算定额相关子目计算物料运输上坝费用，并乘以坝面施工干扰系数 1.02。

(2)自料场直接运输上坝的物料运输，采用土石方开挖工程定额相应子目，计量单位为自然方，其中砂砾料运输按Ⅳ类土定额计算。

自成品供料场上坝的物料运输，采用砂石备料工程定额，计量单位为成品堆方，其中反滤料运输采用骨料运输定额。

(3)采用《预算定额》计算土料挖运工序单价时应考虑技术要求和施工必须增加的损耗，在计算备料量和运输量时，按下式计算

$$\text{每100成品压实方需要的自然方量}=(100+A)\frac{\text{设计干密度}}{\text{天然干密度}} \tag{6-7}$$

式中，A 为综合系数，包括开挖、上坝运输、雨后清理、边坡削坡、接缝削坡、施工沉陷、取土坑、试验坑和不可避免的压坏等损耗因素。根据不同的施工方法和坝料按表 6-22 选取 A 值，使用时不再调整。

表 6-22　综合系数 *A* 值选取表

项　目	A(%)
机械填筑混合坝坝体土料	5.86
机械填筑均质坝坝体土料	4.93
机械填筑心(斜)墙土料	5.70
人工填筑坝体土料	3.43
人工填筑心(斜)墙土料	3.43
坝体砂砾料、反滤料	2.20
坝体堆石料	1.40

4. 压实

1)施工方法

土方压实常用施工方法有夯实法、碾压法和振动法。

夯实法：靠夯体下落的动荷重作用，使土壤结构重新排列而达到密实。压实机械常用打夯机。此法适用于无黏性土，能压实较厚的土层，所需工作面较小。

碾压法：靠碾磙本身重量的静荷重作用，使土粒相互移动排列组合而达到密实。压实机械有羊脚碾、轮胎碾、平碾、肋碾等。此法主要适用于工程量大、工作面宽的黏性

土或砂性土。

振动法：主要靠机械的振动作用，使土粒结构发生相对位移而使其压实。主要机械为振动碾。此法适用于砂性土和无黏性土及设计干密度要求较高等情况。

2)土方压实单价计算

土方压实单价按设计提供的干密度要求、不同的施工方法选用合适的压实定额。土石坝物料压实定额按自料场直接运输上坝和自成品供料场运输上坝两种情况分别编制，根据施工组织设计方案采用相应的定额子目计算单价。如为非土石堤、坝的一般土料、砂石料压实，其人工、机械乘以系数 0.8。

5. 编制土方填筑工程单价应注意的问题

土石方填筑工程合理利用开挖出的渣料对于降低工程造价十分重要。在计算工程单价时应注意以下问题。

(1)对于开挖料直接运至填筑工作面的，以开挖为主的工程，出渣运输宜计入开挖单价。对以填筑为主的工程，出渣运输宜计入填筑工程单价中。不得在开挖和填筑单价中重复或遗漏计算土方运输工序单价。

(2)对于开挖料卸至某堆料场，填筑时再从该料场取土的二次倒运，在进行单价分析时，开挖处计算至堆料场的挖、运费，填筑处计算二次倒运的挖、运、压费。开挖与填筑由于施工进度上的安排或其他原因经常不能完全衔接，在计算时应给予足够重视。

(3)填筑定额中“零星材料费”的计算基数，不含土料及砂石料、堆石料运输费。

【例 6-4】 某水库工程采用 M10 浆砌石挡土墙，所有砂石料均需外购，其外购单价为：砂 35 元/m^3，块石 72 元/m^3，计算 M10 浆砌石挡土墙的工程概算单价。

基本资料：材料价格，32.5 级普通硅酸盐水泥 300 元/t，施工用水 0.5 元/m^3，施工用电 0.6 元/(kW·h)。M10 水泥砂浆每立方米配合比为 32.5 级普通硅酸盐水泥 305 kg、砂 1.10 m^3、水 0.183 m^3。

解：根据砂浆配合比计算砂浆单价为 305×0.3＋1.1×35＋0.183×0.5=130.09(元/m^3)。

查 2002《水利建筑工程概算定额》，浆砌石挡土墙定额子目为[30033]。应注意的是，块石单价大于 70 元/m^3，按水总[2002]116 号文的规定，块石单价控制在 70 元/m^3，超过部分 72−70=2(元/m^3)计取税金之后列在工程单价税金之后，计算过程见表 6-23。计算结果：浆砌石挡土墙的工程概算单价为 215.15 元/m^3。

【例 6-5】 某土坝填筑设计工程量为 17 万 m^3，施工组织设计为：①土料场覆盖层清除(Ⅱ类土)2 万 m^3，采用 74 kW 推土机推运 40 m。②土料开采用 2 m^3 挖掘机装Ⅲ类土，12 t 自卸汽车运 5 km 上坝填筑。③土料压实，74 kW 推土机推平，8 ~ 12 t 羊脚碾压实，设计干密度 17.0 kN/m^3。已知人工、材料、机械台时单价及所需费率见各工程概算表所列。试分别用综合单价法和综合定额法计算土坝填筑概算工程单价。

解：

1. 综合单价法(方法 1)

1)计算覆盖层清除单价

根据施工方法，查水利部 2002《水利建筑工程概算定额》，74 kW 推土机推运 40 m，选用定额子目[10517]，填入表 6-24 中。计算得覆盖层清除单价为 3.092 元/m^3。

表 6-23 M10 浆砌石挡土墙单价表

定额编号：[30033] 定额单位：100 m^3 实方

施工方法：人工砌筑 M10 浆砌石挡土墙

编号	名称及规格	单位	数量	单价(元)	合计(元)
一	直接工程费				17 686.78
(一)	直接费				15 862.59
1	人工费		834.60		3 480.81
	工长	工时	16.70	7.11	118.74
	中级工	工时	339.40	5.62	1 907.43
	初级工	工时	478.50	3.04	1 454.64
2	材料费				12 095.28
	块石	m^3	108.00	70.00	7 560.00
	砂浆	m^3	34.40	130.09	4 475.10
	其他材料费	%	0.50	12 035.10	60.18
3	机械使用费				286.50
	砂浆搅拌机 0.4 m^3	台时	6.38	22.17	141.44
	胶轮车	台时	161.18	0.90	145.06
(二)	其他直接费	%	2.5	15 862.59	396.56
(三)	现场经费	%	9	15 862.59	1 427.63
二	间接费	%	9	17 686.78	1 591.81
三	企业利润	%	7	19 278.59	1 349.50
四	税金	%	3.22	20 628.09	664.22
五	块石差价	108×(72−70)×(1+3.22%)		222.96	
六	合计				21 515.27

表 6-24 覆盖层清除工程单价表

定额编号：[10517] 定额单位：100 m^3

施工方法：74 kW 推土机推运 40 m

编号	名称及规格	单位	数量	单价(元)	合计(元)
一	直接工程费				256.86
(一)	直接费				231.41
1	人工费		2.7		5.70
	初级工	工时	2.7	2.11	5.70
2	材料费				21.04
	零星材料费	%	10	210.37	21.04
3	机械使用费				204.67
	推土机 74 kW	台时	1.95	104.96	204.67
(二)	其他直接费	%	2	231.41	4.63
(三)	现场经费	%	9	231.41	20.83
二	间接费	%	9	256.86	23.12
三	企业利润	%	7	279.98	19.60
四	税金	%	3.22	299.58	9.65
五	合计				309.22

覆盖层清除摊销率=覆盖层清除总量/设计成品方量=2/17=11.76%。

2)计算土料开采运输单价

根据已知条件，自卸汽车运 5 km，选用定额子目[10 644]，填入表 6-25 中，土料开采运输单价为 21.665 元/m^3(自然方)。

表 6-25 土料开采运输工程单价表

定额编号：[10644]×1.02 定额单位：100 m^3

施工方法：2 m^3 挖掘机装Ⅲ类土，12 t 自卸汽车运 5 km 上坝填筑，坝面施工干扰系数取 1.02

编号	名称及规格	单位	数量	单价(元)	合计(元)
一	直接工程费				1 799.61
(一)	直接费				1 621.27
1	人工费		4.59		9.68
	初级工	工时	4.59	2.11	9.68
2	材料费				62.36
	零星材料费	%	4	1 558.91	62.36
3	机械使用费				1 549.23
	挖掘机 液压 2 m^3	台时	0.683	258.75	176.83
	推土机 59 kW	台时	0.337	75.6	25.45
	自卸汽车 12 t	台时	10.771	125.051	1 346.95
(二)	其他直接费	%	2	1 621.27	32.43
(三)	现场经费	%	9	1 621.27	145.91
二	间接费	%	9	1 799.61	161.96
三	企业利润	%	7	1 961.57	137.31
四	税金	%	3.22	2 098.88	67.58
五	合计				2 166.46

3)计算土坝压实概算单价

由已知条件选用子目[30078]，土坝压实概算单价为 4.482 元/m^3(实方)，详见表 6-26。

4)计算土坝填筑综合单价

根据定额子目[30078]，压实 100 m^3 土坝需土料运输 126 m^3(自然方)，则土坝填筑概算单价为：3.092×11.76%+21.665×1.26+4.482=32.14(元/m^3)(压实方)。

2. 综合单价法(方法 2)

1)计算覆盖层清除摊销费

由表 6-24，覆盖层清除直接费为 2.314 元/m^3。

根据定额子目[30078]，填筑 100 m^3 土坝需 126 m^3(自然方)，故本土坝填筑共需开采运输土料总量为 17 万 m^3(实方)×1.26=21.42 万 m^3(自然方)。

覆盖层清除摊销费=覆盖层清除单价×覆盖层清除量/土料开采总量

=2.314×2/21.42=0.216(元/m^3)(自然方)

表 6-26　土坝填筑工程单价表

定额编号：[30078]　　定额单位：100 m^3 实方

施工方法：8~12 t 羊脚碾压实，设计干重度 17.0 kN/m^3

编号	名称及规格	单位	数量	单价(元)	合计(元)
一	直接工程费				372.27
(一)	直接费				335.38
1	人工费		29.40		62.03
	初级工	工时	29.40	2.11	62.03
2	材料费				30.49
	零星材料费	%	10.00	304.89	30.49
3	机械使用费				242.86
	羊脚碾　8 ~ 12 t	台时	1.68	2.92	4.91
	拖拉机　74 kW	台时	1.68	80.36	135.00
	推土机　74 kW	台时	0.55	104.96	57.73
	蛙式打夯机 2.8 kW	台时	1.09	10.42	11.36
	刨毛机	台时	0.55	57.20	31.46
	其他机械费	%	1.00	240.45	2.40
(二)	其他直接费	%	2	335.38	6.71
(三)	现场经费	%	9	335.38	30.18
二	间接费	%	9	372.27	33.50
三	企业利润	%	7	405.77	28.40
四	税金	%	3.22	434.18	13.98
五	合计				448.16

2)计算土料开采运输单价

由表 6-25，土料开采运输直接费为 16.213 元/m^3(自然方)。

3)计算土料运输单价(即备料单价)

土料运输单价=覆盖层清除摊销费+土料开采运输单价

=0.216+16.213=16.429(元/m^3)(自然方)

4)计算土坝填筑概算单价

根据定额子目[30078]，将土料运输单价 16.429 元/m^3(自然方)带入计算，土坝填筑概算单价计算结果为 32.14 元/m^3(实方)。详见表 6-27。

3. 综合定额法

根据覆盖层清除摊销率为 11.76%，每 100 压实方需运输土料 126 自然方，坝面施工干扰系数为 1.02，将覆盖层清除、土料开采运输和压实对应的定额子目消耗量进行综合，编制土坝填筑单价表，见表 6-28，土坝填筑单价计算结果为 32.14 元/m^3(压实方)。

表 6-27　土坝填筑单价表

定额编号：[30078]　　　　定额单位：100 m^3 实方

施工方法：2 m^3 挖掘机装III类土，12 t 自卸汽车运 5 km 上坝填筑，羊脚碾压实，设计干重度 17.0 kN/m^3

编号	名称及规格	单位	数量	单价(元)	合计(元)
一	直接工程费				2 669.99
(一)	直接费				2 405.40
1	人工费		29.40		62.03
	初级工	工时	29.40	2.11	62.03
2	材料费				30.49
	零星材料费	%	10.00	304.89	30.49
3	机械使用费				242.86
	羊脚碾　8～12 t	台时	1.68	2.92	4.91
	拖拉机　74 kW	台时	1.68	80.36	135.00
	推土机　74 kW	台时	0.55	104.96	57.73
	蛙式打夯机　2.8 kW	台时	1.09	10.42	11.36
	刨毛机	台时	0.55	57.20	31.46
	其他机械费	%	1.00	240.45	2.40
4	土料运输	m^3	126.00	16.429	2 070.02
(二)	其他直接费	%	2	2 405.40	48.11
(三)	现场经费	%	9	2 405.40	216.49
二	间接费	%	9	2 669.99	240.30
三	企业利润	%	7	2 910.29	203.72
四	税金	%	3.22	3 114.01	100.27
五	合计				3 214.28

表 6-28　土坝填筑单价表

定额编号：[10517]×11.76% [10644]×1.26×1.02　[30078]　　　　定额单位：100 m^3 实方

施工方法：2 m^3 挖掘机装III类土，12 t 自卸汽车运 5 km 上坝填筑，羊脚碾压实，设计干重度 17.0 kN/m^3，坝面施工干扰系数 1.02

编号	名称及规格	单位	数量	单价(元)	合计(元)
一	直接工程费				2 669.99
(一)	直接费				2 405.40
1	人工费		35.50		74.91
	初级工	工时	35.50	2.11	74.91
2	材料费				111.53
	零星材料费	元	111.53	1.00	111.53
3	机械使用费				2 218.96
	挖掘机　液压 2 m^3	台时	0.86	258.75	222.80
	推土机　59 kW	台时	0.42	75.60	32.06
	自卸汽车　12 t	台时	13.57	125.05	1 697.16
	羊脚碾　8～12 t	台时	1.68	2.92	4.91
	拖拉机　74 kW	台时	1.68	80.36	135.00

续表 6-28

编号	名称及规格	单位	数量	单价(元)	合计(元)
	推土机　74 kW	台时	0.78	104.96	81.81
	蛙式打夯机 2.8 kW	台时	1.09	10.42	11.36
	刨毛机	台时	0.55	57.20	31.46
	其他机械费	元	2.40	1.00	2.40
(二)	其他直接费	%	2	2 405.40	48.11
(三)	现场经费	%	9	2 405.40	216.49
二	间接费	%	9	2 669.99	240.30
三	企业利润	%	7	2 910.29	203.72
四	税金	%	3.22	3 114.01	100.27
五	合计				3 214.28

【例 6-6】 某水电站挡水工程为黏土心墙坝，坝长 2 000 m，心墙设计工程量为 150 万 m^3、设计干重度 16.67 kN/m^3，天然干重度 15.19 kN/m^3，土料上坝前须翻晒处理，土壤级别为Ⅲ类土。试求黏土心墙填筑的预算工程单价。

已知：(1)覆盖层为Ⅲ类土，清除量 6 万 m^3，由 74 kW 推土机推运 100 m 弃土。

(2)土料用三铧犁在料场进行翻晒，料场翻晒中心距坝址左岸坝头 4 km，翻晒后由 5 m^3 装载机配 25 t 自卸汽车装运上坝，16 t 轮胎碾碾压。

(3)人工预算工资，初级工 3.04 元/工时，中级工 5.62 元/工时，各种机械台时费见各单价表。

解：

1. 综合单价法

(1)计算覆盖层清除单价。根据施工方法，查《水利建筑工程预算定额》，选用定额子目[10273]，计算得覆盖层清除单价为 7.329 元/m^3(自然方)。

覆盖层清除摊销率为 6/150=4%。

(2)计算土料翻晒单价。选用概算定额子目[10463]，计算得土料翻晒单价为 6.067 元/m^3(自然方)。

(3)计算土料运输和压实单价。坝长 2 000 m，翻晒中心距坝址左岸坝头 4 km，故自卸汽车平均运距为 5 km。5 m^3 装载机配 25 t 自卸汽车运Ⅲ类土 5 km 上坝，选用预算定额子目[10423]计算翻晒后运输上坝单价为 20.481 元/m^3(自然方)。选用预算定额子目[10471]计算土料压实单价为 4.112 元/m^3(压实方)。

(4)定额换算系数。查综合系数 A 值选取表，机械填筑心墙坝综合系数 A=5.70%，按下式计算实方与自然方的换算系数。

$$每100压实成品方需要的自然方量=(100+A)\frac{设计干密度}{天然干密度}$$

$$=(100+5.70)\times16.67/15.19=116$$

则每压实成品方需要的自然方量=1.16

(5)黏土心墙综合单价=覆盖层清除单价×摊销率+(土料翻晒单价+翻晒后运输单价)×1.16+压实单价

=7.329×4%+(6.067+20.481)×1.16+4.112

=35.20(元/m^3)(压实方)

2. 综合定额法

利用综合定额法可得到相同的结果，详见表 6-29。

表 6-29 黏土心墙填筑工程单价表

定额编号：[10273]×4% [10463]×1.16 [10423]×1.16 [10471] 定额单位：100 m^3 实方

施工方法：覆盖层清除采用 74 kW 推土机推运Ⅲ类土 100 m；三铧犁在料场进行翻晒，翻晒后 5 m^3 装载机配 25 t 自卸汽车装运上坝；16 t 轮胎碾碾压，设计干重度 16.67 kN/m^3

编号	名称及规格	单位	数量	单价	合计(元)
一	直接工程费				2 923.93
(一)	直接费				2 622.36
1	人工费		61.34		186.49
	初级工	工时	61.34	3.04	186.49
2	材料费				89.50
	零星材料费	元	89.50	1.00	89.50
3	机械使用费				2 346.38
	推土机 74 kW	台时	0.18	109.16	19.12
	三铧犁	台时	1.10	1.87	2.06
	拖拉机 59 kW	台时	1.10	65.90	72.62
	缺口耙	台时	2.20	2.29	5.05
	拖拉机 55 kW	台时	2.20	59.07	130.19
	推土机 59 kW	台时	2.20	79.80	175.88
	装载机 5 m^3	台时	0.48	447.74	212.95
	推土机 88 kW	台时	0.24	133.34	32.48
	自卸汽车 25 t	台时	6.17	240.15	1 482.01
	轮胎碾 9 ~ 16 t	台时	0.99	29.27	28.98
	拖拉机 74 kW	台时	0.99	84.56	83.71
	推土机 74 kW	台时	0.50	109.16	54.58
	蛙式打夯机 2.8 kW	台时	1.00	13.92	13.92
	刨毛机	台时	0.50	61.40	30.70
	其他机械费	元	2.12	1.00	2.12
(二)	其他直接费	%	2.5	2 622.36	65.56
(三)	现场经费	%	9	2 622.36	236.01
二	间接费	%	9	2 923.93	263.15
三	企业利润	%	7	3 187.09	223.10
四	税金	%	3.22	3 410.18	109.81
五	合计				3 519.99

五、混凝土工程单价编制

用于水利水电工程建筑物的混凝土与钢筋混凝土称为水工混凝土。水工混凝土质量要求与一般工业与民用建筑混凝土不同，除强度要求外，还要根据其所处的部位和工作条件，分别满足抗渗、抗冻、抗裂、抗冲耐磨、抗风化和抗侵蚀等设计要求。

(一)混凝土工程分类

混凝土工程可分为现浇混凝土和预制混凝土两大类。现浇混凝土又分为常态混凝土、碾压混凝土和沥青混凝土。

(二)水工混凝土配合比

水工混凝土配合比应根据配合比试验资料拟定。如无试验资料，可参考定额附录混凝土、砂浆配合比及材料用量表。

1. 混凝土强度等级和级配

混凝土的强度等级和级配是根据水工建筑物各结构部位的运用条件、设计要求和施工条件确定的。

1)混凝土级配

粗骨料的最大粒径不应超过钢筋净间距的2/3、构件断面最小边长的1/4、素混凝土板厚的1/2。石子按粒径依次分为5~20 mm、20~40 mm、40~80 mm、80~150 mm四个粒级。水工大体积混凝土宜尽量使用最大粒径较大的骨料。石子最佳级配(或组合比)应通过试验确定，一般以紧密堆积密度较大、用水量较小时的级配为宜。当无试验资料时，可按《水工混凝土配合比设计规程》推荐的表6-30选取。预应力混凝土应选用连续级配骨料，骨料最大粒径不应超过40 mm。混凝土早期强度应能满足施加预应力的要求。泵送混凝土应选用连续级配骨料，骨料最大粒径不应超过40 mm。骨料最大粒径与输送管径之比宜符合表6-31的规定。

表6-30　石子组合比

混凝土种类	级配	石子最大粒径(mm)	卵石(小：中：大：特大)	碎石(小：中：大：特大)
常态混凝土	二	40	40：60：0：0	40：60：0：0
	三	80	30：30：40：0	30：30：40：0
	四	150	20：20：30：30	25：25：20：20
碾压混凝土	二	40	50：50：0：0	50：50：0：0
	三	80	30：40：30：0	30：40：30：0

注：表中比例为质量比。

表6-31　骨料最大粒径与输送管径之比

石子品种	泵送高度(m)	骨料最大粒径与输送管径之比
碎石	<50	≤1：3.0
	50 ~ 100	≤1：4.0
	>100	≤1：5.0
卵石	<50	≤1：2.5
	50 ~ 100	≤1：3.0
	>100	≤1：4.0

2)混凝土强度等级

水工混凝土强度等级的选取，应根据设计对水工建筑物不同运用要求，尽可能利用混凝土的后期强度(60 d，90 d，180 d 等)，以降低混凝土强度等级，节省水泥用量。现行定额中，水工混凝土均以 28 d 龄期的抗压强度确定，如设计龄期超过 28 d，按表 5-19 的系数换算。在确定混凝土强度等级时，应注意混凝土的环境类别，正确选取。

(1)混凝土的环境类别。根据《水工混凝土结构设计规范》(SL/T 191—96)，水工混凝土结构所处的环境条件可分为以下四个类别。

一类——室内正常环境；

二类——露天环境，长期处于地下或水下的环境；

三类——水位变动区，或有侵蚀性地下水的地下环境；

四类——海水浪溅区及盐雾作用区，潮湿并有严重侵蚀性介质作用的环境。

注：①大气区与浪溅区的分界线为设计最高水位加 1.5 m；浪溅区与水位变动区的分界线为设计最高水位减 1.0 m；水位变动区与水下区的分界线为设计最低水位减 1.0 m。盐雾作用区为离海岸线 500 m 范围内的地区。②冻融比较严重的三类环境条件的建筑物，可将其环境类别提高为四类。

(2)混凝土强度等级。混凝土强度等级不宜低于表 6-32 所列数值。

表 6-32　混凝土最低强度等级

环境条件类别	素混凝土	钢筋混凝土		预应力混凝土	
		Ⅰ级钢筋	Ⅱ、Ⅲ级钢筋	热轧钢筋、冷轧带肋钢筋	高强钢丝、热处理钢筋
一	C10	C15	C20	C30	C40
二	C15	C15	C20	C30	C40
三	C15	C20	C25	C35	C40
四	C20	C25	C30	C35	C40

注：①桥面及处于露天的梁、柱结构，混凝土强度不宜低于 C25；②有抗冲耐磨要求的部位，应进行专门研究确定，且混凝土强度不应低于 C25。

2. 水泥品种与强度等级的选定

1)水泥的品种

水泥的品种很多，一般常用的水泥品种有以下几种。

(1)一般常用水泥。一般常用水泥有硅酸盐水泥、普通硅酸盐水泥、矿渣硅酸盐水泥、火山灰质硅酸盐水泥和粉煤灰硅酸盐水泥五种。

(2)大坝水泥。大坝水泥有硅酸盐大坝水泥、普通硅酸盐大坝水泥和矿渣硅酸盐大坝水泥等三种。

(3)特种水泥。特种水泥名目繁多，有铝酸盐自应力水泥、快硬性硅酸盐水泥、抗硫酸盐水泥、高铝水泥、硅酸盐膨胀水泥、油井水泥、白色硅酸盐水泥等。

2)水泥新强度等级与原标号对照

2000 年 12 月 1 日起我国执行通用水泥国家标准《硅酸盐水泥、普通硅酸盐水泥》(GB 175—1999)，《矿渣硅酸盐水泥、火山灰质硅酸盐水泥及粉煤灰硅酸盐水泥》(GB 1344—1999)，《复合硅酸盐水泥》(GB 12958—1999)。原标准 GB 175—1992、GB 1344—1992 和 GB 12958—1991 同时废止。水泥强度等级与水泥标号对等关系见表 6-33。我国水泥由原法标号过渡到新法强度等级的规律性明显，大体相当于降低一个原法标号，即原法 42.5 降为新法 32.5，GB 法 52.5 降为 ISO 法 42.5 等。原法 32.5 标号取消。

表 6-33　新水泥强度等级与水泥标号对等关系参考表

标号或强度等级	标准号	强度等级						
水泥标号	GB 175—1992	725R	625R	625	525R	525	425R	
水泥强度等级	GB 175—1999	62.5R	62.5	52.5R	52.5	42.5R	42.5	
标号或强度等级	标准号	强度等级						
水泥标号	GB 1344—1992	625R	62.5	525R	525	425R	425	325
水泥强度等级	GB 1344—1999	52.5R	52.5	42.5R	42.5	32.5R	32.5	
标号或强度等级	标准号	强度等级						
水泥标号	GB 12958—1991	625	525R	525	425R	425	325	275
水泥强度等级	GB 12958—1999	52.5R	52.5	42.5R	42.5	32.5R		

注：表中强度等级栏中 R 表示早强型，要求 3 d 达到较高水平。

应用中应注意，不是全国所有生产厂的水泥一律降低一个原法标号过渡到新法强度等级，而是有差别的。有的厂、有的品种水泥降低得少一些，只有 3 ~ 5 MPa，有的厂、有的品种水泥降低得很多，有 13 ~ 14 MPa。

3)选择水泥的原则

根据《水工混凝土施工规范》，选择水泥品种应符合下列原则。

(1)水位变化区外部混凝土、溢流面和经常受水流冲刷部位的混凝土及有抗冻要求的混凝土，宜选用中热硅酸盐水泥或硅酸盐水泥，也可选用普通硅酸盐水泥。

(2)内部混凝土、水下混凝土和基础混凝土，宜选用中热硅酸盐水泥，也可选用低热矿渣硅酸盐水泥、矿渣硅酸盐水泥、火山灰质硅酸盐水泥、粉煤灰硅酸盐水泥、普通硅酸盐水泥和低热微膨胀水泥。

(3)环境水对混凝土有硫酸盐侵蚀性时，应选择抗硫酸盐硅酸盐水泥。

选用的水泥强度等级应与混凝土设计强度等级相适应。水位变化区、溢流面及经常受水流冲刷部位、抗冻要求较高的部位，宜使用较高强度等级的水泥。

4)预应力混凝土和泵送混凝土

预应力混凝土和泵送混凝土可根据《水工混凝土配合比设计规程》选用水泥。

(1)预应力混凝土宜选用强度等级不低于 42.5 级的硅酸盐水泥、中热硅酸盐水泥或普通硅酸盐水泥；不宜使用矿渣硅酸盐水泥或火山灰质硅酸盐水泥。

(2)泵送混凝土宜选用硅酸盐水泥、中热硅酸盐水泥或普通硅酸盐水泥，不宜使用矿渣硅酸盐水泥或火山灰质硅酸盐水泥。

3. 水灰比的选定

根据《水工混凝土结构设计规范》(SL/T 191—96)，钢筋混凝土与预应力混凝土水灰比不宜大于表 6-34 所列数值。

表 6-34　混凝土最大水灰比

环境条件类别	一	二	三	四
最大水灰比	0.65	0.60	0.55	0.45

注：①结构类型为薄壁或薄腹构件时，最大水灰比宜适当减小；②处于三、四类环境条件又受冻严重或受冲严重的结构，最大水灰比应按照《水工建筑物抗冰冻设计规范》的规定执行；③承受水力梯度较大的结构，最大水灰比宜适当减小。

混凝土的水灰比还应满足设计规定的抗渗、抗冻等级等要求。混凝土抗渗、抗冻等级与水泥的品种、水灰比、外加剂和掺和料品种及掺量、混凝土龄期等因素有关。对于大中型工程，应通过试验建立相应的关系曲线，并根据试验结果，选择满足设计技术指标要求的水灰比。在没有试验资料时，可根据 2002《水利建筑工程概算定额》附录 7 给定的水灰比选用混凝土表(本教材表 5-22)，计算结果介于两种强度等级之间时，应选用高一级的强度等级。

(三)掺粉煤灰混凝土配合比材料用量简化计算方法

掺粉煤灰混凝土的配合比设计方法繁多，不少问题需要进行试验研究。在工程概算编制中，采用配合比计算的简化方法即可满足投资宏观控制的要求。配合比设计的简易方法有超量取代法、等量取代法和粉煤灰代砂法三种。

(1)超量取代法的粉煤灰掺入量大于所取代的水泥量，多出的粉煤灰取代等体积的砂。取代砂的粉煤灰所获得的强度增加效应，可以补偿粉煤灰取代水泥所降低的早期强度，从而保持粉煤灰掺入前后的混凝土强度等效。同时，混凝土中胶凝材料量增多会影响拌和物的和易性，但可以由粉煤灰掺入后使拌和物的和易性改善的效应来弥补。因此，超量取代法是一种既能保持强度及和易性等效，又能节约水泥用量的常用方法。

(2)等量取代法的粉煤灰掺入量等于所取代的水泥量，其早期强度往往较低，但随着龄期增长和粉煤灰活性的逐渐发挥，其强度会逐渐赶上并超过普通混凝土。多用于配制大体积泥凝土以减少水化热。

(3)粉煤灰代砂法是掺入粉煤灰后水泥用量不减少，而以等体积的粉煤灰取代细骨料(砂子)。当主要目的是为了改善和易性时，则常采用此法。

水泥混凝土中掺入适量粉煤灰后，虽能改善其性能，但是由于粉煤灰中活性氧化硅和活性氧化铝与水泥水化产物氢氧化钙发生二次反应，消耗了部分氢氧化钙，导致混凝土的碱度降低，会影响混凝土的抗碳化性能。因此，为保证混凝土的抗碳化耐久性，配制混凝土时必须对粉煤灰的最大掺量做出限制。

2002《水利建筑工程概算定额》附录 7 中的掺粉煤灰混凝土材料配合比及材料用量表就是根据超量取代法(超量系数法)求得的。当设计选用掺粉煤灰混凝土的水泥取代百分率(即定额中所称的“掺粉煤灰量”百分比)或粉煤灰取代系数与附录 7 表中的不同时，可根据超量取代法计算掺粉煤灰混凝土的材料用量。超量取代法的基本计算原则是：所配制的粉煤灰混凝土的和易性和强度应与基准混凝土相同。计算步骤为：求掺粉煤灰混凝土的水泥用量→粉煤灰掺量→砂、粗骨料用量→用水量→外加剂用量。

1. 水泥用量

按水泥取代率算出每立方米混凝土的水泥用量，计算公式为

$$C = C_0(1-f) \tag{6-8}$$

式中，C 为每立方米掺粉煤灰混凝土水泥用量，kg；C_0 为每立方米与掺粉煤灰混凝土等强度、等稠度的纯混凝土水泥用量，kg；f 为水泥取代百分率，为水泥节约量(纯混凝土水泥用量与掺粉煤灰混凝土水泥用量之差)与纯混凝土水泥用量之比乘以 100%，可参考

表 6-35 选取。

表 6-35　粉煤灰取代水泥百分率(*f*)参考表

混凝土标号	普通硅酸盐水泥(%)	矿渣硅酸盐水泥(%)
≤C15	15 ~ 25	10 ~ 20
C20	10 ~ 15	10
C25 ~ C30	15 ~ 20	10 ~ 15

注：32.5(R)水泥及以下取下限，42.5(R)水泥及以上取上限，C20 以上混凝土宜采用Ⅰ、Ⅱ级粉煤灰，C15 号以下的素混凝土可采用Ⅲ级粉煤灰。

2. 粉煤灰掺量

每立方米混凝土粉煤灰掺量按下式计算

$$F = K(C_0 - C) \tag{6-9}$$

式中，F 为每立方米粉煤灰掺量，kg；K 为粉煤灰取代(超量)系数，为粉煤灰的掺量与取代水泥量(即水泥节省量)的比值，可按表 6-36 取值。

表 6-36　粉煤灰取代(超量)系数 *K* 值表

粉煤灰级别	取代(超量)系数 *K*
Ⅰ级	1.0 ~ 1.4
Ⅱ级	1.2 ~ 1.7
Ⅲ级	1.5 ~ 2.0

3. 砂、石骨料用量

由水泥、粉煤灰和细骨料的绝对体积求出粉煤灰超出水泥的体积。在基准混凝土砂的用量中，按粉煤灰超出的体积扣除同体积的细骨料用量，即为每立方米粉煤灰混凝土中砂的质量。根据《水工混凝土掺用粉煤灰技术规范》(DL/T 5055—1996)混凝土配合比采用绝对体积法进行计算。求出水泥、水、砂和石子的用量，得到混凝土的初步配合比。应当注意的是，上述计算是以干燥状态骨料(砂、石含水率分别小于 0.5%和 0.2%)为基准计算的。对水工混凝土和道路混凝土则常以饱和面干状态为基准。此时应对各成分的用量做相应的调整。当混凝土表观密度实测值与计算值之差超过 2%时，应将配合比中每项材料用量均乘以校正系数。

编制概预算时，砂、石用量计算可按以下方法近似计算。

掺粉煤灰混凝土的灰重(即水泥及粉煤灰总重)较纯混凝土的灰重增加的灰重

$$\Delta C = C + F - C_0 \tag{6-10}$$

式中，ΔC 为增加的灰量，kg。

按照与纯混凝土密度相等的原则，掺粉煤灰混凝土砂、石总重量应相应减少 ΔC 。近似地认为含砂率相等，则掺粉煤灰混凝土砂、石重量可分别按下式近似计算

$$S \approx S_0 - \Delta C S_0 /(S_0 + G_0) \tag{6-11}$$

$$G \approx G_0 - \Delta C G_0 /(S_0 + G_0) \tag{6-12}$$

式中，S 为掺粉煤灰混凝土砂重，kg；S_0 为每立方米纯混凝土砂重，kg；G 为掺粉煤灰混凝土石重，kg；G_0 为纯混凝土石重，kg。

4. 用水量

粉煤灰混凝土的用水量按基准配合比的用水量取用。

5. 外加剂用量

外加剂用量可按掺粉煤灰混凝土水泥用量的0.2%～0.3%计算，概预算定额按0.2%计。

(四)混凝土工程单价计算

混凝土工程单价计算应根据设计提供的资料，确定建筑物的施工部位，选定正确的施工方法、运输方案，确定混凝土级配，并根据施工组织设计确定的拌制系统的布置形式选用相应的定额计算。

混凝土工程单价主要包括现浇混凝土单价、预制混凝土单价、钢筋制作安装单价、止水单价等，对于大型混凝土工程还要计算混凝土温控措施费。

1. 现浇混凝土单价

现浇混凝土由混凝土拌制、运输、浇筑等工序单价组成，其中，混凝土运输单价包括水平运输和垂直运输单价。

1)混凝土拌制单价

混凝土拌制定额均以半成品方为计量单位，不包括干缩、运输、浇筑和超填等损耗的消耗量。编制混凝土拌制单价时，应根据施工组织设计选定的拌和设备选用相应的拌制定额。混凝土拌制系统可采用简单的混凝土搅拌站(一台或数台搅拌机组成)，或设置规模较大的搅拌系统(由搅拌楼和骨料、水泥系统组成的一个或数个系统)。混凝土拌制单价的计算可采用以下两种方法。

(1)混凝土拌制作为浇筑定额中的一项内容，拌制单价按照选定的拌制定额只计算定额直接费作为拌制单价，以该拌制单价乘以浇筑定额中所列的“混凝土拌制”数量构成浇筑单价的直接费用项目。

(2)将选定的拌制定额子目乘以拌制综合系数计算拌制单价，相应取消原浇筑定额中的混凝土拌制一项。拌制综合系数=浇筑定额中的混凝土拌制数量/100。

在使用定额时应注意以下两点。

(1)混凝土拌制定额按拌制常态混凝土拟定，若拌制加冰、加掺和料等其他混凝土，则应按定额说明中的系数对拌制定额进行调整。

(2)拌和楼拌制混凝土定额中，以组时表示的“骨料系统”和“水泥系统”，是指运输骨料或水泥及掺和料进入拌和楼所必须配备与拌和楼相衔接的机械设备。分别包括：自骨料接料斗开始的胶带运输机及供料设备；自水泥及掺和料罐开始的水泥提升机械或空气输送设备，以及胶带输送机和吸尘设备等。编制混凝土拌制单价时，可根据施工组织设计确定的机械组合，将上述设备的台时费合计为组时费(组合台时费)。

2)混凝土运输单价

混凝土运输是指混凝土自搅拌机或搅拌楼出料口至浇筑现场工作面的全部水平运输和垂直运输。混凝土运输定额均以半成品方为计量单位，不包括干缩、运输、浇筑和超填等损耗的消耗量。编制混凝土运输单价时，应根据施工组织设计选定的运输方式和机械类型选用相应的定额子目。计算方法可参考混凝土拌制单价。

3)混凝土浇筑单价

在选用混凝土浇筑定额子目时，应认真阅读每个子目的适用范围及小节附注，正确选取。在使用定额时应注意以下问题。

(1)混凝土浇筑定额中包括浇筑和工作面运输所需的全部人工、材料和机械的数量及费用。混凝土材料定额中的“混凝土”，包括干缩、运输、浇筑和超填等损耗的消耗量在内。

(2)地下工程混凝土浇筑施工照明用电，已计入浇筑定额的其他材料费中。

(3)平洞、竖井、地下厂房、渠道等混凝土衬砌定额中所列示的开挖断面和衬砌厚度按设计尺寸选取。若设计厚度不符，可用插入法计算。

(4)混凝土拌制及浇筑定额中，不包括骨料预冷、加冰、通水等温控所需人工、材料、机械的数量和费用。

2. 预制混凝土单价

预制混凝土包括混凝土预制、构件运输、构件安装等工序。混凝土构件预制及安装定额，包括预制及安装过程中所需人工、材料、机械的数量和费用。若预制混凝土构件单位重量超过定额中起重机械起重量时，可用相应起重量机械替换，定额台时数不做调整。预制混凝土构件的运输是指预制场至安装现场之间的运输。预制混凝土构件在预制场和安装现场的运输，包括在拌制及安装定额内。预制混凝土定额中的模板材料为单位混凝土成品的摊销量，已考虑了周转。

3. 混凝土温控措施费

大体积混凝土是指浇筑块体尺寸较大，需要考虑采取温控措施以减小裂缝发生概率的混凝土(引自《水工混凝土配合比设计规程》)。大体积混凝土浇筑后水泥产生水化热，温度迅速上升，且幅度较大，自然散热极其缓慢。为了防止混凝土出现裂缝，混凝土坝体内的最高温度必须严格加以控制。应根据不同工程的特点、不同地区的气温条件、不同结构物不同部位的温控要求等综合因素确定温控措施。

1)温度控制措施

常用的温控措施有以下两种：

(1)限制混凝土搅拌机的出口温度。在高温季节，混凝土在自然条件下的出机口温度往往超过施工技术规范规定的限度，此时，就必须采取人工降温措施，例如采用冷水喷淋预冷骨料或一次、二次风冷骨料，加冰片和(或)加冷水拌制混凝土等方法来降低混凝土的出机口温度。

(2)在坝体混凝土内预埋冷却水管，进行一期、二期通水冷却。一期(混凝土浇筑后不久)通低温水以削减混凝土浇筑初期产生的水化热温升。二期通水冷却主要是为了满足水工建筑物接缝灌浆的要求。

2)混凝土温控单价编制步骤

(1)计算混凝土出机口的温度。根据不同强度等级混凝土的材料配合比和相关材料的温度，可计算混凝土的出机口温度，如表 6-37 所示。出机口混凝土温度一般由施工组织设计确定。若混凝土出机口温度已确定，则可按表 6-37 中的公式计算确定应预冷的材料温度，进而确定各项温控措施。

表 6-37　混凝土出机口温度计算表

序号	材　料	重量 G (kg/m³)	比热 C [kJ/(kg·℃)]	温度 t (℃)	$G\times C=P$ [kJ/(m³·℃)]	$G\times C\times t=Q$ (kJ/m³)
1	水泥及粉煤灰		0.796	$t_1=T+15$		
2	砂		0.963	$t_2=T-2$		
3	石子		0.963	t_3		
4	砂含水		4.2	$t_4=t_2$		
5	石子含水		4.2	$t_5=t_3$		
6	拌和水		4.2			
7	片　冰		2.1 潜热 335			$Q_7=-335G_7$ (Q_7为片冰重量)
8	机械热					Q_8
合　计		出口机温度 $t_C=\sum Q/\sum P$			$\sum P$	$\sum Q$

注：①表中“T”为月平均气温，℃，石子的自然温度可取与“T”同值；②砂子含水率可取 5%；③风冷骨料的石子含水率可取 0；④淋水预冷骨料脱水后的石子含水率可取 0.75%；⑤混凝土拌和机械热取值，常温混凝土 Q_8=2 094 kJ/m³，14 ℃混凝土 Q_8=4 187 kJ/m³，7 ℃混凝土 Q_8=6 281 kJ/m³；⑥若给定了出机口温度、加冰水和加冰片量，则可按下式确定石子的冷却温度：

$$t_3=\frac{t_C\sum P-Q_1-Q_2-Q_4-Q_5-Q_6-Q_8+335G_7}{0.963G_3}$$

(2)计算各分项温控措施单价。分项温控措施单价指预冷骨料所需的制冷水、制片冰、冷水喷淋、预冷骨料、一次风冷骨料、二次风冷骨料等单价。概预算定额附录中列有各分项温控措施单价计算所需定额，根据施工组织设计选定的制冷方法可计算各分项温控措施直接费单价。

(3)计算温控措施综合价。综合各分项措施单价可按概预算定额附录给出的表 6-38 计算出 1 m³ 混凝土的温控综合价(直接费)。

表 6-38　混凝土预冷综合单价计算表　（单位：m³）

序号	项目	单位	数量 G	材料温度(℃)			分项措施单价 M	复价(元) $G\times\Delta t\times M$
				初温 t_0	终温 t_i	降幅$\Delta t=t_0-t_i$		
1	制冷水	kg					元/(kg·℃)	
2	制片冰	kg					元/kg	
3	冷水喷淋骨料	kg					元/(kg·℃)	
4	一次风冷骨料	kg					元/(kg·℃)	
5	二次风冷骨料	kg					元/(kg·℃)	
合　计								

注：①冷水喷淋预冷骨料和一次风冷骨料，二者择其一，不得同时计费；②根据混凝土出机口温度计算，骨料最终温度大于 8 ℃时，一般可不必进行二次风冷，有时二次风冷是为了保温；③一次风冷或水冷的初温可取月平均气温值；④一次风冷或水冷之后，骨料转运到二次风冷料仓过程中，温度回升值可取 1.5～2 ℃。

4. 钢筋制作安装工程单价

由于水工建筑物造型的独特性，现行的概预算定额均是按混凝土、钢筋分别计量编制的。

1)定额量

现行概预算定额在混凝土定额一章中专门列有“钢筋制作与安装”一节，适用于水工建筑物各部位及预制构件，定额数量包括全部施工工序所需的人工、材料、机械使用量。《水利建筑工程概算定额》中“钢筋”量已包括钢筋制作与安装过程中的加工损耗、搭接损耗及施工架立筋的附加量；《水利建筑工程预算定额》仅包含加工损耗，不包括搭接长度及施工架立钢筋用量。

2)钢筋单价的计算

工程投资估算、设计概算，可不分工程部位、钢筋型号，综合编制一个钢筋制作与安装工程单价；投标报价或施工企业成本核算编制预算单价时，应按工程部位、钢筋规格型号、不同施工方法及施工工序分别编制。

5. 沥青混凝土工程单价

沥青混凝土是由粗骨料(碎石、卵石)、细骨料(砂、石屑)、填充料(矿粉)组成连续级配和沥青按适当比例拌制成混合物，经过浇筑、压实而成的。

1)沥青混凝土的分类

(1)按骨料级配可分为以下四种。

①粗级配，指粗粒式沥青混凝土混合料中最大骨料粒径为 35 mm。

②密级配，指中粒式沥青混凝土混合料中最大骨料粒径为 25 mm。

③细级配，指细粒式沥青混凝土混合料中最大骨料粒径为 15 mm。

④沥青砂浆，指砂质沥青混凝土最大骨料粒径为 5 mm。

(2)按用途可分为水工沥青混凝土、道路沥青混凝土。

(3)按混合料(指粗骨料、细骨料、填充料)压实后的密实度分类。水工常用沥青混凝土为碾压式沥青混凝土，分开级配和密级配。

①开级配沥青混凝土，孔隙率大于 5%，含少量或不含矿粉。其适用于面板或防渗斜墙的整平胶结层和排水层。

②密级配沥青混凝土，孔隙率小于 5%，级配良好，含一定量的矿粉。其适用于面板或防渗斜墙的防渗层沥青混凝土和岸边接头沥青砂浆。岸边接头是指沥青混凝土斜墙与两岸岸边接头的部位。

(4)按施工方法可分为碾压式沥青混凝土和浇灌式沥青混凝土。通常沥青混凝土用热拌沥青、混合料，用碾压法施工，混合料流动性小；沥青砂浆用浇筑法施工，混合料流动性大。

2)沥青的种类

沥青分为地沥青和焦油沥青两类。地沥青又分为天然沥青和石油沥青，工程上一般采用石油沥青。石油沥青又分为道路石油沥青、建筑石油沥青、专用石油沥青、乳化石油沥青。工程上一般采用道路石油沥青。石油沥青的三大技术指标为针入度、软化点、延伸度。按施工规范要求，水工沥青混凝土建议采用石油沥青 100 甲、60 甲(道路石油沥青)，主要指标见表 6-39。

表 6-39　水工沥青混凝土主要指标表

技术指标	100 甲	60 甲
延伸度(cm)	90	70
软化点(℃)	≥42 ~ 45	≥45 ~ 50
针入度(1/10 mm)	91 ~ 120	51 ~ 80

3)沥青混凝土单价

(1)半成品单价。沥青混凝土半成品单价是指组成沥青混凝土配合比的多种材料的价格。其组成主要为：

①沥青。北方地区采用低温抗裂性能较好的 100 甲沥青，南方地区采用 60 甲沥青。

②粗骨料。须采用石灰石、大理石、白云石等轧制的碱性骨料。

③细骨料。可用天然砂或人工砂。

④石屑、矿粉。石屑为碱性料，矿粉指粒径小于 0.075 mm 的石灰石粉及磨细的矿渣、粉煤灰、滑石粉等。

计算时，应根据设计要求、工程部位选取配合比计算半成品单价。配合比的各项材料用量应按试验资料计算。如无试验资料时，可参考《水利建筑工程概算定额》附录 8“沥青混凝土材料配合表”确定。

(2)沥青混凝土运输单价。沥青混凝土运输单价计算同普通混凝土。根据施工组织设计选定的施工方案，分别计算水平运输和垂直运输单价，再按沥青混凝土运输数量乘以每立方米沥青混凝土运输费用计入沥青混凝土单价。

(3)沥青混凝土铺筑单价。

①沥青混凝土心墙。沥青混凝土心墙铺筑内容包括模板制作、安装、拆除、修理，配料，加温，拌和，铺筑，夯实及施工层铺筑前处理等工作。现行概算定额按心墙厚度、施工方法(夯实或灌注)、立模形式(木模或干砌石模)分列子目，以成品方为计量单位。

②沥青混凝土斜墙。沥青混凝土斜墙铺筑包括配料、加温、拌制、摊铺、碾压、接缝加热等工作。定额按开级配、密级配和岸边接头、人工摊铺和机械摊铺列子目。

沥青混凝土工程单价编制方法与水泥混凝土工程单价编制方法基本相同。

【例 6-7】 某混凝土重力坝，坝身混凝土采用 90 天强度 C25 三级配掺粉煤灰混凝土，水灰比(W/C)=0.6，选用 42.5 级普通大坝水泥。水泥取代率 f=15%，取代系数 K=1.3。混凝土施工方法：采用 3×1.5 m^3 搅拌楼拌制混凝土。混凝土水平运输采用 20 t 自卸汽车运 1 km; 混凝土垂直运输采用 1 800/60 型塔式起重机吊 6 m^3 混凝土罐。浇筑采用 40 kW 平仓振捣机平仓振捣，浇筑层厚度 3 m。

基本资料：根据施工组织设计提供的设备清单，按现行台时费定额计算，水泥系统组时费为 509.20 元/组时，骨料系统组时费为 299.20 元/组时。

试根据以上资料完成：①混凝土强度等级换算；②求掺粉煤灰混凝土 C20(28 d)三级配的材料用量；③求坝身掺粉煤灰混凝土的概算工程单价。

解：

1. 混凝土强度等级的换算

根据概算定额附录 7(本书表 5-25)，混凝土标号折算系数为 0.77，则 25×0.77=19.25，计算结果介于 C19 和 C20 之间，选用 C20，即可按 C20(28 d)代替 C25 计算。

根据概算定额附录 7 查得每立方米 C20 三级配纯混凝土材料用量为：水泥 C_0=218 kg，砂 S_0=618 kg，石 G_0=1 627 kg，水 W_0=125 m^3。

2. 求粉煤灰混凝土 C20(28 d)三级配的材料用量

由于水泥取代率(粉煤灰掺量)为 15%，与概算定额附录 7 中不同，计算材料用量如下。

(1)水泥用量(C)：$C = C_0(1-f)$ =218×(1–15%)=185(kg)

(2)粉煤灰用量(F)：$F = K(C_0 - C)$ =1.3×(218–185)=43(kg)

(3)砂、石用量(S、G)。

每立方米掺粉煤灰混凝土的砂、石重量(kg)：

增加的灰重$\Delta C=C+F-C_0$=10(kg)

砂用量 $S\approx S_0-\Delta CS_0/(S_0+G_0)$=618–10×618/(618+1 627)=615(kg)(折 0.42 m^3)

石用量 $G\approx G_0-\Delta CG_0/(S_0+G_0)$=1 627–10×1 627/(618+1 627)=1 620(kg)(折 0.95 m^3)

(4)用水量(W)：$W=W_0$=125 m^3

(5)外加剂(Y)：$Y=C$×0.2%=185×0.2%=0.37(kg)

所以，每立方米混凝土材料利用量为：水泥 C=185 kg，砂 S=615 kg，石 G=1 620 kg，水 W=125 m^3，粉煤灰 F=43 kg，外加剂 Y=0.37 kg。

3. 求 C20(28 d)三级配掺粉煤灰混凝土材料预算单价

185×0.43+0.42×68+0.95×64+0.125×0.5+43×0.18+0.37×1.9=177.41(元/m^3)

4. 混凝土单价的编制

采用综合定额法计算混凝土单价。将定额[40175]中的人工、机械台时消耗量均乘以“混凝土及砂浆拌制”系数 1.04，[40204]、[40246]中的人工、机械台时消耗量均乘以“混凝土及砂浆拌制”系数 1.04，分别合并于[40004]定额子目的相同项目下，再计算混凝土单价。单价计算详见表 6-40，坝身混凝土单价为 313.28 元/m^3。

表 6-40 坝身掺粉煤灰混凝土单价表

定额编号：[40004] [40175]×1.04 [40204]×1.04 [40246]×1.04 定额单位：100 m^3

施工方法：3×1.5 m^3 搅拌楼拌制混凝土，20 t 自卸汽车运输 1 km，塔式起重机吊 6 m^3 混凝土罐入仓，吊高>30 m，40 kW 平仓振捣机平仓振捣

编号	名称及规格	单位	数量	单价(元)	合计(元)
一	直接工程费				27 014.71
(一)	直接费				24 447.70
1	人工费		192.36		900.29
	工长	工时	6.24	7.11	44.39
	高级工	工时	9.99	6.61	66.02
	中级工	工时	98.62	5.62	554.27
	初级工	工时	77.50	3.04	235.61
2	材料费				19 139.31
	掺粉煤灰混凝土 C25(90 d)(三)	m^3	103.00	177.41	18 273.23
	砂浆	m^3	1.00	255.16	255.16
	水	m^3	46.00	0.60	27.60
	其他材料费	%	2.00	18 555.99	371.12
	零星材料费	元	212.20	1.00	212.20
3	机械使用费				4 408.10
	振动器 1.5 kW	台时	1.06	2.97	3.15
	变频机组 8.5 kVA	台时	0.53	15.28	8.10
	平仓振捣器 40 kW	台时	1.23	162.28	199.60
	风水枪	台时	7.53	53.34	401.65

续表 6-40

编号	名称及规格	单位	数量	单价(元)	合计(元)
	其他机械费	%	10.00	612.50	61.25
	搅拌楼　3×1.5 m^3	台时	1.55	309.17	479.09
	骨料系统	组时	1.55	299.20	463.64
	水泥系统	组时	1.55	509.20	789.06
	自卸汽车　20 t	台时	6.29	171.68	1 080.21
	塔式起重机　1 800/60 型	台时	2.08	423.66	881.21
	混凝土吊罐　6 m^3	台时	2.08	19.78	41.14
(二)	其他直接费	%	2.5	24 447.70	611.19
(三)	现场经费	%	8	24 447.70	1 955.82
二	间接费	%	5	27 014.71	1 350.74
三	企业利润	%	7	28 365.45	1 985.58
四	税金	%	3.22	30 351.03	977.30
五	合计				31 328.33

【例 6-8】某工程分水闸挡土墙厚 30 cm，混凝土强度等级为 C20(二级配)，埋石率 5%。采用 0.4 m^3 搅拌机拌制混凝土，混凝土水平运输采用胶轮车运输混凝土 50 m，采用泄槽进行混凝土的垂直运输，斜长 7 m，人工入仓浇筑。试计算该水闸挡土墙混凝土的概算工程单价。各种人工、材料预算价格和机械台时费见单价表 6-42。

解：

1. 计算每立方米混凝土材料单价

选 32.5 号水泥，查 2002《水利建筑工程概算定额》附录 7“纯混凝土材料配合比及材料用量表”，并考虑埋石和中砂换粗砂的影响，计算混凝土半成品材料单价如表 6-41 所示。埋石为实体方，而块石单价一般为码方，1 块石实体方=1.67 码方，埋石率 5%，则 1 m^3 混凝土需块石码方为 $1.67\times5\%$ m^3。

表 6-41　埋石混凝土材料单价计算表

材料名称	单位	材料预算量	材料预算单价(元)	合计(元)
块石(码方)	m^3	1.67×5%	65	5.43
水泥(32.5)	t	0.289×1.07×(1−5%)	300	88.12
粗砂	m^3	0.49×0.98×(1−5%)	48	21.90
卵石	m^3	0.81×0.98×(1−5%)	63	47.51
水	m^3	0.15×1.07×(1−5%)	0.5	0.08
混凝土单价(元/m^3)				163.04

2. 编制概算工程单价

查《水利建筑工程概算定额》，根据混凝土墙厚、拌制和运输方法选用定额子目[40068]、[40171]、[40180]和[40209]，用综合定额法编制的 C20 混凝土挡土墙单价见表 6-42。

编制时应注意以下两点：

(1)根据定额附注，定额[40068]是按混凝土泵入仓浇筑拟定，如采用人工入仓浇筑，初级工增加工时 170.1 工时/100 m^3，并取消混凝土泵台时数。

(2)根据概算定额附录 7，埋块石率 5%，每 100 m^3 埋块石混凝土增加人工工时 24。

表 6-42　C20 混凝土挡土墙单价表

定额编号：[40068]　[40171]×1.07　[40180]×1.07 [40209]×1.07　　定额单位：100 m^3

施工方法：0.4 m^3 拌制混凝土，胶轮车水平运输混凝土 50 m，斜长 7 m 泄槽垂直运输，人工入仓浇筑

编号	名称及规格	单位	数量	单价(元)	合计(元)
一	直接工程费				24 530.73
(一)	直接费				22 608.97
1	人工费		1 112.43		3 185.33
	工长	工时	14.50	4.91	71.20
	高级工	工时	33.90	4.56	154.58
	中级工	工时	405.93	3.87	1 570.96
	初级工	工时	658.10	2.11	1 388.59
2	材料费				17 943.83
	C20 埋块石混凝土	m^3	107.00	163.04	17 445.28
	水	m^3	180.00	0.50	90.00
	其他材料费	%	2.00	17 535.28	350.71
	零星材料费	元	57.84	1.00	57.84
3	机械使用费				1 479.81
	振动器　1.1 kW	台时	54.05	2.02	109.18
	风水枪	台时	13.50	53.34	720.02
	其他机械费	%	13.00	829.20	107.80
	搅拌机　0.4 m^3	台时	20.22	19.89	402.26
	胶轮车	台时	156.17	0.90	140.55
(二)	其他直接费	%	2.5	22 608.97	565.22
(三)	现场经费	%	6	22 608.97	1 356.54
二	间接费	%	4	24 530.73	981.23
三	企业利润	%	7	25 511.96	1 785.84
四	税金	%	3.22	27 297.80	878.99
五	合计				28 176.79

六、模板工程单价编制

模板的主要作用是对新浇塑性混凝土起成型和支撑作用，同时还具有保护和改善混凝土表面质量的作用。

(一)模板的类型

1. *按形式分*

模板按形式可分为平面模板、曲面模板、异形模板、滑模、钢模台车、针梁模板、涵洞模板等。其中，异形模板主要适用于进水口上部收缩曲面、坝体孔洞顶部平面、混凝土零星键槽、牛腿等。

2. *按材质分*

模板按材质可分为木模板、钢模板、预制混凝土模板。木模板周转次数少、成本高、易于加工，大多用于异形模板。钢模板周转次数多、成本低，应用广泛。预制混凝土模板不需拆模，与浇筑混凝土构成整体，但成本高，一般用于闸墩、廊道等特殊部位。

3. 按安装性质分

模板按安装性质分固定模板和移动模板。固定模板每使用一次就拆除一次。移动模板与支撑结构构成整体，使用后整体移动，能大大缩短模板安拆的时间和人工、机械费用，也提高了模板的周转次数，如隧洞中常用的钢模台车和针梁模板。边浇筑边移动的模板称滑动模板或简称滑模。滑模具有进度快、浇筑质量高、整体性好等优点，广泛应用于溢流面、闸墩、竖井、闸门井等部位。

4. 按使用性质分

模板按使用性质可分为通用模板和专用模板。通用模板制作成标准形状，经组合安装在浇筑仓面，水利工程建设中最为常用。专用模板按需要制成，不再改变形状，如钢模台车、滑模等，成本较高，可使用次数多，广泛应用于工厂化生产的混凝土预制厂。

(二)模板工程单价编制

模板定额计量单位为立模面面积，即混凝土与模板的接触面积，是建筑物体形即施工分缝要求所需的立模面面积。模板工程包括模板制作、安装及拆除。概预算定额往往将安装、拆除等综合在一个安装子目中，因此模板工程一般需计算模板的制作和安拆两个单价。

1. 模板制作单价

按混凝土结构部位，选择相应类型的模板制作定额，编制模板制作单价，如悬臂组合钢模板、普通标准钢模板、普通平面木模板、蜗壳模板、滑升式模板等。在编制模板制作单价时，要注意各节定额的适用范围和工作内容，特别是各节定额下面的“注”，应仔细阅读，以便对定额作出正确的调整。

2. 模板安拆单价

1)模板安拆工程概算单价

《水利建筑工程概算定额》模板安装各节子目中将“模板”作为材料列出，模板的预算价格采用模板制作定额计算的预算价格。如果采用外购模板，定额中的模板预算价格计算公式为

$$\text{模板摊销价格}=(\text{外购模板预算价格}-\text{残值})\div\text{周转次数}\times\text{综合系数} \tag{6-13}$$

式中，残值为10%；周转次数为50次；综合系数为1.15(含露明系数及维修损耗系数)。

将模板材料的摊销价格代入相应的模板安装定额，可计算模板工程单价。

2)模板安装工程预算单价

《水利建筑工程预算定额》模板安装与制作一般在同一节定额相邻子目中编列，模板安装预算单价与制作预算单价的编制方法相同。编制模板工程预算单价时，将制作单价和安装单价相加即可。

(三)编制模板工程单价时应注意的问题

(1)水总[2005]389号文发布的《水利水电概预算补充定额》对水总[2002]116号文颁布的个别定额子目进行了局部调整。其中的修改定额主要对个别定额降低了材料消耗量，提高了人工和机械效率。其中对于模板的修改幅度较大，使用时注意对照修改。

(2)定额中模板材料均按预算消耗量计算，包括了制作、安装、拆除、维修的损耗和消耗，并考虑了周转和回收。

(3)模板定额中的“铁件”和“预制混凝土柱”均按成品预算价格计算。

(4)模板定额中的材料，除模板本身外，还包括支撑模板的立柱、围令、木行(排)架及铁件等。对于悬空建筑物(如渡槽槽身)的模板，计算到支撑模板结构的承重梁(或枋木)为止，承重梁以下的支撑结构未包括在本定额内，需另行计算。

(5)滑模台车、针梁模板台车和钢模台车的行走机构、构架、模板及其支撑型钢，为拉滑模板或台车行走及支立模板所配备的电动机、卷扬机、千斤顶等动力设备，均作为整体设备以工作台时计入定额。滑模台车定额中的材料包括滑模台车轨道及安装轨道所用的埋件、支架和铁件。针梁模板台车和钢模台车轨道及安装轨道所用的埋件等应计入其他施工临时工程。

(6)坝体廊道模板，均采用一次性(一般为建筑物结构的一部分)预制混凝土模板。混凝土模板制作及安拆，可按混凝土工程定额中的混凝土预制及安装定额编制补充定额。

(7)《水利建筑工程概算定额》中安拆定额凡嵌套有模板 100 m^2 的子目，其他材料费计算基数不包括模板本身的费用。

【例 6-9】 某混凝土挡土墙工程采用钢模板施工。试计算模板工程概算单价。各取费费率及人工、材料预算单价和机械台时费见概算单价表。

解： 查概算定额，选模板制作定额[50062]及普通模板[50001]，见表 6-43。查《水利水电工程概预算补充定额》中的“水利工程修改定额”，需对定额进行修改的内容见表 6-44。根据表 6-44 对定额[50001]进行修改，利用综合定额法可以很简洁地编制模板工程概算单价见表 6-45。利用综合单价法可以得出相同的结果，读者可作为练习验证。验证时注意，安装工程单价中其他材料费的计算基数不包括模板本身的费用。

表 6-43　计算所需定额

项目	单位	标准钢模板	项目	单位	标准钢模板
		一般部位	工长	工时	1.2
工长	工时	17.5	高级工	工时	3.8
高级工	工时	85.2	中级工	工时	4.2
中级工	工时	123.2	初级工	工时	1.5
初级工	工时		合计	工时	10.7
合计	工时	225.9	组合钢模板	kg	81
模板	m^2	100	型钢	kg	44
铁件	kg	124	卡口件	kg	26
预制混凝土柱	m^3	0.3	铁件	kg	2
电焊条	kg	2.0	电焊条	kg	0.6
其他材料费	%	2	其他材料费	%	2
汽车起重机　5 t	台时	14.60	钢筋切断机　20 kW	台时	0.07
电焊机　25 kVA	台时	2.06	载重汽车　5 t	台时	0.37
其他机械费	%	5	电焊机　25 kVA	台时	0.72
编　号		50001	其他机械费	%	5
			编　号		50062

表 6-44　修改定额

章节	名称	页码	定额编号	修改内容
第五章	模板工程			
五–1	普通模板	349	50001	工长：17.5，改为 14.6 工时 高级工 85.2，改为 49.5 工时 中级工：123.2，改为 83.7 工时 初级工：0，改为 39.8 工时 合计：225.9，改为 187.6 工时 汽车起重机　5 t：14.60，改为 8.75 台时

表 6-45　标准钢模板制作、安拆单价表

定额编号：[50062] [50001]　　定额单位：100 m^2

施工方法：铁件制作、模板运输；模板安装、拆除、除灰、刷脱模剂，维修、倒仓

编号	名称及规格	单位	数量	单价(元)	合计(元)
一	直接工程费				3 952.91
(一)	直接费				3 577.30
1	人工费		198.30		1 084.20
	工长	工时	15.80	7.11	112.34
	高级工	工时	53.30	6.61	352.31
	中级工	工时	87.90	5.62	494.00
	初级工	工时	41.30	3.04	125.55
2	材料费				1 741.85
	组合钢模板	kg	81.00	6.50	526.50
	型钢	kg	44.00	4.00	176.00
	卡口件	kg	26.00	4.50	117.00
	铁件	kg	126.00	6.00	756.00
	电焊条	kg	2.60	7.00	18.20
	预制混凝土柱	m^3	0.30	380.00	114.00
	其他材料费	%	2.00	1 707.70	34.15
3	机械使用费				751.24
	钢筋切断机　20 kW	台时	0.07	20.80	1.46
	载重汽车　5 t	台时	0.37	78.01	28.86
	电焊机　25 kVA	台时	2.78	9.42	26.19
	汽车起重机　5 t	台时	8.75	75.31	658.96
	其他机械费	%	5.00	715.47	35.77
(二)	其他直接费	%	2.5	3 577.30	89.43
(三)	现场经费	%	8	3 577.30	286.18
二	间接费	%	6	3 952.91	237.17
三	企业利润	%	7	4 190.08	293.31
四	税金	%	3.22	4 483.39	144.37
五	合计				4 627.76

七、钻孔灌浆及锚固工程单价编制

钻孔灌浆工程是指水工建筑物为了加强地基基础和结构本身的坚固性和整体性所采取的工程措施，包括灌浆、防渗墙、桩基、预应力锚索、开挖回填等。锚固工程包括锚杆、锚索、喷混凝土、钢筋网等。

(一)钻孔灌浆

灌浆就是利用灌浆机施加一定的压力，将浆液通过预先设置的钻孔或灌浆管灌入岩石、土或建筑物中，使其胶结成相对坚固、密实而透水性较小的整体。

1. 灌浆分类

(1)按灌浆材料可分为：水泥灌浆、黏土灌浆、水泥黏土灌浆、水泥粉煤灰黏土灌浆、水泥砂浆灌浆、化学灌浆等。

(2)按目的不同可分为：固结灌浆、帷幕灌浆、接触灌浆、接缝灌浆、回填灌浆、劈裂灌浆、高压喷射灌浆等。

①固结灌浆是将坝基裂隙岩石胶结起来，提高其整体性、均匀性和承载能力。其涉及的平面范围大，孔深一般为 5 ~ 10 m。

②帷幕灌浆是在坝基内(平行坝轴线多在靠近上游处)或两岸坝肩用灌浆方法将浆液灌入岩石的裂隙或砂卵石空隙中，形成一道防渗的条带，类似帷幕形状，故称帷幕灌浆。

③接触灌浆是在坝体与岩基的结合面上进行灌浆，加强结合，提高坝体的抗滑稳定性，防止岩面集中渗漏并增加岩基表面的固结强度。

④接缝灌浆是指为使分块浇筑的混凝土连成整体，对相邻块间的缝面进行灌浆的工程措施。

⑤回填灌浆是指用灌浆填充混凝土衬砌与围岩间或钢板衬砌与混凝土衬砌间的空隙，以改善传力条件与减少渗漏的工程措施。

⑥土坝的劈裂灌浆是指利用水力劈裂原理，在土坝内部形成与坝轴线平行的裂缝，并在其中充填灌浆材料的灌浆工艺。土坝劈裂灌浆是提高坝体防渗能力和改善土坝应力状况的一项加固坝体的技术措施。

⑦高压喷射灌浆是指利用工程钻机钻孔至设计深度后，用高压泥浆泵，通过安装在钻杆(喷杆)杆端置于孔底的特殊喷嘴，向周围土体高压喷射固化浆液(一般使用水泥浆液)，同时钻杆(喷杆)以一定的速度边旋转边提升，高压射流使一定范围内的土体结构破坏，并强制与固化浆液混合，凝固后便在土体中形成具有一定性能和形状的固结体。

固结体的形状和喷射流的移动方向有关。一般分为旋转喷射(简称旋喷)、定向喷射(简称定喷)和摆动喷射(简称摆喷)。旋喷桩主要用于加固地基，提高地基的抗剪强度，改善地基土的变形性能，使其在上部结构荷载作用下，不致破坏或产生过大的变形。定喷固结体呈壁状。摆喷形成厚度较大的扇状固结体。定喷和摆喷通常用于地基防渗，改善地基土的水力条件及边坡稳定等工程。

2. 灌浆施工的基本工序

灌浆施工分为钻孔、冲洗、压水试验、灌浆四个基本工序。

1)钻孔

钻孔采用手风钻、回转式钻机和冲击钻等钻孔机械进行。

2)冲洗

用水将残存在孔内的岩粉和铁砂末冲出孔外，并将裂隙中的充填物冲洗干净，以保证灌浆效果。

3)压水试验

灌浆前进行压水试验，目的是通过单位吸水率的测定了解岩层的渗透性能(裂隙情况和漏水量大小)，为岩基的灌浆设计施工提供依据。根据《水工建筑物水泥灌浆施工技术规范》(SL 62—94)，压水试验成果以透水率表示，单位为吕容(Lu)。定义为：压水压力为 1 MPa 时，每米试段长度每分钟注入水量 1 L 时，称为 1 Lu。

4)灌浆施工

(1)灌浆方法。①按照灌浆时浆液是否部分返回地面和重复使用，灌浆可分为纯压式灌浆和循环式灌浆两种。②按照灌浆顺序，灌浆方法可分为全孔一次灌浆法、自上而下分段灌浆法、自下而上分段灌浆法和综合灌浆法。现就这几种方法简述如下。

全孔一次灌浆法：将孔一次钻到设计深度，再沿全孔一次灌浆。施工简单，多用于孔深 10 m 以内，基岩完整、透水性不大的地层。

自上而下分段灌浆法：自上而下钻一段(一般不超过 5 m)后，再冲洗、压水试验、灌浆。待上一段浆液凝结后，再进行下一段的钻灌工作。如此钻、灌交替，直至设计深度。此法灌浆压力较大，质量好，但钻、灌工序交叉，工效低。多用于岩层破碎、竖向节理裂隙发育的地层。

自下而上分段灌浆法：一次将孔钻到设计深度，然后自下而上利用灌浆塞逐段灌浆。这种方法钻、灌连续，速度快，但不能采用较高压力，质量不易保证。一般适用于岩层较完整坚固的地层。

综合灌浆法：通常接近地表的岩层较破碎，越往下则越完整，上部采用自上而下分段，下部采用自下而上分段，使之既能保证质量，又可加快速度。

(2)灌浆压力划分。概预算定额灌浆压力划分标准为：高压>3 MPa；中压 1.5 ~ 3 MPa；低压<1.5 MPa。

3. 影响灌浆工效的主要因素

(1)岩石(地层)级别。岩石(地层)级别是钻孔工序的主要影响因素。岩石级别越高，对钻进的阻力越大，钻进工效越低，钻具消耗越多。

(2)岩石(地层)的透水性。透水性是灌浆工序的主要影响因素。透水性强的地层可灌性好，吃浆量大，单位灌浆长度的耗浆量大。反之，灌浆每吨浆液干料所需的人工、材料和机械台时用量越少。

(3)施工方法。一次灌浆法和自下而上分段灌浆法的钻孔和灌浆两大工序互不干扰、工效高。自上而下分段灌浆法钻孔与灌浆相互交替，干扰大、工效低。

(4)施工条件。露天作业，机械的效率能正常发挥。隧洞或廊道内作业影响机械效率。

(二)混凝土防渗墙

混凝土防渗墙是一种在地面施工，用一定的设备和机具在泥浆护壁的条件下，通过造孔成槽，再用直升导管法浇混凝土等材料，逐段建造，并用特定的接头方式相互连接，最终在地下形成具有一定防渗能力的连续墙体。混凝土防渗墙一般作为冲积层等松散透水地基的防渗建筑物，其施工工艺一般包括造孔和浇筑混凝土两部分，定额一般将造孔成槽和浇筑混凝土分列。

(1)造孔。防渗墙的造孔成槽方式一般采用槽孔法。成槽施工常采用冲击钻、反循环钻机、液压开槽机、射水成槽机进行。其施工程序包括成槽前的准备、泥浆制备、造孔、终孔验收、清孔换浆等。冲击钻成槽工效不仅受地层土石类别影响，而且与成槽深度有很大关系。随孔深的增加，成槽效率下降较大。

(2)浇筑混凝土。防渗墙采用导管法浇筑水下混凝土。其施工工艺为浇筑前的准备、配料拌和、浇筑混凝土、质量验收。由于防渗墙混凝土不经振捣，因而混凝土应具有良好的和易性，要求入孔时混凝土的坍落度为 18 ~ 22 cm，扩散度为 34 ~ 38 cm，最大骨料粒径不大于 4 cm。

(三)桩基

桩基工程是地基加固的主要方法之一。其目的是改善地基土体的力学性能，提高承载能力，增加抗滑稳定，减少压缩变形。目前，在水利水电工程中，地基加固用的较多且发展较快的是振冲桩和灌注桩。

1. 振冲桩

振冲桩是以振冲器的振动和挤密作用，对松砂地基进行加密处理或在软弱地层中设置紧密的碎石桩，与原地基土共同组成复合地基以提高地基承载能力的一种桩。

2. 灌注桩

灌注桩是用钻机机具在地基中钻孔，然后浇筑混凝土或钢筋混凝土形成的桩。灌注桩多用于水闸、高压输电线塔、厂房、桥梁、渡槽墩台的基础以及作为抗剪抗滑桩。定额按灌注桩造孔、浇筑和钢筋分列。

(四)编制钻孔灌浆及锚固工程单价应注意的问题

(1)钻孔灌浆及锚固工程单价计算应根据设计确定的孔深、灌浆压力等参数以及岩石级别、透水率等，按施工组织设计确定的钻机、灌浆方式、施工条件，选用概预算定额相应子目计算。

(2)灌浆定额中水泥强度等级的选择应符合设计要求，设计未明确的，可按以下标准选择：回填灌浆 32.5；帷幕与固结灌浆 32.5；接缝灌浆 42.5；劈裂灌浆 32.5；高喷灌浆 32.5。

(3)钻孔、灌浆各节定额子目下面的“注”较多，选用定额时应认真阅读，以免发生错误。

(4)应根据施工工艺，认真阅读定额的工作内容和适用范围，以免重复和遗漏。有些情况只需要计算钻孔工作量，如排水孔和观测孔等；有些只需要计算灌浆工作量，如回填灌浆、接缝灌浆、坝基砂砾石帷幕灌浆等；有些情况则需要计算钻孔和灌浆工作量，根据钻灌比(钻孔工程量与灌浆工程量之比)编制钻孔灌浆综合单价，如坝基岩石帷幕灌浆和固结灌浆等。

(5)关于检查孔。钻孔灌浆属于隐蔽工程，质量检查至关重要。常用的检查手段是打检查孔、取岩心、做压水(浆)试验。对于相关费用，必须与定额的规定相适应，如定额中已摊入检查孔的上述费用，就不应再计算，如未摊入，则注意不要漏掉上述费用。

(6)关于岩石的平均级别和平均透水率。岩石的级别和透水率分别为钻孔和灌浆两大工序的主要参数，应正确确定。水工建筑物的地基绝大多数不是单一地层，各层的岩石级别、透水率各不相同。为了简化计算，几乎所有的工程都采用一个平均的岩石级别和平均的透水率计算钻孔灌浆单价。在计算这两个重要参数的平均值时，一定要注意计算的范围要和设计确定的钻孔灌浆范围完全一致，也就是说，不要简单地把水文地质剖面图中的数值拿来平均，要注意把上部开挖范围内的透水性强的风化层和下部不在设计灌浆范围内的相对不透水地层都剔除掉。

【例 6-10】 某枢纽工程坝基帷幕灌浆布置为两排，钻灌比 1.15，采用 150 型地质钻机钻孔，自下而上灌浆法，拟在高度为 3 m 的廊道内完成灌浆，平均孔深 35 m。岩层为特别坚实的石灰岩，平均透水率为 9 Lu，强度系数 f=15。试编制坝基帷幕灌浆概算工程单价。计算所需的人工、材料预算单价和机械台时费见概算单价表。

解：查岩石类别分级表，岩石级别为Ⅻ级。查 2002《水利建筑工程概算定额》第七章说明，在 3 m 高的廊道内施工时，人工、机械定额乘以系数 1.10。

1. 计算钻孔概算单价

根据灌浆方法和岩石级别，钻孔选用[70003]子目。根据人工、材料预算单价和《水利工程施工机械台时费》，编制坝基帷幕灌浆钻孔单价表计算，结果为 221.87 元/m，详见表 6-46。

表 6-46　坝基帷幕灌浆钻孔单价表

定额编号：[70003]　　定额单位：100 m

施工方法：地质钻机 150 型钻Ⅻ类岩石，自下而上灌浆法；
工作内容：钻孔、清孔、检查孔钻孔、孔位转移

编号	名称及规格	单位	数量	单价	合计(元)
一	直接工程费				18 774.71
(一)	直接费				17 145.85
1	人工费		691.90		3 113.92
	工长	工时	31×1.10	7.11	242.45
	高级工	工时	63×1.10	6.61	458.07
	中级工	工时	220×1.10	5.62	1 360.04
	初级工	工时	315×1.10	3.04	1 053.36
2	材料费				6 246.08
	金刚石钻头	个	4.00	800.00	3 200.00
	扩孔器	kg	2.80	400.00	1 120.00
	岩心管	个	5.00	70.00	350.00
	钻杆	个	4.30	70.00	301.00
	钻杆接头	m	4.80	30.00	144.00
	水	m^3	825.00	0.50	412.50
	其他材料费	%	13.00	5 527.50	718.58
3	机械使用费				7 785.86
	地质钻机　150 型	台时	180×1.10	37.45	7 415.10
	其他机械费	%	5.00	7 415.10	370.76
(二)	其他直接费	%	2.5	17 145.85	428.65
(三)	现场经费	%	7	17 145.85	1 200.21
二	间接费	%	7	18 774.71	1 314.23
三	企业利润	%	7	20 088.94	1 406.23
四	税金	%	3.22	21 495.17	692.14
五	合计				22 187.31

2. 计算坝基帷幕灌浆概算单价

根据岩层的透水率和灌浆方法，选用[70033]子目。查定额附注，二排帷幕需乘以的调整系数为：人工、灌浆机 0.97；水泥、胶轮车 0.75；水 0.96。编制坝基帷幕灌浆单价表计算，结果为 284.72 元/m，详见表 6-47。

表 6-47 坝基帷幕灌浆单价表

定额编号：[70033] 定额单位：100 m

施工方法：坝基岩石帷幕灌浆，自下而上灌浆法，廊道内，透水率 9 Lu；
工作内容：洗孔、压水、制浆、灌浆、封孔、孔位转移以及检查孔的压水试验、灌浆

编号	名称及规格	单位	数量	单价(元)	合计(元)
一	直接工程费				24 092.66
(一)	直接费				22 002.43
1	人工费		1 387.10		6 152.77
	工长	工时	67×1.10×0.97	7.11	508.29
	高级工	工时	137×1.10×0.97	6.61	966.24
	中级工	工时	408 × 1.10 × 0.97	5.62	2 446.59
	初级工	工时	688×1.10×0.97	3.04	2 231.65
2	材料费				2 792.82
	水泥 32.5	t	8.9×0.75	320.00	2 136.00
	水	m^3	699×0.96	0.50	335.52
	其他材料费	%	13.00	2 471.52	321.30
3	机械使用费				13 056.84
	灌浆泵中压泥浆	台时	243.7×1.10×0.97	31.31	8 141.47
	灰浆搅拌机	台时	209.6×1.10	14.40	3 320.06
	地质钻机 150 型	台时	22.8×1.10	37.45	939.25
	胶轮车	台时	46.2×1.10×0.75	0.90	34.30
	其他机械费	%	5.00	12 435.09	621.75
(二)	其他直接费	%	2.5	22 002.43	550.06
(三)	现场经费	%	7	22 002.43	1 540.17
二	间接费	%	7	24 092.66	1 686.49
三	企业利润	%	7	25 779.15	1 804.54
四	税金	%	3.22	27 583.69	888.19
五	合计				28 471.88

3. 计算坝基岩石帷幕灌浆综合概算单价

坝基帷幕灌浆综合概算单价包括钻孔单价和灌浆单价，考虑钻灌比 1.15，则综合概算单价为：221.87×1.15+284.72=539.87(元/m)。

本例题计算采用的是综合单价法，用综合定额法可得到相同的结果，请读者自己完成。

第三节 工程量计算

水利水电工程各设计阶段的工程量，对优选设计方案和准确预测各设计阶段的工程投资非常重要，是设计工作的重要成果和编制工程概(估)算的主要依据。工程量计算的准确与否，是衡量设计概算质量好坏的重要标志之一，所以概算人员除应具有本专业的知识外，还应具有一定的水工、施工、机电、金属结构等专业知识。在编制概算时，概算人员应认真查阅主要设计图纸，对各专业提供的设计工程量逐次核对，凡不符合概算编制要求的应及时向设计人员提出修正，切忌盲目照抄使用，力求准确可靠。工程量计算执行《水利水电工程设计工程量计算规定》(SL 328—2005)。

一、工程量计算的原则

(一)项目划分

按照不同设计阶段设计报告编制规程的要求，永久工程和主要施工临时工程的工程量，均应符合《水利工程设计概(估)算编制规定》中工程项目划分的要求，详见第四章。

(二)阶段系数

工程量按建筑物或工程的设计几何轮廓尺寸计算。各设计阶段计算的工程量乘表 6-48 所列相应的阶段系数后，作为设计工程量提供给造价专业编制工程概(估)算。

表 6-48 水利水电工程设计工程量阶段系数表

类别	设计阶段	土石方开挖工程量(万 m^3)				混凝土工程量(万 m^3)			
		>500	500~200	200~50	<50	>300	300~100	100~50	<50
永久工程或建筑物	项目建议书	1.03~1.05	1.05~1.07	1.07~1.09	1.09~1.11	1.03~1.05	1.05~1.07	1.07~1.09	1.09~1.11
	可行性研究	1.02~1.03	1.03~1.04	1.04~1.06	1.06~1.08	1.02~1.03	1.03~1.04	1.04~1.06	1.06~1.08
	初步设计	1.01~1.02	1.02~1.03	1.03~1.04	1.04~1.05	1.01~1.02	1.02~1.03	1.03~1.04	1.04~1.05
施工临时工程	项目建议书	1.05~1.07	1.07~1.10	1.10~1.12	1.12~1.15	1.05~1.07	1.07~1.10	1.10~1.12	1.12~1.15
	可行性研究	1.04~1.06	1.06~1.08	1.08~1.10	1.10~1.13	1.04~1.06	1.06~1.08	1.08~1.10	1.10~1.13
	初步设计	1.02~1.04	1.04~1.06	1.06~1.08	1.08~1.10	1.02~1.04	1.04~1.06	1.06~1.08	1.08~1.10
类别	设计阶段	土石方填筑砌石工程量(万 m^3)				钢筋	钢材	模板	灌浆
		>500	500~200	200~50	<50				
永久工程或建筑物	项目建议书	1.03~1.05	1.05~1.07	1.07~1.09	1.09~1.11	1.08	1.06	1.11	1.16
	可行性研究	1.02~1.03	1.03~1.04	1.04~1.06	1.06~1.08	1.06	1.05	1.08	1.15
	初步设计	1.01~1.02	1.02~1.03	1.03~1.04	1.04~1.05	1.03	1.03	1.05	1.10
施工临时工程	项目建议书	1.05~1.07	1.07~1.10	1.10~1.12	1.12~1.15	1.10	1.10	1.12	1.18
	可行性研究	1.04~1.06	1.06~1.08	1.08~1.10	1.10~1.13	1.08	1.08	1.09	1.17
	初步设计	1.02~1.04	1.04~1.06	1.06~1.08	1.08~1.10	1.05	1.05	1.06	1.12

注：①若采用混凝土立模面系数乘以混凝土工程量计算模板工程量，不应再考虑模板的阶段系数；②若采用混凝土含钢率或含钢量乘以混凝土工程量计算钢筋工程量，不应再考虑钢筋阶段系数；③截流工程的工程量阶段系数可取 1.25~1.35；④表中工程量系指工程总工程量。

阶段系数为变幅值，可根据工程地质条件和建筑物结构复杂程度等因素选取，复杂的取大值，简单的取小值。阶段系数表中只列出主要工程项目的阶段系数，对其他工程项目，可依据与主要工程项目的关系参照选取。大、中型水利水电工程招标设计和施工图设计阶段的工程量阶段系数，可参照初步设计阶段的系数并适当缩小。

(三)施工超挖、超填量及施工附加量

施工中允许的超挖、超填量，合理的施工附加量及施工操作损耗，已计入概算定额，不应包括在设计工程量中。预算定额不包括施工中超挖、超填及施工附加量，因此若有些项目概(估)算或工程标底采用预算定额编制，应考虑施工中超挖、超填及施工附加量等因素。

二、永久工程建筑工程量计算

(1)土石方开挖工程量应按岩土分类级别计算，并将明挖、暗挖分开。明挖宜分一般、坑槽、基础、坡面等；暗挖宜分平洞、斜井、竖井和地下厂房等。

(2)土石方填(砌)筑工程量计算应符合下列规定：

①土石方填筑工程量应根据建筑物设计断面中不同部位不同填筑材料的设计要求分别计算，以建筑物实体方计量。

②砌筑工程量按不同砌筑材料、砌筑方式(干砌、浆砌等)和砌筑部位分别计算，以建筑物砌体方计量。

(3)疏浚与吹填工程的工程量计算应符合下列规定：

①疏浚工程量的计算，宜按设计水下方计量，开挖过程中的超挖及回淤量不应计入。

②吹填工程量计算，除考虑吹填区填筑量，还应考虑吹填土层固结沉降、吹填区地基沉降和施工期泥沙流失等因素。计量单位为水下方。

(4)土工合成材料工程量宜按设计铺设面积或长度计算，不应计入材料搭接及各种型式嵌固的用量。

(5)混凝土工程量计算应以成品实体方计量，并应符合下列规定：

①项目建议书阶段混凝土工程量宜按工程各建筑物分项、分强度和级配计算。可行性研究和初步设计阶段混凝土工程量应根据设计图纸分部位、分强度、分级配计算。

②碾压混凝土宜提出工法，沥青混凝土宜提出开级配或密级配。

③钢筋混凝土的钢筋可按含钢率或含钢量计算。混凝土结构中的钢衬工程量应单独列出。

(6)混凝土立模面积应根据建筑物结构体形、施工分缝要求和使用模板的类型计算。

项目建议书和可行性研究阶段可参考《水利建筑工程概算定额》中附录 9，初步设计阶段可根据工程设计立模面积计算。

(7)钻孔灌浆工程量计算应符合下列规定：

①基础固结灌浆与帷幕灌浆的工程量自起灌基面算起，钻孔长度自实际孔顶高程算起。基础帷幕灌浆采用孔口封闭的，还应计算灌注孔口管的工程量，根据不同孔口管长度以孔为单位计算。地下工程固结灌浆，其钻孔和灌浆工程量根据设计要求以长度计。

②回填灌浆工程量按设计的回填接触面积计算。

③接触灌浆和接缝灌浆的工程量，按设计所需面积计算。

(8)混凝土地下连续墙的成槽和混凝土浇筑工程量应分别计算，并应符合下列规定：

①成槽工程量按不同墙厚、孔深和地层以面积计算。

②混凝土浇筑的工程量，按不同墙厚和地层以成墙面积计算。

(9)锚固工程量可按下列要求计算：

①锚杆支护工程量按锚杆类型、长度、直径和支护部位及相应岩石级别以根数计算。

②预应力锚索的工程量按不同预应力等级、长度、型式及锚固对象以束计算。

(10)喷混凝土工程量应按喷射厚度、部位及有无钢筋以体积计，回弹量不应计入。喷浆工程量应根据喷射对象以面积计。

(11)混凝土灌注桩的钻孔和灌筑混凝土工程量应分别计算，并应符合下列规定：

①钻孔工程量按不同地层类别以钻孔长度计。

②灌筑混凝土工程量按不同桩径以桩长度计。

(12)枢纽工程对外公路工程量，项目建议书和可行性研究阶段可根据 1：50 000～1：10 000 的地形图按设计推荐(或选定)的线路，分公路等级以长度计算工程量。初步设计阶段应根据不小于 1：5 000 的地形图按设计确定的公路等级提出长度或具体工程量。

场内永久公路中主要交通道路，项目建议书和可行性研究阶段应根据 1：10 000～1：5 000 的施工总平面布置图按设计确定的公路等级以长度计算工程量。初步设计阶段应根据 1：5 000～1：2 000 的施工总平面布置图，按设计要求提出长度或具体工程量。

引(供)水、灌溉等工程的永久公路工程量可参照上述要求计算。

桥梁、涵洞按工程等级分别计算，提出延米或具体工程量。

永久供电线路工程量，按电压等级、回路数以长度计算。

【例 6-11】 某水库工程初步设计阶段，溢洪道工程泄槽长 120 m、宽 30 m，底板采用现浇混凝土，纵、横缝间距均为 10 m，浇筑仓面按 10 m 划分，板厚 40 cm，1.1 kW 振捣器振捣。模板采用外购件，价格 5 000 元/t，模板 30 kg/m^2。计算该工程每立方米混凝土所需的模板费用。

解：

1. 求立模系数

立模面积：(120 m × 4+30 m × 13)×0.4m=348 m^2；

混凝土方量：120 m × 30 m × 0.4 m=1 440 m^3；

立模系数：348 m^2/1 440 m^3=0.24 m^2/m^3。

2. 模板价格

外购模板预算价格=5 元/kg × 30 kg/m^2=150 元/m^2。

由于模板采用外购模板，按概算定额中的公式计算模板的预算价格，不再套定额计算制作单价。

模板摊销价格=(外购模板预算价格–残值) ÷ 周转次数 × 综合系数

=150 元/m^2 × (1–10%) ÷ 50 次 × 1.15=3.105 元/(m^2·次)

模板安拆单价套用概算定额子目[50002]，并对照《水利水电工程概预算补充定额》对[50002]进行修改，模板价格采用摊销价格。计算结果为 40.63 元/m^2。注意，其他材料费计算基数不包括模板本身的费用。

3. 计算每立方米混凝土所需的模板费用

每立方米混凝土所需的模板费用=立模系数 × 安拆单价=0.24 × 40.63=9.75(元/m^3)

第四节　工料分析

一、工料分析概述

工料分析是指对工程建设项目所需的人工及主要材料数量进行分析计算，进而统计出分部工程、单位工程和整个工程项目所需的人工数量和主要材料用量。主要材料一般包括水泥、钢筋、钢材、木材、炸药、沥青、粉煤灰、汽油、柴油等。根据工程的具体特点，主要材料品种各有取舍。

二、工料分析计算

工料分析计算就是按照概算项目内容所列的工程数量乘以相应单价中所需的定额人工数量及定额材料用量，计算出每一工程项目所需的工时、材料用量，然后按照概算编制的步骤逐级向上合并汇总。工时材料计算表格形式见表 6-49。计算步骤及填表说明如下。

表 6-49　工时、材料计算表

序号	单价编号	工程项目名称	单位	工程量	工时		汽油(kg)		柴油(kg)			水泥(kg)		木材(m^3)		钢筋(t)		钢材(kg)		炸药(kg)		沥青(kg)		粉煤灰(kg)	
					定额用工	合计	定额台时用量	台时用油	定额台时用量	台时用油	合计	定额用量	合计	定额用量	合计	定额用量	合计	定额用量	合计	定额用量	合计	定额用量	合计	定额用量	合计

(1)填写工程项目及工程数量，按照概算项目分级顺序逐项填写表格中的工程项目名称及工程数量，对应填写所采用单价的编号。工程项目的填写范围为枢纽工程(主体建筑工程)和施工导流工程。

(2)填写单位定额用工、材料用量，按照各工程项目所对应的单价编号，查找该单价所需的单位定额用工数量及单位定额材料用量、单位定额机械台时用量，逐项填写。对于汽油、柴油用量计算，除填写单位定额机械台时用量，还要填写不同施工机械的台时用油数量(查施工机械台时费定额)。

(3)计算工时及材料数量。表 6-49 中的定额用量指单位定额用量，工时用量及水泥、钢筋、钢材、木材、炸药、沥青、粉煤灰等材料用量，按照单位定额工时、材料用量分别乘以本项工程数量即得本工程项目工时及材料合计数量；汽油、柴油材料用量，按照单位定额台时用量乘以台时耗油量，再乘以本项工程数量，即得本项汽油、柴油合计用量。

(4)按照上述第三项方法逐项计算，然后逐级向上合并汇总，即得所需计算的工时、材料用量。

(5)按照概算表格要求填写主体工程工时数量汇总表及主体工程主要材料量汇总表。

【例 6-12】 某泵站工程量统计见表 6-50，试完成该泵站工程的工料分析。

表 6-50　某泵站工程量统计表

序号	工程或费用名称	单位	数量
1	土方开挖	m^3	13 115
2	土方回填	m^3	7 194
3	C10 素混凝土	m^3	513
4	泵站下部 C15 钢筋混凝土	m^3	95
5	泵站下部 C25 钢筋混凝土	m^3	778
6	泵站下部 C20 钢筋混凝土	m^3	919
7	泵站上部 C20 钢筋混凝土	m^3	143
8	泵站厂房	m^2	270
9	钢筋制安	t	145.1
10	普通模板	m^2	1 585
11	曲面模板	m^2	139
12	牛腿模板	m^2	9
13	键槽模板	m^2	9

解：(1)按上述工料分析方法计算并汇总主要材料和工时数量，具体计算见表 6-51 和表 6-52。

表 6-51　主要材料量计算表

编号	项　目	单位	数量	水泥(kg)		钢筋(t)		钢材(kg)		木材(m^3)		汽油(kg)			柴油(kg)		
				定额用量	合计	定额用量	合计	定额用量	合计	定额用量	合计	定额台时用量	台时用油	合计	定额台时用量	台时用油	合计
1	土方开挖	m^3	13 115												0.005 8	20.2	1 537
2	土方回填	m^3	7 194												0.019 5	10.6	1 487
3	C10 素混凝土	m^3	513	240.24	123 243							0.213	1.5	164			
4	泵站下部 C15 钢筋混凝土	m^3	95	287.50	27 312							0.219	1.5	31			
5	泵站下部 C25 钢筋混凝土	m^3	778	343.33	267 112							0.219	1.5	256			
6	泵站下部 C20 钢筋混凝土	m^3	919	310.07	284 952							0.219	1.5	303			
7	泵站上部 C20 钢筋混凝土	m^3	143	298.58	42 698							0.211	1.5	45			
8	钢筋制安	t	145.1			1.07	155.3					0.470	7.2	491			
9	普通模板	m^2	1 585					0.44	697			0.004 0.088	7.2 5.8	847			
10	曲面模板	m^2	139					7.51	1 044	0.004	0.56	0.005	7.2	6	0.183 2	7.7	196
11	牛腿模板	m^2	9					2.24	20			0.025	7.2		0.264 2	7.7	18
12	键槽模板	m^2	9							0.021	0.19	0.006 0.021	7.2 5.8	1			
	合　计				745 318		155.3		1 761		0.75			2 145			3 238

表 6-52　工日数量计算表

编号	工程或费用名称	单位	数量	工时数量		工日数量
				定额用工	合计	
1	土方开挖	m^3	13 115	0.04	564	70
2	土方回填	m^3	7 194	2.34	16 812	2 102
3	C10 素混凝土	m^3	513	7.61	3 903	488
4	泵站下部 C15 钢筋混凝土	m^3	95	8.83	839	105
5	泵站下部 C25 钢筋混凝土	m^3	778	8.83	6 867	858
6	泵站下部 C20 钢筋混凝土	m^3	919	8.83	8 111	1 014
7	泵站上部 C20 钢筋混凝土	m^3	143	11.39	1 629	204
8	钢筋制安	t	145.1	106.00	15 381	1 923
9	普通模板	m^2	1 585	1.98	3 143	393
10	曲面模板	m^2	139	4.93	686	86
11	牛腿模板	m^2	9	6.13	55	7
12	键槽模板	m^2	9	2.23	20	3
合　计					58 009	7 251

(2)按照规定的表格形式填写主要材料量汇总表和工时数量汇总表，见表 6-53 和表 6-54。

表 6-53　工时数量统计表

编号	工程或费用名称	工时数量	备注
1	土方开挖	564	
2	土方回填	16 812	
3	C10 素混凝土	3 903	
4	泵站下部 C15 钢筋混凝土	839	
5	泵站下部 C25 钢筋混凝土	6 867	
6	泵站下部 C20 钢筋混凝土	8 111	
7	泵站上部 C20 钢筋混凝土	1 629	
8	钢筋制安	15 381	
9	普通模板	3 143	
10	曲面模板	686	
11	牛腿模板	55	
12	键槽模板	20	
合　计		58 009	

表 6-54　主要材料量汇总

编号	工程或费用名称	水泥(t)	钢筋(t)	钢材(t)	木材(m^3)	汽油(t)	柴油(t)
1	土方开挖						1.54
2	土方回填						1.49
3	C10 素混凝土	123.24				0.16	
4	泵站下部 C15 钢筋混凝土	27.31				0.03	
5	泵站下部 C25 钢筋混凝土	267.11				0.26	
6	泵站下部 C20 钢筋混凝土	284.95				0.30	
7	泵站上部 C20 钢筋混凝土	42.70				0.05	
8	钢筋制安		155.3			0.49	
9	普通模板			0.70		0.85	
10	曲面模板			1.04	0.56	0.01	0.20
11	牛腿模板			0.02		0.002	0.02
12	键槽模板				0.19	0.001	
合　计		745.32	155.3	1.76	0.75	2.15	3.24

思考题

1. 单项选择题

(1)某水库工程拦河坝顶部高程 2 950 m，基面高程 2 130 m，高原地区定额调整系数见表 6-7，则下列说法正确的是(　　)。

A. 人工调整系数采用 1.15，机械调整系数采用 1.35

B. 人工调整系数采用 1.10，机械调整系数采用 1.25

C. 坝体施工人工调整系数采用 1.15，坝基处理施工人工调整系数采用 1.10

D. 坝体施工机械调整系数采用 1.35，坝基处理施工机械调整系数采用 1.25

(2)已知浇筑 100 m^3 闸底板成品混凝土时需耗用 112 m^3 半成品混凝土，若埋块石率 20%，则浇筑 100 m^3 闸底板埋块石成品混凝土时，需耗用块石(　　)m^3 成品码方。

A. 39.2　　B. 37.4　　C. 22.4　　D. 20.0

(3)某引水隧洞设计混凝土衬砌后洞径为 2 m，设计混凝土衬砌厚度为 30 cm，洞长 100 m，洞挖石方时平均超挖 10 cm，初步设计阶段工程量扩大系数 1.03，则混凝土衬砌的概算工程量为(　　)m^3。

A. 217　　B. 302　　C. 223　　D. 311

(4)以下说法错误的是(　　)。

A. 基础灌浆工程中，钻孔深度为 50 m，灌浆深度为 40 m，则钻灌比为 1.25

B. 水泥强度等级的“R”标记表示火山灰质水泥

C. 编制概算采用的工程量应是图纸工程量乘以设计阶段系数

D. 帷幕灌浆(除坝基砂砾石帷幕灌浆)、固结灌浆定额以透水率为主要参数作为定额划分的依据

2. 某工程有一条引水隧洞总长 1 700 m，开挖直径 7 m，允许平均超挖 10 cm，支洞长 100 m，岩石级别均为Ⅷ级。用二臂液压凿岩台车钻孔，1 m^3 挖掘机装 8 t 自卸汽车运输出渣。如图 6-2 所示。通风机调整系数见表 6-12。试计算：①通风机定额综合调整系数；②洞内综合运距；③引水隧洞洞挖概算工程量，其阶段系数为 1.05。试述在编制隧洞开挖单价时应注意的问题。

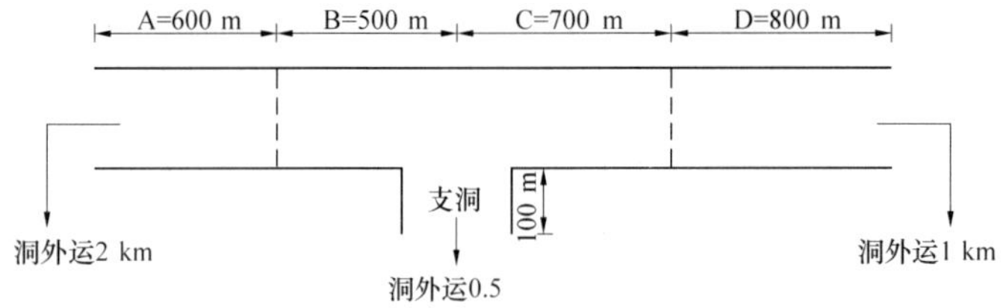

图 6-2　工作面长度及洞外运距示意图

3. 某平洞衬砌 C25 混凝土工程量为 5 100 m^3，配合比试验资料：水泥 405 kg，粗砂 0.55 m^3，卵石 0.78 m^3，水 0.17 m^3。混凝土拌制损耗系数为：砂 1.04，石子 1.05，水泥 1.03，水 1.02。定额中混凝土用量为 149 m^3/100 m^3。试根据上述资料计算浇筑混凝土需要的材料数量。

4. 某水库大坝为钢筋混凝土面板堆石坝，最大坝高 80 m，河床段长 120 m，需通过趾板对板下基石进行帷幕灌浆和固结灌浆。河床段地质资料如下：大坝基岩为中生界侏罗系上统磨石山群凝灰岩。108~93 m 高程为砂砾石覆盖层；93~82 m 高程为强风化层；82~52 m 高程为弱风化层；52 m 高程以下为新鲜岩层。河床灌浆设计资料为：①趾板设在强风化层顶部，厚 0.7 m，宽 10 m。②需对强风化岩层进行固结灌浆处理，排距 2 m，孔距 3 m，梅花形布孔。自上而下灌浆法分段灌浆。③设二排垂直帷幕，前排深度达到弱风化层底部，后排深入弱风化层 10 m，排距 2 m，孔距 2.5 m。强风化层帷幕灌浆采用自上而下灌浆法分段灌浆，弱风化层帷幕灌浆采用自下而上法分段灌浆。钻孔均采用地质钻机。④灌浆合格标准：透水率小于 3 Lu。⑤初设阶段系数为 1.10。试根据以上资料计算工程量。

注：思考题 1 中的(3)和(4)及 2 选自中国水利工程学会主编的《水利工程造价工程师执业资格考试复习题集》(2007)。

第七章　设备及安装工程概算编制

第一节　设备费计算

设备费由设备原价、运杂费、运输保险费和采购保管费等项组成。

一、设备原价

(1)国产设备。以出厂价为原价，非定型和非标准产品(如闸门、拦污栅、压力钢管等)采用与厂家签订的合同价或询价。

(2)进口设备。以到岸价和进口征收的税金、手续费、商检费及港口费等各项费用之和为原价。到岸价采用与厂家签订的合同价或询价计算，税金和手续费等按规定计算。

大型机组拆卸分装运至工地后的拼装费用，应包括在设备原价内。

在可行性研究和初步设计阶段，非定型和非标准产品一般不可能与厂家签订价格合同，设计单位可按向厂家索取的报价资料和当年的价格水平，经认真分析论证后确定设备价格。

二、运杂费

运杂费是指设备由厂家运至工地安装现场所发生的一切运杂费用。主要包括运输费、调车费、装卸费、包装绑扎费、变压器充氮费，以及其他可能发生的杂费。设备运杂费分主要设备和其他设备，均按占设备原价的百分率计算。

(1)主要设备运杂费率。主要设备运杂费率标准见表7-1。

表 7-1　主要设备运杂费率表　(%)

设备分类	铁路		公路		公路直达基本费率
	基本运距	每增加	基本运距	每增加	
	1 000 km	500 km	50 km	10 km	
水轮发电机组	2.21	0.40	1.06	0.10	1.01
主阀、桥机	2.99	0.70	1.85	0.18	1.33
主变压器：					
≥120 000 kVA	3.50	0.56	2.80	0.25	1.20
＜120 000 kVA	2.97	0.56	0.92	0.10	1.20

设备由铁路直达或铁路、公路联运时，分别按里程求得费率后叠加计算；如果设备由公路直达，应按公路里程计算费率后，再加公路直达基本费率。

(2)其他设备运杂费率。其他设备运杂费率见表 7-2。

工程地点距铁路线近者费率取小值，远者取大值，新疆、西藏地区的费率在表 7-2

中未包括，可视具体情况另行确定。

表 7-1、表 7-2 运杂费率适用于国产设备运杂费，在编制预算时可根据设备来源地、运输方式、运输距离等逐项进行分析计算。几项主要大件设备，如水轮发电机组、变压器等，在运输过程中应考虑超重、超高、超宽所增加的费用，如铁路运输的特殊车辆费、公路运输的桥涵加宽、路面拓宽所需费用。

表 7-2 其他设备运杂费率表 （%）

类别	适用地区	费率
Ⅰ	北京、天津、上海、江苏、浙江、江西、安徽、湖北、湖南、河南、广东、山西、山东、河北、陕西、辽宁、吉林、黑龙江等省、直辖市	4~6
Ⅱ	甘肃、云南、贵州、广西、四川、重庆、福建、海南、宁夏、内蒙古、青海等省、直辖市和自治区	6~8

(3)进口设备的国内段运杂费率。进口设备的国内段运杂费率按上述国产设备运杂费率，乘相应国产设备原价占进口设备原价的比例系数，调整为进口设备国内段运杂费率。

三、运输保险费

国产设备的运输保险费可按工程所在省、自治区、直辖市的规定计算。

进口设备的运输保险费按有关规定计算。

四、采购及保管费

采购及保管费是指建设单位和施工企业在负责设备的采购、保管过程中发生的各项费用。主要包括：

(1)采购保管部门工作人员的基本工资、辅助工资、工资附加费、劳动保险基金、劳动保护费、教育经费、办公费、差旅交通费、工具用具使用费等。

(2)仓库转运站等设施的检修费、固定资产折旧费、技术安全措施费和设备的检修、试验费等。

采购及保管费按设备原价、运杂费之和的 0.7%计算。

五、运杂综合费率

在编制设备安装工程概预算时，一般将设备运杂费、运输保险费和采购及保管费合并，统称为设备运杂综合费，按设备原价乘以运杂综合费率计算。其中

运杂综合费率=运杂费率+(1+运杂费率)×采购及保管费率+运输保险费率 (7-1)

第二节 安装工程单价计算

安装工程单价由直接工程费(包括直接费、其他直接费、现场经费)、间接费、企业利润和税金组成。其中，直接费由人工费、材料费(含装置性材料费)、机械使用费组成。

水利部《水利水电设备安装工程概算定额》(2002)、《水利水电设备安装工程预算

定额》(2002)有安装实物量和安装费率两种形式。由于表现形式不同，其单价的计算方法也不尽相同。

一、以实物量形式表示的单价计算

设备安装定额以实物量表示的，其安装工程单价计算方法与建筑工程单价计算方法相同，在此不再赘述。

注意：未计价装置性材料只计税金，不计其他直接费、现场经费、间接费和利润。

二、以安装费率形式表示的安装工程单价计算

以安装费率表示的定额子目在计算安装工程单价时，以设备原价为计算基础计算直接费，然后另计其他直接费、现场经费、间接费、企业利润和税金。定额中的人工费、材料费、机械使用费、装置性材料费都是以费率形式表示，根据设备安装概(预)算定额规定，由于现行规定与当时的人工单价组成内容不同，只调整其中的人工费率，材料费(含装置性材料费)和机械使用费均不作调整。

(1)人工费调整。人工费调整就是将定额人工费乘以人工费调整系数，调整系数应根据定额主管部门当年发布的北京地区人工预算单价，与该工程设计概(预)算采用的人工预算单价进行对比，测算其比例系数，据以调整人工费率指标。

$$\text{人工费调整系数}=\frac{\text{工程所在地区安装人工预算单价}}{\text{北京地区安装人工预算单价}} \tag{7-2}$$

$$\text{调整的人工费}=\text{定额人工费}\times\text{人工费调整系数} \tag{7-3}$$

(2)进口设备的安装，由于它的设备原价一般较同类国产设备原价要高，不能直接采用定额的安装费率，应按定额给定的安装费率乘以相应同类型国产设备原价水平对该进口设备原价水平的比例系数，来换算设备安装费率。

(3)安装工程单价计算，以安装工程单价费率乘以被安装的设备原价即得该设备的安装费用。

以安装费率形式表示的安装工程单价计算方法见表 7-3。

表 7-3　以安装费率形式表示的安装工程单价计算表

序　号	费用名称	计算方法
一	直接工程费	(一)+(二)+(三)
(一)	直接费	1+2+3+4
1	人工费	定额人工费率(%) ×人工费调整系数×设备原价
2	材料费	定额材料费率(%) ×设备原价
3	机械使用费	定额机械使用费率(%) ×设备原价
4	装置性材料费	定额装置性材料费率(%) ×设备原价
(二)	其他直接费	(一)×其他直接费率(%)
(三)	现场经费	1×现场经费费率(%)
二	间接费	1×间接费费率(%)
三	企业利润	[一+二] ×企业利润率(%)
四	税金	[一+二+三] ×税率(%)
	安装工程单价合计	一+二+三+四

【例7-1】 试编制某地区河道工程大型排涝泵站水泵安装工程单价。已知水泵自重18 t，叶片转轮为半调节方式。人工预算单价：工长5.32元/工时，高级工4.84元/工时，中级工4.01元/工时，初级工2.52元/工时。工地材料预算价格：钢板3.70元/kg，型钢3.45元/kg，电焊条7.00元/kg，氧气3.00元/m^3，乙炔气12.80元/m^3，汽油3.20元/kg，油漆15.60元/kg，橡胶板7.80元/kg，木材1 500元/m^3，电0.60[元/(kW·h)]。

解：根据《水利工程设计概(估)算编制规定》(2002)，查水利部《水利水电设备安装工程概算定额》(2002)、《水利工程施工机械台时费定额》(2002)，列表计算见表7-4。

表 7-4　安装工程单价表

定额编号：[03002]　　水泵安装工程　　定额单位：台

设备型号：轴流式水泵自重 18 t，叶片转轮为半调节方式

编号	名称及规格	单位	数量	单价(元)	合计(元)
一	直接工程费				44 793.23
(一)	直接费				33 266.68
1	人工费				23 618.56
	工长	工时	286	5.32	1 521.52
	高级工	工时	1 374	4.84	6 650.16
	中级工	工时	3 492	4.01	14 002.92
	初级工	工时	573	2.52	1 443.96
2	材料费				5 257.98
	钢板	kg	108	3.7	399.60
	型钢	kg	173	3.45	596.85
	电焊条	kg	54	7	378.00
	氧气	m^3	119	3	357.00
	乙炔气	m^3	54	12.8	691.20
	汽油	kg	51	3.2	163.20
	油漆	kg	29	15.6	452.40
	橡胶板	kg	23	7.8	179.40
	木材	m^3	0.4	1 500	600.00
	电	kW·h	940	0.6	564.00
	其他材料费	%	20	4 381.65	876.33
3	机械使用费				4 390.14
	桥式起重机(20 t)	台时	54	22.08	1 192.32
	电焊机 20 ~ 30 kVA	台时	60	9.42	565.20
	车床ϕ400 ~ 600	台时	54	20.67	1 116.18
	刨床 B650	台时	38	10.91	414.58
	摇臂钻床ϕ50	台时	33	15.04	496.32
	其他机械费	%	16	3 784.60	605.54
(二)	其他直接费	%	2.7	33 266.68	898.20
(三)	现场经费	%	45	23 618.56	10 628.35
二	间接费	%	50	23 618.56	11 809.28
三	企业利润	%	7	56 602.51	3 962.18
四	税金	%	3.22	60 564.69	1 950.18
五	单价合计				62 514.87

【例 7-2】试编制某地区水利枢纽工程主厂房发电电压设备(100 kV)安装工程单价。已知设备原价为 128 万元，该地区人工费调整系数为 1.1。

解：根据《水利工程设计概(估)算编制规定》(2002)，查水利部《水利水电设备安装工程概算定额》(2002)子目为[06003]，对定额人工费进行调整见表7-5，再根据调整后的定额编制发电电压设备安装工程单价，计算见表7-5。

表 7-5　安装工程单价表

定额编号：[06003]　　发电电压设备安装工程　　定额单位：台

电压 100 kV，设备原价 128 万元					
编号	名称及规格	单位	数量	单价（元）	合计（元）
一	直接工程费				161 077.63
(一)	直接费				134 016.00
1	人工费	%	4.07	1 280 000.00	52 096.00
2	材料费	%	2.2	1 280 000.00	28 160.00
3	装置性材料费	%	3	1 280 000.00	38 400.00
4	机械使用费	%	1.2	1 280 000.00	15 360.00
(二)	其他直接费	%	2.7	134 016.00	3 618.43
(三)	现场经费	%	45	52 096.00	23 443.20
二	间接费	%	50	52 096.00	26 048.00
三	企业利润	%	7	187 125.63	13 098.79
四	税金	%	3.22	200 224.43	6 447.23
五	单价合计				206 671.65

三、使用设备安装工程概(预)算定额需要说明的几个问题

(一)装置性材料

定额中的“装置性材料”是个专用名词，它本身属材料，但又是被安装的对象，安装后构成工程的实体。装置性材料可分为主要装置性材料和次要装置性材料。凡在概(预)算定额项目中作为安装对象单列的材料，即为主要装置性材料，如轨道、管路、电缆、母线、滑触线等；其余的即为次要装置性材料，如轨道的垫板、螺栓、电缆支架、母线金具等。主要装置性材料设备安装概(预)算定额一般作为未计价材料，应按设计提供的规格数量和材料实际预算价格计算，其材料用量应计入表7-6所列装置性材料操作损耗部分。

次要装置性材料的品种多，规格杂，且价值也较低，故在概(预)算定额中均已计入其费用，所以次要装置性材料又叫已计价装置性材料(或叫定额装置性材料，又叫一般的装置材料)。

(二)设备与材料的划分

(1)制造厂成套供货范围的部件、备品备件、设备体腔内定量填充物(如透平油、变压器油、六氟化硫气体等)均作为设备。

(2)不论成套供货、现场加工或零星购置的储气罐、储油罐、闸门、通用仪表、机组本体上的梯子、平台和栏杆等均作为设备，不能因供货来源不同而改变设备性质。

(3)管道和阀门构成设备本体部件时，应作为设备，否则应作为材料。

(4)随设备供应的保护罩、网门等，凡已计入相应设备出厂价格时，应作为设备，否

则应作为材料。

(5)电缆、电缆头、电缆和管道用的支吊架、母线、金具、滑触线和支架、屏、盘、柜的基础型钢、钢轨、石棉板、穿墙隔板、绝缘子、一般用保护网、罩、门、梯子、平台、栏杆和蓄电池木支架等均作为材料。

(6)设备喷锌费用应列入设备费。

表 7-6 装置性材料操作损耗率表

材料名称	操作损耗率(%)
钢板(齐边)压力钢管直管	5
压力钢管弯管、叉管、渐变管	15
钢板(毛边)压力钢管	17
镀锌钢板 通风管	10
型钢	5
管材及管件	3
电力电缆	1
控制电缆	1.5
硬母线，铜、铝、钢质的带形、管形及槽形母线	2.3
裸软导线，铜、铝、钢及钢芯铝线	1.3
压接式线夹	2
金具	1
绝缘子	2
塑料制品	5

(三)按设备重量划分的定额子目

当所求设备的重量介于同型设备的子目之间时，可按插入法计算安装费。

第三节 设备及安装工程概算编制

在编制工程概(预)算时，应认真熟悉工程设计图纸，了解工程情况，收集有关资料，按照工程项目逐项计算设备及安装工程单价。

一、收集基本资料

需收集的基本资料有：

(1)工程的设计文件，设备型号，材料种类、数量、来源地、价格、运输费用等。

(2)现行设备及安装工程概预算定额、手册等。

(3)现行有关费用的计算办法及取费标准，包括其他直接费、现场经费、企业利润、税金等。

(4)其他有关的文件、政策、规定等。

二、设备费及安装工程单价计算

设备及安装工程概(预)算包括“机电设备及安装工程概(预)算”和“金属结构设备及安装工程概(预)算”两部分，分别构成工程总概(预)算的第二部分和第三部分。其概(预)

算编制按表7-7格式进行。

表 7-7　设备及安装工程概(预)算表

编号	名称及规格	单位	数量	单价(元)		合计(元)	
				设备费	安装费	设备费	安装费
1	卷扬式启闭机	台	2	4 940	7 837.20	9 880	15 674.41
2	平板焊接闸门	t	1.76	5 000	1 011.36	8 800	1 779.99
⋮	⋮	⋮	⋮	⋮	⋮	⋮	⋮

表格填写计算中应注意的几个问题：

(1)“名称及规格”一栏应按项目划分的规定填写，金属结构设备及安装工程的一级项目与第一部分建筑工程对应一致，二级项目按一级项目下设计的设备与安装项目选定。

(2)设备数量及单位的填写与设备和安装工程单价相一致。如设备费单价与安装费单价为费率形式，则设备数量一栏应为相应费率的取费基数；若设备安装工程单价为“元/台”，则设备数量应为同型号设备的台数。

思考题

1. 选择题

(1)设备费是指(　　)。

A. 设备原价　　B. 设备出厂价格　　C. 设备出厂价格、运杂费之和

D. 设备原价、运杂费、运输保险费、采购及保管费之和

(2)备品备件购置费按占(　　)的百分率计算。

A. 设备费　　B. 安装工程费　　C. 设备费与安装工程费之和

(3)设备采购及保管费以(　　)为计价基数。

A. 设备原价　　B. 设备运杂费　　C. 设备原价、运杂费之和

(4)设备采购及保管费率为(　　)。

A. 0.7%　　B. 3.5%　　C. 4%　　D. 7%

(5)安装工程的现场经费以(　　)为计价基数。

A. 直接费　　B. 直接工程费　　C. 人工费

(6)某设备自重35 t/台，已知该类设备的安装费率为：30 t/台为5.2%，40 t/台为3.8%，用插入法计算该项设备的安装费为：(　　)。

A. 4.5%　　B. 5.9%　　C. 3.1%

(7)设备仓库、设备转运站等设施的检修费、维护费等在(　　)内开支。

A. 采购及保管费　　B. 设备运杂费　　C. 间接费

(8)设备安装完毕后，设备单体试运转费应在(　　)内开支。

A. 联合试运转费　　B. 系统试运转费　　C. 科学研究试验费　　D. 安装工程费

(9)不论成套供货、现场加工或零星购置的贮气罐、阀门等均应作为：(　　)。

A. 设备　　B. 材料　　C. 工器具　　D. 临时设施

(10)电站投产运行初期的用油(如透平油)在(　　)内开支。

A. 设备费　　B. 备品备件费　　C. 基本预备费

2. 已知主机生产厂家到安装现场共 1 100 km，其中公路运输为：①卸货火车站至工地设备库 50 km；②工地设备库至安装现场 15 km。其余为铁路运输。主机出厂价为 2.8 万元/t，求主机的运杂费。

第八章　临时工程及独立费用概算编制

第一节　临时工程概算编制

一、临时工程概述

在水利水电工程施工前或施工过程中，为保证主体工程施工的顺利进行，需建造一系列的临时性工程。这些工程因其在施工结束后要拆除报废，所以其费用也应计入工程投资。单独计算费用的临时工程包括：施工导流工程、交通工程、房屋建筑工程、场外供电线路工程以及其他大型临时工程。小型临时工程以现场经费的形式直接进入工程单价。

二、临时工程费用计算

(一)导流工程费用

由于导流工程有详细的设计，工程单价也可按定额子目计算，所以导流工程费用计算同主体建筑工程编制方法一样，采用工程量乘单价方法计算。

(二)交通工程费用

交通工程费用有两种计算方法：如果有详细设计图纸时，可按交通部门的定额及计算方法进行计算；在概算编制阶段，由于受设计深度限制，也可根据工程所在地区造价指标或有关实际资料采用扩大单位指标编制。

(三)临时房屋建筑工程费用

临时房屋建筑工程费用包括施工仓库和办公生活及文化福利建筑两部分费用。

1. 施工仓库费用

施工仓库的建筑面积和建筑标准由施工组织设计确定，其单位造价指标根据办公生活及文化福利建筑的相应水平和本地区的同类建筑单位造价指标分析确定。

2. 办公、生活及文化福利建筑费用

办公、生活及文化福利建筑费用包括施工单位、建设单位及设计代表等办公及其他文化福利用房的费用。

(1)对枢纽工程和大型引水工程，按下式计算

$$I = \frac{AUP}{NL} k_1 k_2 k_3 \tag{8-1}$$

式中，I 为办公生活及文化福利建筑工程投资；A 为建安工作量，按工程概(估)算建安工作量(不含办公生活及文化福利建筑和其他临时工程)之和乘以(1+其他临时工程百分率)

计算；U 为人均建筑面积综合指标，按 12~15 m²/人标准计算(大型水利枢纽工程可取大者，其他工程取小者或中值)；P 为当地同类建筑单位造价指标，按工程所在省、自治区、直辖市的永久房屋造价指标计算；N 为工程施工年限，按施工组织设计确定的合理工期计算；L 为全员劳动生产率，一般为 20 000 ~ 40 000 元/(人 · 年)；k_1 为施工高峰人数调整系数，取 1.10；k_2 为室外工程系数，取 1.10 ~ 1.15，地形条件较差的可取大值；k_3 为单位造价指标调整系数，按不同施工年限采用表 8-1 的调整系数。

表 8-1 单位造价指标调整系数

工 期	2 年以内	2 ~ 3 年	3 ~ 5 年	5 ~ 8 年	8 ~ 11 年
调整系数	0.25	0.40	0.55	0.70	0.80

(2)河道治理工程、灌溉工程、堤防工程、改扩建及加固工程，按总概算的一至四部分建安工作量的百分率计算。合理工期在 3 年之内的，取 1.5%~2.0%；大于 3 年的，取 1.0%~1.5%。

(四)场外供电工程

场外供电工程费用有三种确定方法：一是根据施工组织设计确定的供电线路长度及电压等级，采用原水电部颁发的《送电工程概算指标》和《送电工程预算指标》计算；二是采用专业概算定额或工程所在地区造价指标及有关设计资料计算；三是根据经过主管部门批准的有关施工协议(合同)列入概算。

(五)其他大型临时工程

其他大型临时工程投资，按总概算的第一至第四部分建安工作量(不包括本项费用)之和的百分率计算。其中：大型水利水电枢纽、大型引水工程及大型灌溉工程为 3.0%~4.0%；河道工程为 0.5%~1%。

第二节 独立费用概算编制

一、建设管理费的计算

(一)项目建设管理费

1. 建设单位开办费

对于改扩建与加固工程，原则上不计算开办费；对于新建工程，开办费按建设单位定员和开办费计算标准计算。建设单位开办费标准见表 8-2。建设单位定员标准见表 8-3。

表 8-2 建设单位开办费费用标准表

建设单位人数	20 人以下	21 ~ 40 人	41 ~ 70 人	71 ~ 140 人	141 人以上
开办费(万元)	120	120 ~ 220	220 ~ 350	350 ~ 700	700 ~ 850

注：①引水及河道工程按总工程计算，不得分段分别计算；②定员人数在两个数之间的，采用内插法计算开办费。

表 8-3　建设单位定员标准表

<table>
<tr><th colspan="4">工程类别及规模</th><th>定员人数</th></tr>
<tr><td rowspan="4">枢纽工程</td><td colspan="3">特大型工程(如南水北调工程)</td><td>140 人以上</td></tr>
<tr><td>综合利用的水利枢纽工程</td><td>大(1)型
大(2)型</td><td>总库容>10 亿 m³
总库容 1 亿 ~ 10 亿 m³</td><td>70 ~ 140 人
40 ~ 70 人</td></tr>
<tr><td>以发电为主的枢纽工程</td><td colspan="2">200 万 kW 以上
150 万 ~ 200 万 kW
100 万 ~ 150 万 kW
50 万 ~ 100 万 kW
30 万 ~ 50 万 kW
30 万 kW</td><td>90 ~ 120 人
70 ~ 90 人
55 ~ 70 人
40 ~ 55 人
30 ~ 40 人
20 ~ 30 人</td></tr>
<tr><td>枢纽扩建及加固工程</td><td>大　型
中　型</td><td>总库容>1 亿 m³
总库容 0.1 亿 ~ 1 亿 m³</td><td>21 ~ 35 人
14 ~ 21 人</td></tr>
<tr><td rowspan="3">引水及河道工程</td><td>大型引水工程</td><td colspan="2">线路总长>300 km
线路总长 100 ~ 300 km
线路总长≤100 km</td><td>84 ~ 140 人
56 ~ 84 人
28 ~ 56 人</td></tr>
<tr><td>大型灌溉或排涝工程</td><td colspan="2">灌溉或排涝面积>150 万亩(1 hm²=15 亩)
灌溉或排涝面积 50 万 ~ 150 万亩</td><td>56 ~ 84 人
28 ~ 56 人</td></tr>
<tr><td>大江大河整治及堤防加固工程</td><td colspan="2">河道长度>300 km
河道长度 100 ~ 300 km
河道长度≤100 km</td><td>42 ~ 56 人
28 ~ 42 人
14 ~ 28 人</td></tr>
</table>

注：①当大型引水、灌溉或排涝、大江大河整治及堤防加固工程包含有较多的泵站、水闸、船闸时，定员可适当增加；②本定员只作为计算建设单位开办费和建设单位人员经常费的依据；③工程施工条件复杂者取大值，反之取小值。

2. 建设单位经常费

1)建设单位人员经常费

建设单位人员经常费=费用指标[元/(人・年)]×定员人数×经常费用计算期(年)　(8-2)

其中，表 8-4、表 8-5 是六类工资区的经常费用指标计算表。其他地区费用指标应根据编制年工程所在地区的人工工资计算标准，参照六类工资区费用标准计算方法调整得到。

经常费用计算期应根据施工组织设计确定的施工总工期，从工程筹建之日起到竣工之日止外加 6 个月计算。大型水利枢纽工程、大型引水工程、灌溉或排涝面积大于 150 万亩的工程筹建期为 1 ~ 2 年，其他工程为 0.5 ~ 1 年。

2)工程管理经常费

枢纽工程及引水工程一般按建设单位开办费和建设单位人员经常费之和的 35% ~ 40%计取；改扩建与加固工程、堤防及疏浚工程按 20%计取。

(二)工程建设监理费

工程建设监理费按发改价格[2007]670 号文执行。

(三)联合试运转费

费用标准见表 8-6。

表 8-4　六类(北京)地区枢纽、引水工程建设单位人员经常费用指标表

序号	项目	计算公式	金额[元/(人·年)]
1	基本工资		6 420
	工人	400 元/月（中级工）×12 月×10%	480
	干部	550 元/月（工长）×12 月× 90%	5 940
2	辅助工资		2 473
	地区津贴	北京地区无	
	施工津贴	5.3 元/天× 365 天×0.95	1 838
	夜餐津贴	4.5 元/工日×250 工日×30%	338
	节日加班津贴	基本工资÷250×11×3×35%	297
3	工资附加费		4 447
	职工福利基金	（基本工资+辅助工资）× 14%	1 245
	工会经费	（基本工资+辅助工资）× 2%	178
	职工教育经费	（基本工资+辅助工资）× 1.5%	133
	养老保险费	（基本工资+辅助工资）× 20%	1 779
	医疗保险费	（基本工资+辅助工资）× 4%	356
	工伤保险费	（基本工资+辅助工资）× 1.5%	133
	职工失业保险基金	（基本工资+辅助工资）× 2%	178
	住房公积金	（基本工资+辅助工资）× 5%	445
4	劳动保护费	基本工资 × 12%	770
5	小　计		14 110
6	其他费用	（基本工资+辅助工资+工资附加费+劳动保护费）×180%	25 398
7	合　计		39 508

注：工期短或施工条件简单的引水工程费用指标应按河道工程费用指标执行。

表 8-5　六类(北京)地区河道工程建设单位人员经常费用指标表

序号	项目	计算公式	金额[元/(人·年)]
1	基本工资		4 494
	工人	280 元/月×12 月×10%	336
	干部	385 元/月×12 月× 90%	4 158
2	辅助工资		1 647
	地区津贴	北京地区无	
	施工津贴	3.5 元/天× 365 天×0.95	1 214
	夜餐津贴	4.5 元/工日×250 工日×20%	225
	节日加班津贴	基本工资÷250×11×3×35%	208
3	工资附加费		3 071
	职工福利基金	1～2 项之和的 14%	860
	工会经费	1～2 项之和的 2%	123
	职工教育经费	1～2 项之和的 1.5%	92
	养老保险费	1～2 项之和的 20%	1 228
	医疗保险费	1～2 项之和的 4%	246
	工伤保险费	1～2 项之和的 1.5%	92
	职工失业保险基金	1～2 项之和的 2%	123
	住房公积金	1～2 项之和的 5%	307
4	劳动保护费	基本工资的 12%	539
5	小　计		9751
6	其他费用	1～4 项之和×180%	17 552
7	合　计		27 303

表 8-6 联合试运转费费用指标

类 别	项 目	指 标										
水电站工程	单机容量(万 kW)	≤1	≤2	≤3	≤4	≤5	≤6	≤10	≤20	≤30	≤40	>40
	费用(万元/台)	3	4	5	6	7	8	9	11	12	16	22
泵站工程	电力泵站	每千瓦 25~30 元										

二、生产准备费

(一)生产及管理单位提前进厂费

(1)枢纽工程。按一至四部分建安工作量的 0.2%～0.4%计算。大(1)型工程取小值，大(2)型工程取大值。

(2)引水和灌溉工程。引水和灌溉工程视工程规模参照枢纽工程计算。

(3)改扩建与加固工程、堤防与疏浚工程。原则上不计此项费用，但若工程中含有新建大型泵站、船闸等建筑物，按建筑物的建安工作量参照枢纽工程费率适当计列。

(二)生产职工培训费

(1)枢纽工程。按一至四部分建安工作量的 0.3%～0.5%计算。大(1)型工程取小值，大(2)型工程取大值。

(2)引水和灌溉工程。引水和灌溉工程视工程规模参照枢纽工程计算。

(3)改扩建与加固工程、堤防与疏浚工程。原则上不计此项费用，但若工程中含有新建大型泵站、船闸等建筑物，按建筑物的建安工作量参照枢纽工程费率适当计列。

(三)管理用具购置费

(1)枢纽工程。按一至四部分建安工作量的 0.02%～0.08%计算。大(1)型工程取小值，大(2)型工程取大值。

(2)引水和河道工程。按一至四部分建安工作量的 0.02%～0.03%计算。

(四)备品备件购置费

按占设备费的 0.4%～0.6%计算。大(1)型工程取下限，其他工程取中、上限。设备费应包括机电设备、金属结构设备及其运杂费等全部设备费。但当电站、泵站同容量、同型号机组超过一台时，只计算一台的设备费。

(五)工器具及生产家具购置费

按占设备费的 0.08%～0.2%计算。枢纽工程取下限，其他工程取中、上限。

三、科研勘测设计费

(一)工程科学研究试验费

工程科学研究试验费按工程建安工作量的百分率计算。其中，枢纽和引水工程试验费费率取 0.5%；河道工程取 0.2%。

(二)工程勘测设计费

工程勘测设计费按照国家计委、建设部计价格[2002]10 号文关于发布的《工程勘察设计收费管理规定》的通知执行。

四、建设及施工场地征用费

计算办法和计算标准参考移民和环境部分概算编制的规定执行。在估概算阶段，也可从当地土地部门调查获取单价，区分永久和临时征地根据征地亩数分别计算。

五、其　他

(一)工程保险费

按工程一至四部分投资合计的 0.45%～0.5%计算。

(二)其他税费

按国家有关规定计算应缴纳的与工程有关的税费。如耕地占用税、耕地开垦费和森林植被恢复费，根据国家和省、自治区、直辖市有关政策规定的价格进行计算，对于建设征地范围和影响跨省、自治区、直辖市的，则应采用多方共同协商所达成的统一价格。

第三节　分年度投资与资金流量

一、分年度投资

分年度投资是国家安排年度基本建设工程投资计划的依据，也是计算价差预备费和工程贷款利息的基础。它是根据施工组织设计的总进度安排计算出的各年完成的工程投资量。分年投资常以分年度投资完成表来表示，其项目与概算的项目划分一致。

(一)建筑工程

(1)建筑工程分年度投资完成表应根据施工总进度的安排，凡有单价和工程量的项目，要分年度进行计算；没有价量的项目，可根据工程进度和该工程项目该年度完成的建筑工程量的比例摊入。

(2)建筑工程分年度投资的编制至少应按二级项目中的主要工程项目分别编制，并反映各自的建筑工程量。

(二)设备及安装工程

(1)设备及安装工程分年度投资，应根据施工组织设计中设备安装及投产的日期进行编制。对于主要设备应分别按不同设备安装完成日期分别编制分年度投资完成表；其他设备统一按当年订货、当年安装、当年完成投资，编制分年度投资完成表；设备运杂费和安装费应计入其中。

(2)设备及安装工程分年度投资的编制至少应按二级项目的主要工程项目进行编制，并分别反映各自的投资。

(三)临时工程

临时工程的费用大多发生在建设前期，按施工组织设计确定的建设时间分别计列在各年度内。

(四)费用

费用根据各费用的性质和发生的时段，计入相应的年度内。

二、资金流量

资金流量是为满足建设项目在建设过程中各时段的资金需求，按工程建设实际所需资金编制的资金使用过程。资金流量表的编制以分年度投资表为依据，按建筑安装工程、永久设备工程和费用三种类型分别计算。

(一)建筑及设备安装工程资金流量

(1)建筑及设备安装工程可根据分年度投资表的项目划分，按各年度建安工作量作为计算资金流量的依据。

(2)资金流量的编制是在分年度投资的基础上，考虑工程预付款、预付款的扣回、保留金和保留金的偿还等编制出的分年度资金安排。

(3)工程预付款一般可划分为工程常规预付款、施工设备预付款和主要材料预付款三个部分。

①工程常规预付款。水电工程具有周期长、专业多的特点，常按工期长短，采取不同的预付款支付和扣回方式。

工程预付款按划分的单个工程项目的建安工作量的 10%～20%计算，工期在 3 年以内的工程全部安排在第一年；工期在 3 年以上的可安排在前两年。工程预付款的扣回一般从完成建安工作量的 30%起开始，按完成建安工作量的 20%～30%扣回至预付款全部回收完毕为止。对于需要购置特殊施工机械设备或施工难度较大的项目，工程预付款可取大值，其他项目取中值或小值。

②施工设备预付款。为解决建设单位购置特殊机械和施工承包企业提前投入施工设备购置费的不足的问题，应适度支付施工设备预付款。像工程常规预付款一样，施工设备预付款的额度扣回方式也分两种情况：

A.工期在三年及三年以内的工程。由于工期较短，同时常规预付款是按工程全部建安工作量的比例计算的，因此一般情况下可以不支付施工设备预付款。

B.工期在三年以上的工程。施工设备预付款可按工程全部建安工作量的 10%计算，在施工工期前一半时间内平均支付，分别计入各年资金流量栏内。

施工设备预付款的回收，从第二年开始按上一年已完成建安工作量的 20%扣回，直至施工设备预付款全部回收完毕为止。

C.对于需要购置特殊施工机械或施工难度较大的项目，施工设备预付款的支付可适当提前。

③主材预付款。有一些水电工程采用单价可变合同，业主按物价上涨指数及时调价给施工企业。同时，按合同文件规定支付相当数量的工程常规预付款，其中相当一部分资金可用于主材的采购。如工程常规预付款额度较小，应适当考虑按主材运抵施工现场的价值支付不得低于已到现场的主材价款 50%的预付款。

(4)保留金。水电工程的保留金按建安工作量的 2.5%计算总价，在概算资金流量计算时，按分项工程分年度完成建安工作量的 5%扣留至该项工程全部建安工作量的 25%时终止，并将所扣的保留金 100%计入该项工程终止后一年(如该年已超出总工期，则此保留金计入工程的最后一年)的资金流量表内。

需要说明的是，上述情况只是一般工程合同的常见做法，每个工程的合同条款是不同的，实际计算应根据项目承包合同条款执行。

(二)永久设备工程资金流量

永久设备工程的资金流量计算，划分为主要设备和一般设备两种类型分别计算。

(1)主要设备的资金流量计算一般遵循以下原则：

①签订订货合同，支付一定的预付定金。

②设备投料期内，支付一定额度的材料预付款。

③设备本体及附件全部运抵施工现场，支付除预付款及保证金外的全部设备价款，并同时计入全部运杂费。

④设备到货一年以后或合同投产运行一年后，支付设备保证金。

⑤在编制设计概算主要设备资金流量表时，按设备到货周期确定各年度资金流量比例。如果缺乏实际资料，可参考表 8-7 计列。

表 8-7　设备到货周期资金流量比例

到货周期(年)	第 1 年(%)	第 2 年(%)	第 3 年(%)	第 4 年(%)	第 5 年(%)	第 6 年(%)
1	15	75	10			
2	15	25	50	10		
3	15	25	10	40	10	
4	15	25	10	10	30	10

(2)其他设备。其资金流量按到货前一年预付 15%定金，到货年支付 85%的剩余价款计列。

第四节　预备费与建设期融资利息

一、预备费

预备费包括基本预备费和价差预备费。

(一)基本预备费

计算方法：按工程一至五部分投资合计的百分率计算。其中，按水利部现行规定，基本预备费费率在项目建议书阶段投资估算取 15%～18%；可行性研究阶段投资估算取 10%～12%；初步设计阶段概算取 5.0%～8.0%。

(二)价差预备费

计算方法：根据施工年限，以资金流量表的静态投资为计算基数，按照国家发改委根据物价变动趋势、适时调整和发布的年物价指数计算。计算公式为

$$E=\sum_{n=1}^{N}F_n[(1+p)^n-1] \tag{8-3}$$

式中，E 为价差预备费；N 为合理建设工期；n 为施工年度；p 为年物价指数；F_n 为在建设期资金流量表中第 n 年的投资。

【例 8-1】 表 8-8 是某工程的资金流量表，若取基本预备费率为 5%，编制年的年物价上涨指数为 6%，试计算该工程的预备费。

表 8-8　某工程资金流量表

编号	工程或费用名称	单位	第 1 年	第 2 年	第 3 年	合计
1	建筑工程	万元	5 000.00	6 000.00	3 000.00	14 000.00
2	机电设备及安装工程	万元	100.00	250.00	300.00	650.00
3	金属结构设备及安装工程	万元	50.00	150.00	200.00	400.00
4	施工临时工程	万元	130.00	90.00	50.00	270.00
5	独立费用	万元	300.00	200.00	100.00	600.00
6	基本费用	万元	5 580.00	6 690.00	3 650.00	15 920.00
7	基本预备费	万元	279.00	334.50	182.50	796.00
8	静态投资	万元	5 859.00	7 024.50	3 832.50	16 716.00

解：(1)根据已知条件首先求分年度基本费用(一至五部分费用之和)和总基本费用；其次计算分年度预备费(分年度基本费用乘以基本预备费率)和总预备费；再计算分年度静态投资(分年度基本费用与分年度预备费之和)和总静态投资。计算结果如表 8-8 所示。

(2)计算价差预备费，如表 8-9 所示。

表 8-9　预备费计算表

序号	费用名称	计算公式	金额(万元)
一	基本预备费	15 920×5%	796.00
二	价差预备费		1 951.84
	第 1 年	$5\,859.00\times[(1+6\%)^1-1]$	351.54
	第 2 年	$7\,024.50\times[(1+6\%)^2-1]$	868.23
	第 3 年	$3\,832.50\times[(1+6\%)^3-1]$	732.07
	预备费合计		2 747.84

二、建设期融资利息

其计算公式为

$$S=\sum_{n=1}^{N}\left[\left(\sum_{m=1}^{n}F_m b_m-\frac{1}{2}F_n b_n\right)+\sum_{m=0}^{n-1}S_m\right]i \tag{8-4}$$

式中，S 为建设期融资利息；N 为合理建设工期；n 为施工年度；m 为还息年度；F_n、F_m 分别为在建设期资金流量表内的第 n、m 年的投资；b_n、b_m 分别为各施工年份融资额占当年投资比例；i 为建设期融资利率；S_m 为第 m 年的付息额度。

当建设项目长于 1 年时，为了简化计算，在编制工程概算时，一般假定每年的借款是分月均匀贷款，或假定借款发生当年均在年中支用，按半年计息，年初欠款按全年计息。这样，建设期贷款利息也可按下式计算

当年应计利息=（年初借款本息累计+本年借款额/2）×年贷款利率　(8-5)

【例 8-2】 已知某水利工程的工期为 3 年，其分年度总投资分别为 3 200 万元、4 600 万元、2 800 万元。根据筹资方案，每年按总投资的 80%贷款，如果银行的年贷款年利率为 6%，分别求分年度的贷款利息和建设期总的贷款利息。

解： 建设期贷款利息可按表 8-10 计算。

表 8-10　贷款利息计算表　（单位：万元）

年度	总投资额	当年新贷款额	计算公式	利息
1	3 200	2 560	2 560÷2×6%	76.80
2	4 600	3 680	(2 560+76.80+3 680÷2)×6%	268.61
3	2 800	2 240	(2 560+3 680+76.80+268.61+2 240/2)×6%	462.32
∑	10 600	8 480		807.73

思考题

1. 施工临时工程与建筑工程中都有房屋建筑工程、交通工程等分项，是否属于重复计算？为什么？

2. 工程的分年度投资表和资金流量表有什么区别和联系？

3. 为什么要计算工程预备费？工程预备费分为哪两类？各怎么计算？

4. 某枢纽工程分年度资金流量如表 8-11 所示。已知基本预备费率为 5%，物价上涨指数为 6%，融资利率为 8%，各施工年份融资额占当年投资比例为 70%，试列表计算该工程的预备费和建设期的融资利息。

表 8-11　某枢纽工程的资金流量表

序号	工程及费用名称	分年度资金流量(万元)			合计(万元)
		第 1 年	第 2 年	第 3 年	
1	建筑工程	5 000	8 000	2 000	15 000
2	机电设备及安装工程	100	250	250	600
3	金属结构设备及安装工程	50	100	150	300
4	施工临时工程	150	100	50	300
5	独立费用	400	300	200	900

第九章 设计总概算编制

第一节 编制程序及编制依据

一、总概算编制的一般程序

水利水电工程概算由两部分构成。第一部分为工程部分概算，由建筑工程概算、机电设备及安装工程概算、金属结构设备及安装工程概算、施工临时工程概算和独立费用概算五项组成。建筑工程、机电设备及安装工程、金属结构设备及安装工程、施工临时工程、独立费用和基本预备费之和构成静态总投资。建筑工程、机电设备及安装工程、金属结构设备及安装工程、施工临时工程、独立费用、基本预备费、价差预备费、建设期融资利息之和为总投资，即静态总投资、价差预备费和建设期融资利息之和。第二部分为移民和环境部分概算，由水库移民征地补偿、水土保持工程概算和环境保护工程概算三项组成，其概算编制执行《水利工程建设征地移民补偿投资概(估)算编制规定》、《水利工程环境保护概(估)算编制规定》和《水土保持工程环境保护概(估)算编制规定》。以下主要介绍工程部分总概算的编制。

总概算编制的一般程序如下：

(1)编制的准备工作。编制概算前要熟悉上一阶段设计文件和本阶段设计成果。深入实地进行踏勘，了解工程和工地现场情况、砂砾料与天然建筑材料料场开采运输条件、场内外交通运输条件等情况。搜集人工工资、运杂费、供电价格、设备价格等各项基础资料；整理工程设计图纸、初步设计报告、枢纽布置、工程地质、水文地质、水文气象等资料，并且注意新技术、新工艺、新定额资料的搜集与分析。

向上级主管部门、工程所在地有关部门收集税务、交通运输、基建、建筑材料等各项资料；现行水利水电概预算定额和有关水利水电工程设计概预算费用构成及计算标准；各种有关的合同、协议、决定、指令、工具书等。

(2)进行工程项目划分，详细列出各级项目内容。

(3)根据有关规定和施工组织设计，编制基础单价和工程单价。基础单价是编制工程单价时计算人工费、材料费和机械使用费所必需的最基本的价格资料。水利水电工程概预算基础单价有：人工预算单价，材料预算价格和施工机械台时费，水、电、风、砂、石单价等。

(4)按分项工程计算工程量。按照设计图纸和工程量计算的有关规定计算并列出工程量清单。要对工程量进行检查和复核，以确保工程量计算的准确性。

(5)利用(3)、(4)的结果，计算各分项概算表及总概算表。按照造价的计算种类，根据基础单价和相应的工程量，计算分部分项工程概算价格，汇总分部分项工程概算以及其他费用，计算出工程总概算。

(6)进行复核、编制说明、整理成果。

二、编制依据

(1)水利部水总[2002]116 号文发布的《水利建筑工程概算定额》、《水利建筑工程预算定额》、《水利工程施工机械台时费定额》及《水利工程设计概(估)算编制规定》；

(2)水利部水建管[1999]523 号文发布的《水利水电设备安装工程预算定额》和《水利水电设备安装工程概算定额》；

(3)设计概算编制的有关文件和标准；

(4)工程施工组织设计；

(5)人工工资、运杂费、供电价格、设备价格等各项基础资料；

(6)关于税务、交通运输、基建、建筑材料等各项资料；

(7)各种有关的合同、协议、决定、指令、工具书等。

第二节　概算文件及表格构成

一、编制说明

(一)工程概况

工程概况指流域、河系、兴建地点、对外交通条件、工程规模、工程效益、工程布置形式、主体建筑工程量、主要材料用量、施工总工期、施工总工时、施工平均人数和高峰人数、资金筹措情况和投资比例等。

(二)投资主要指标

投资主要指标包括工程总投资和静态总投资，年度价格指数，基本预备费率，建设期融资额度、利率和利息等。

(三)编制原则和依据

(1)概算编制原则和依据。

(2)人工预算单价，主要材料，施工用电、水、风、砂石料等基础单价的计算依据。

(3)主要设备价格的编制依据。

(4)建筑安装工程定额、施工机械台时费定额和有关指标的采用依据。

(5)费用计算标准及依据。

(6)工程资金筹措方案。

(四)概算编制中其他应说明的问题

(略)

(五)主要技术经济指标表

本表可根据工程具体情况进行编制，反映出主要技术经济指标即可。附录二附表 2-23 为某工程的主要技术经济指标表格，供参考使用。

(六)工程概算总表

工程概算总表是由工程部分的总概算表与移民和环境部分的总概算表汇总而成的，

见附录二附表 2-1。

二、工程部分概算表

(一)概算表

(1)总概算表。

按项目划分的五部分填表并列至一级项目。五部分之后的内容为：一至五部分投资合计、基本预备费、静态总投资、价差预备费、建设期融资利息、总投资(见附录二附表 2-2)。

(2)建筑工程概算表。

按项目划分列至三级项目。附录二附表 2-3 适用于编制建筑工程概算、施工临时工程概算和独立费用概算。

(3)机电设备及安装工程概算表。

按项目划分列至三级项目。附录二附表 2-4 适用于编制机电和金属结构设备及安装工程概算。

(4)金属结构设备及安装工程概算表。

(5)施工临时工程概算表。

(6)独立费用概算表。

(7)分年度投资表。

可视不同情况按项目划分列至一级项目。枢纽工程原则上按附录二附表 2-5 编制分年度投资，为编制资金流量表作准备。某些工程施工期较短可不编制资金流量表，因此其分年度投资表的项目可按工程部分总概算表的项目列入。

(8)资金流量表。

可视不同情况按项目划分列至一级或二级项目(见附录二附表 2-6)。

(二)概算附表

(1)建筑工程单价汇总表。

(2)安装工程单价汇总表。

(3)主要材料预算价格汇总表。

(4)次要材料预算价格汇总表。

(5)施工机械台时费汇总表。

(6)主要工程量汇总表。

(7)主要材料量汇总表。

(8)工时数量汇总表。

(9)建设及施工场地征用数量汇总表。

以上概算附表格式参见附录二附表 2-7~附表 2-15。

三、概算附件组成内容

(1)人工预算单价计算表(见附录二附表 2-16)。

(2)主要材料运输费用计算表(见附录二附表 2-17)。

(3)主要材料预算价格计算表(见附录二附表 2-18)。

(4)施工用电价格计算书。

(5)施工用水价格计算书。

(6)施工用风价格计算书。
(7)补充定额计算书。
(8)补充施工机械台时费计算书。
(9)砂石料单价计算书。
(10)混凝土材料单价计算表(见附录二附表 2-19)。
(11)建筑工程单价表(见附录二附表 2-20)。
(12)安装工程单价表(见附录二附表 2-21)。
(13)主要设备运杂费率计算书。
(14)临时房屋建筑工程投资计算书。
(15)独立费用计算书(按独立项目分项计算)。
(16)分年度投资表。
(17)资金流量计算表(见附录二附表 2-22)。
(18)价差预备费计算表。
(19)建设期融资利息计算书。
(20)计算人工、材料、设备预算价格和费用依据的有关文件、询价报价资料及其他。
注：概算正件及附件均应单独成册并随初步设计文件报审。

第三节　某水利枢纽工程概算编制案例

一、编制说明

(一)工程概况

×××水电站位于 H 省 Z 县境内，下距 Z 县城公路里程 15 km。Z 县至 S 市 170 km(经 F 县)，对外交通方便。

电站装机容量 500 MW，安装 2 台单机容量为 250 MW 的混流式水轮发电机组，工程主要枢纽建筑物由钢筋混凝土面板堆石坝、溢洪道、泄洪洞、引水系统、地面厂房等组成，为 I 等大(1)型工程。

工程总工期为 3 年 7 个月(不含筹建期)，其主体建筑主要工程量为：土石方明挖 348.60 万 m^3，石方洞挖 29.58 万 m^3，土石方填筑 322.94 万 m^3，混凝土 44.87 万 m^3，固结灌浆 6.00 万 m^2，钢筋 2.20 万 t。

工程建设由×××公司投资。资本金为工程总投资的 20%。

(二)投资主要指标

该工程静态总投资为 142 575.48 万元，其中：建筑工程 58 821.82 万元，机电设备、金属结构设备及安装工程 45 820.08 万元，施工临时工程 11 968.64 万元，独立费用 17 894.63 万元，基本预备费 8 070.31 万元。工程总投资 172 516.50 万元，其中：价差预备费 12 076.86 万元，建设期贷款利息 17 864.16 万元。

(三)编制原则及依据

(1)初步设计概算按 2008 年上半年的价格水平编制。

(2)根据水利部(水总[2002]116 号文)颁发的《水利工程设计概(估)算编制规定》制定的“某水利枢纽工程初步设计概算编制大纲”，作为概算编制的指导原则。

(3)概算编制依据。

①水利部水总[2002]116 号文发布的《水利建筑工程概算定额》、《水利建筑工程预算定额》、《水利工程施工机械台时费定额》及《水利工程设计概(估)算编制规定》。

②水利部水建管[1999]523 号文发布的《水利水电设备安装工程预算定额》和《水利水电设备安装工程概算定额》。

③设计概算编制的有关文件和标准(略)。

(4)费用标准。

①人工工时预算单价：工长 7.11 元/工时；高级工 6.61 元/工时；中级工 5.62 元/工时；初级工 3.04 元/工时。

②主要材料预算价格。

主要材料原价根据设计选定的供应地或供应厂家按调查价格或询价进行确定。

水泥：由 J 水泥厂在 S 市的转运站供应，公路运输。

钢材：由 S 市钢材市场供应，公路运输。钢板由 W 市由火车运至 S 市，再转公路运至工地。铁路运输价格执行国家发改委、铁道部发改价格[2005]477 号文《关于适当调整铁路货物运输价格的通知》。

木材：Z 县供应，公路运输。板枋材在工地自行加工，出材率 65%，加工费 50 元/m^3。

油料：由 H 省中石化公司 Z 县支公司供应，公路运输。

火工材料：由 S 市民爆经销企业供应，公路运输。其原价执行国家发改委发改价格[2005]841 号文《关于调整民用爆破器材产品出厂价格的通知》，并根据 H 省物价局《关于印发<H 省民用爆破器材销售作价(试行)办法>的通知》计取仓储费、管理费、财务费、劳务费、税金及利润等。

该工程主要材料价格资料如表 9-1 所示。

表 9-1　主要材料原价、预算价格表　(单位：元)

编号	材料名称及规格	单位	原价	预算价格	编号	材料名称及规格	单位	原价	预算价格
1	普通硅酸盐水泥 425#(袋装)	t	288.00	433.62	7	2#岩石铵梯炸药	t	6 286.01	6 678.51
2	普通硅酸盐水泥 525#(袋装)	t	360.00	507.92	8	4#抗水岩石铵梯炸药	t	6 922.18	7 339.00
3	普通钢板	t	4 510.00	4 849.56	9	柴油 0#	t	4 779.00	4 949.81
4	钢板 δ=34 ~ 36 mm	t	5 010.00	5 365.59	10	汽油 90#	t	5 463.00	5 656.96
5	普通钢筋ϕ16 ~ 18	t	3 550.00	3 803.20	11	杉原木	m^3	850.00	895.84
6	低合金钢筋 20MnSiϕ20 ~ 25	t	3 450.00	3 700.04	12	松原木	m^3	750.00	792.84

③施工机械使用费：按台时计算，执行水利部水规[2002]116 号文颁发的《水利工程施工机械台时费定额》。

④施工用电、风、水预算单价，计算详见概算附件。

⑤取费标准，见表 9-2。

⑥设备费。主要机电设备、金属结构设备价格根据设计提供的型号、规格，参考国内类似规模电站招标价格和其他类似工程概算价格，分析目前市场价格水平后确定。

表 9-2　取费标准表

序号	工程类别	计算基础	费率(%)
一	其他直接费率		
1	建筑工程	直接费	2.0
2	机电、金属结构设备安装工程	直接费	2.7
二	现场经费		
1	土石方工程	直接费	9.0
2	砂石备料工程(自采)	直接费	2.0
3	模板工程	直接费	8.0
4	混凝土浇筑工程	直接费	8.0
5	钻孔灌浆及锚固工程	直接费	7.0
6	其他建筑工程	直接费	7.0
7	机电、金属结构设备安装工程	人工费	45.0
三	间接费费率		
1	土石方工程	直接工程费	9.0
2	砂石备料工程(自采)	直接工程费	6.0
3	模板工程	直接工程费	6.0
4	混凝土浇筑工程	直接工程费	5.0
5	钻孔灌浆及锚固工程	直接工程费	7.0
6	其他建筑工程	直接工程费	7.0
7	机电、金属结构设备安装工程	人工费	50.0
四	利润	直接工程费+间接费	7.0
五	计算税率	直接工程费+间接费+利润	3.35

注：对于以实物量形式计算的安装工程单价，表中计算税率的计算基础还应加未计价装置性材料费。

(四)概算编制中存在的其他应说明的问题

移民和环境部分概算编制。该部分政策性较强，可按照相关编制办法及计算标准、相关政策规定计算，本设计概算暂不计入。

基本预备费。按建筑工程、机电设备及安装工程、金属结构设备及安装工程、施工临时工程、独立费用之和的 6%计算。

价差预备费。根据《关于加强对基本建设大中型项目概算中“价差预备费”管理有关问题的通知》(计投资[1999]1340 号)的精神，物价指数按 0 计。此处为了说明问题，按物价指数 3%计算。

工程建设由×××公司投资。资本金为工程总投资的 20%。建设期贷款利息以静态总投资扣除资本金后的分年投资为基数，逐年计算。从工程筹建期开始计息，按贷款年名义利率 5%计算。

(五)主要技术经济指标表

(略)

二、概算表(工程部分)

(一)总概算表及分部概算表

总概算表及分部概算表如表 9-3 ~ 表 9-9 所示。

表 9-3 工程总概算表 （单位：万元）

编号	工程或费用名称	建安工程费	设备购置费	独立费用	合计	占一至五部分投资(%)
Ⅰ	工程部分					
	第一部分 建筑工程	58 821.82			58 821.82	43.73
一	挡水工程	12 828.84			12 828.84	
二	泄洪工程	18 747.81			18 747.81	
三	引水工程	11 466.24			11 466.24	
四	发电厂工程	13 334.62			13 334.62	
五	升压变电站工程	564.71			564.71	
六	交通工程	950.00			950.00	
七	房屋建筑工程	349.60			349.60	
八	其他建筑工程	580.00			580.00	
	第二部分 机电设备及安装工程	2 343.56	34 126.82		36 470.38	27.11
一	发电设备及安装工程	1 501.60	26 984.05		28 518.26	
二	升压变电设备及安装工程	192.81	5 002.80		5 195.61	
三	公用设备及安装工程	649.16	2 139.97		2 756.51	
	第三部分 金属结构设备及安装工程	2 847.57	6 502.14		9 349.70	6.95
一	泄洪工程	386.47	3 739.84		4 126.32	
二	引水工程	2 396.18	2 320.75		4 716.93	
三	发电厂工程	64.91	441.54		506.45	
	第四部分 施工临时工程	11 968.64			11 968.64	8.90
一	导流工程	7 277.22			7 277.22	
二	施工交通工程	2 650.00			2 650.00	
三	施工供电工程	608.00			608.00	
四	施工房屋建筑工程	1 433.42			1 433.42	
	第五部分 独立费用			17 894.63	17 894.63	13.30
一	建设管理费			4 617.28	4 617.28	
二	生产准备费			535.53	535.53	
三	科研勘测设计费			8 746.06	8 746.06	
四	建设及施工场地征用费			3 489.87	3 489.87	
五	其他			505.89	505.89	
	一至五部分投资合计				134 505.17	100.00
	基本预备费				8 070.31	
	静态总投资				142 575.48	
	价差预备费				12 076.86	
	建设期利息				17 864.16	
	总投资				172 516.50	
Ⅱ	移民和环境部分	(按有关规定计算)				

表 9-4　建筑工程概算表

编号	工程或费用名称	单位	数量	单价(元)	合价(万元)
	第一部分　建筑工程				58 821.82
一	挡水工程				12 828.84
1	拦河堆石坝工程				12 828.84
	土方开挖	m^3	97 100	14.60	141.77
	石方明挖	m^3	358 400	32.35	1 159.42
	灌浆洞石方洞挖	m^3	1 800	194.71	35.05
	上游抛填粉土	m^3	54 100	13.30	71.95
	垫层料填筑(来自料场)	m^3	89 400	18.80	168.07
	过渡料填筑(来自料场)	m^3	143 500	38.17	547.74
	上游抛填石渣	m^3	85 990	8.70	74.81
	主堆石填筑(来自料场)	m^3	1 229 120	44.06	5 415.50
	次堆石填筑(利用料上坝)	m^3	878 140	6.61	580.45
	下游干砌石护坡(来自料场)	m^3	25 250	80.71	203.79
	趾板混凝土 C25 二级配	m^3	2 480	385.41	95.58
	面板混凝土 C25 二级配	m^3	20 100	412.35	828.82
	防浪墙混凝土 C20 二级配	m^3	3 200	381.69	122.14
	灌浆平洞底板混凝土 C20 二级配	m^3	148	363.66	5.38
	喷混凝土 C20	m^3	1 760	624.03	109.83
	钢筋制安	t	2 075	7 607.47	1 578.55
	锚杆ϕ28，L=5 m	根	4 200	216.42	90.90
	帷幕灌浆	m	21 000	532.87	1 119.03
	固结灌浆	m	8 100	245.78	199.08
	细部结构工程	m^3	2 531 280	1.11	280.97
二	泄洪工程				18 747.81
1	溢洪道工程				13 207.38
	土方开挖	m^3	255 200	13.55	345.80
	石方明挖	m^3	1 681 000	30.92	5 197.65
	溢洪道混凝土 C25(二级配)	m^3	65 180	435.08	2 835.85
	溢洪道混凝土 C30(二级配)	m^3	17 707	456.91	809.05
	喷混凝土	m^3	6 850	624.03	427.46
	预应力锚索 3 500 kN　L=25 m	束	90	19 214.13	172.93
	预应力锚索 1 200 kN　L=8 m	束	14	4 717.84	6.60
	预应力锚索 1 200 kN　L=10.5 m	束	14	5 456.45	7.64
	钢筋制安	t	3 263	7 607.47	2 482.32
	锚杆ϕ28，L=5 m	根	12 099	216.42	261.85
	镀锌铅丝网	m^3	50 035	25.00	125.09
	固结灌浆	m	15 278	245.78	375.50
	细部结构工程	m^3	89 737	17.79	159.64
2	泄洪洞工程				5 540.43
	土方开挖	m^3	35 000	13.55	47.43
	石方明挖	m^3	151 100	35.54	537.01
	石方洞挖	m^3	74 300	75.89	563.86
	进水塔混凝土 C25　二级配	m^3	24 118	398.13	960.21
	隧洞衬砌混凝土 C30　二级配	m^3	13 868	467.19	647.90
	喷混凝土	m^3	2 748	648.71	178.27
	钢筋制安	t	2 868	7 607.47	2 181.82
	锚杆ϕ28，L=8 m	根	1 876	341.49	64.06

续表 9-4

编号	工程或费用名称	单位	数量	单价(元)	合价(万元)
	锚杆ϕ25，L=5 m	根	2 282	190.85	43.55
	固结灌浆	m	14 813	172.32	255.26
	细部结构工程	m^3	40 734	14.99	61.06
三	引水工程				11 466.24
1	进水口				7 061.03
	土方开挖	m^3	60 840	11.23	68.32
	石方明挖	m^3	243 360	31.09	756.61
	进水口混凝土 C20　二级配	m^3	68 100	370.89	2 525.76
	喷混凝土	m^3	3 921	624.03	244.68
	钢筋制安	t	3 995	7 607.47	3 039.18
	锚杆ϕ32，L=8 m	根	2 856	409.03	116.82
	锚杆ϕ28，L=6 m	根	4 120	260.00	107.12
	锚桩 3ϕ28，L=25 m	根	100	6 764.29	67.64
	细部结构工程	m^3	72 021	18.73	134.90
2	引水隧洞工程				4 405.20
	石方斜洞开挖	m^3	10 500	136.78	143.62
	石方平洞开挖	m^3	48 500	103.51	502.02
	斜洞混凝土衬砌 C25　二级配	m^3	3 763	487.59	183.48
	平洞混凝土衬砌 C25　二级配	m^3	22 500	464.31	1 044.70
	钢筋制安	t	2 710	7 607.47	2 061.62
	回填灌浆	m^2	10 770	73.19	78.83
	固结灌浆	m	19 725	172.32	339.90
	接缝灌浆	m^2	1 506	77.45	11.66
	细部结构工程	m^3	26 263	14.99	39.37
四	发电厂工程				13 334.62
1	地面厂房工程				12 706.90
	土方开挖	m^3	75 107	14.21	106.73
	石方明挖	m^3	300 428	38.72	1 163.26
	石渣回填	m^3	106 860	7.72	82.50
	地面厂房混凝土	m^3	110 700	592.71	6 561.30
	喷混凝土	m^3	3 220	624.03	200.94
	钢筋制安	t	4 650	7 607.47	3 537.47
	钢桁架	t	60	15 000.00	90.00
	固结灌浆	m	2 100	245.78	51.61
	锚杆ϕ32，L=8 m	根	4 789	402.02	192.53
	锚桩 3ϕ28，L=25 m	根	145	6 764.29	98.08
	砖砌体	m^3	980	270.00	26.46
	混凝土预制屋面结构	m	2 998	600.00	179.88
	细部结构工程	m^3	113 920	36.53	416.15
2	尾水渠工程				627.72
	土方开挖	m^3	4 553	14.21	6.47
	石方明挖	m^3	18 212	38.72	70.52
	混凝土 C15　二级配	m^3	16 500	273.27	450.90
	钢筋制安	t	52	7 607.47	39.56
	细部结构工程	m^3	16 500	36.53	60.27

续表 9-4

编号	工程或费用名称	单位	数量	单价(元)	合价(万元)
五	升压变电站工程				564.71
1	升压变电站工程				564.71
	石渣填筑	m^3	127 240	7.72	98.23
	混凝土 C25　二级配	m^3	5 500	526.29	289.46
	钢筋制安	t	209	7 607.47	159.00
	细部结构工程	m^3	5 500	32.78	18.03
六	交通工程				950.00
1	公路工程				950.00
	1#进厂混凝土道路(宽 9 m)	km	0.4	3 500 000	140.00
	2#左岸上坝泥结石道路(宽 7 m)	km	1.5	2 800 000	420.00
	10#右岸上坝泥结石道路(宽 9 m)	km	1.3	3 000 000	390.00
七	房屋建筑工程				349.60
	辅助生产车间	m^2	1 200	400	48.00
	办公室	m^2	1 140	900	102.60
	生活及文化福利建筑	m^2	1 500	900	135.00
	室外工程	m^2	1 600	400	64.00
八	其他建筑工程				580.00
	动力线路工程	项	1	900 000	90.00
	照明线路工程	项	1	100 000	10.00
	厂坝区供水、排水工程	项	1	500 000	50.00
	水文、水情监测工程	项	1	1 300 000	130.00
	地震监测站工程	项	1	1 000 000	100.00
	其他工程	项	1	2 000 000	200.00

表 9-5　机电设备及安装工程概算表

序号	名称及规格	单位	数量	单价(元)		合计(万元)	
				设备费	安装费	设备费	安装费
	第二部分　机电设备及安装工程					34 126.82	2 343.56
一	发电设备及安装工程					26 984.05	1 501.60
1	水轮机设备及安装工程					10 328.05	282.43
	水轮机　700 t/台	台	2	48 750 000	1 309 994.04	9 750.00	262.00
	调速器 PID 4.0 MPa	台	2	1 450 000	60 373.59	290.00	12.07
	油压装置　YS–12.5–4.0	台	2	600 000	41 785.77	120.00	8.36
	自动化元件	套	2	700 000		140.00	0.00
	透平油	t	51.00	5 500		28.05	0.00
2	发电机设备及安装					15 420.00	468.08
	发电机　1 425 t/台	台	2	74 100 000	2 340 390.56	14 820.00	468.08
	励磁装置(含励磁变压器)	套	2	2 500 000		500.00	0.00
	自动化元件	套	2	500 000		100.00	0.00
3	起重设备及安装					700.20	71.27
	…	…	…		…	…	…
4	水力机械辅助设备及安装工程					535.80	679.82
	…	…	…		…	…	…
二	升压变电设备及安装工程					5 002.80	192.81
1	主变压器及设备安装					4 033.00	121.07
	单相双卷变压器 DFP–100000/220	台	6	2 800 000	97 555.66	1 680.00	58.53

续表 9-5

序号	名称及规格	单位	数量	单价(元)		合计(万元)	
				设备费	安装费	设备费	安装费
	单相双卷变压器 DFP–300000/500	台	3	7 800 000	136 280.03	2 340.00	40.88
	中性点避雷器 Y1.5W-144/320W	台	2	20 000		4.00	0.00
	中性点隔离开关 400 A 单相	台	2	5 000		1.00	0.00
	中性点电流互感器 110 kV 400/5A	台	4	20 000		8.00	0.00
	主变压器轨道 43 kg/m	双 10 m	20.00		10 827.04	0.00	21.65
2	高压电气及设备安装工程					969.80	4.80
	…	…	…		…	…	…
3	一次拉线					0.00	66.93
	钢芯铝绞线 LGJ–300	三相 100 m	8.00		21 165.83	0.00	16.93
	设备及钢绞线支柱、支架	项	1		500 000	0.00	50.00
三	公用设备及安装工程					2 139.97	649.16
1	通信设备及安装工程					265.00	242.48
(1)	光缆通信					80.00	234.31
	光纤通信设备	套	2	400 000	3 647.03	80.00	0.73
	OPGW 光缆 6 芯 单模	km	20.00		33 827.72	0.00	67.66
	OPGW 光缆 8 芯 单模	km	45.00		36 872.72	0.00	165.93
(2)	载波通信					90.00	1.50
	500 kV 电力载波系统	套	2	450 000	7 514.29	90.00	1.50
(3)	生产调度通信					95.00	6.67
	数字式程控交换机 400 门	套	1	850 000	66 681.76	85.00	6.67
	通信设备测试仪器仪表	套	1	100 000		10.00	0.00
2	通风采暖设备及安装工程					19.82	17.25
	…	…	…		…	…	…
3	机修设备及安装工程					56.27	0.00
	…	…	…		…	…	…
4	计算机监控系统					900.00	74.36
	计算机监控系统设备	套	1	9 000 000	743 608.88	900.00	74.36
5	工业电视系统					200.00	0.00
	工业电视设备	套	1	2 000 000		200.00	0.00
6	全厂接地、保护网					0.00	42.49
	…	…	…		…	…	…
7	坝区馈电设备及安装工程					22.00	0.00
	坝顶变压器 SC10–400/10	台	2	110 000		22.00	0.00
8	供水、排水设备及安装工程	项	1	300 000		30.00	0.00
9	水文、水情、泥沙监测设备					150.00	30.00
	水情自动测报系统	套	1	1 500 000	300 000	150.00	30.00
10	外部观测设备及安装工程					496.88	242.57
	监测设备及安装	项	1	4 968 805.28	2 425 749	496.88	242.57

表 9-6 金属结构设备及安装工程概算表

编号	名称及规格	单位	数量	单价(元)		合计(万元)	
				设备费	安装费	设备费	安装费
	第三部分 金属结构设备及安装工程					6 502.14	2 847.57
一	泄洪工程					3 739.84	386.47
1	闸门设备及安装					2 189.14	265.43
(1)	溢洪道					1 795.09	221.66
	弧形工作门 300 t/扇	t	900.00	14 000.00	1 676.73	1 260.00	150.91
	埋件 15 t/付	t	45.00	13 500.00	2 725.90	60.75	12.27
	平面叠梁检修门 240 t/扇	t	240.00	12 000.00	1 626.56	288.00	39.04
	埋件 25 t/付	t	75.00	11 000.00	2 593.82	82.50	19.45
	运杂费			6.14%		103.84	
(2)	泄洪洞					394.04	43.77
	弧形工作门 125/扇	t	125.00	14 000.00	1 102.87	175.00	13.79
	埋件 15 t/付	t	15.00	13 500.00	2 593.82	20.25	3.89
	平板检修门 110 t/扇	t	110.00	12 000.00	1 428.49	132.00	15.71
	埋件 40 t/付	t	40.00	11 000.00	2 593.82	44.00	10.38
	运杂费			6.14%		22.79	
2	启闭设备及安装					1 550.71	121.04
(1)	溢洪道					1 159.05	92.80
	液压启闭机 70 t/台	台	3.00	2 940 000.00	187 923.32	882.00	56.38
	单向门机 140 t/台	台	1.00	2 100 000.00	154 197.69	210.00	15.42
	轨道 QU120	双 10 m	8.60		24 416.98		21.00
	运杂费			6.14%		67.05	
(2)	泄洪洞					391.66	28.25
	卷扬式启闭机 100 t/台	台	1.00	1 800 000.00	133 840.23	180.00	13.38
	液压启闭机 45 t/台	台	1.00	1 890 000.00	148 643.30	189.00	14.86
	运杂费			6.14%		22.66	
二	引水工程					2 320.75	2 396.18
1	闸门设备及安装					558.30	80.87
	…	…	…	…	…	…	…
2	启闭设备及安装					1 384.07	120.03
	…	…	…	…	…	…	…
3	拦污设备及安装					378.39	44.95
(1)	拦污栅	t	280.00	10 000.00	882.06	280.00	24.70
(2)	埋件	t	85.00	9 000.00	2 383.17	76.50	20.26
(3)	运杂费			6.14%		21.89	
4	钢管制作及安装						2 150.32
	钢管制作及安装	t	1 847.00		11 642.25		2 150.32
三	发电厂工程					441.54	64.91
1	闸门设备及安装					250.49	36.80
(1)	检修门 40 t/扇	t	160.00	11 000.00	1 277.59	176.00	20.44
(2)	埋件 15 t/付	t	60.00	10 000.00	2 725.90	60.00	16.36
(3)	运杂费			6.14%		14.49	
2	启闭设备及安装					191.05	28.12
(1)	单向门机 120 t/台	台	1.00	1 800 000.00	124 882.47	180.00	12.49
(2)	轨道 QU120	双 10 m	6.40		24 416.98		15.63
(3)	运杂费			6.14%		11.05	

表 9-7　施工临时工程概算表

编号	工程或费用名称	单位	数量	单价(元)	合价(万元)
	第四部分　施工临时工程				11 968.64
一	导流工程				7 277.22
1	导流洞工程				6 215.49
	石方明挖	m^3	149 274	30.58	456.48
	石方洞挖	m^3	160 742	69.26	1 113.30
	混凝土衬砌	m^3	20 856	423.42	883.08
	导流洞洞口混凝土	m^3	12 500	388.96	486.20
	混凝土喷护	m^3	2 100	624.03	131.05
	钢筋制安	t	2 200	7 607.47	1 673.64
	锚杆ϕ28，L=4.5 m	根	6 500	216.42	140.67
	回填灌浆	m	12 120	80.16	97.15
	封堵混凝土	m^3	8 845	350	309.58
	浆砌石	m^3	3 200	163.63	52.36
	导流洞封堵闸门及埋件	t	360	11 000	396.00
	导流洞封堵用固定卷扬式启闭机	t	100	18 000	180.00
	其他	%	5.00	59 195 169.56	295.98
2	土石围堰工程				1 061.73
(1)	上游围堰				668.63
	黏土填筑	m^3	66 190	18.68	123.64
	反滤料填筑	m^3	5 500	79.85	43.92
	石渣填筑	m^3	248 100	10.56	261.99
	干砌块石	m^3	6 588	80.71	53.17
	旋喷防渗墙，厚 0.8 m	m^2	2 100	885.25	185.90
(2)	下游围堰				393.10
	黏土填筑	m^3	11 063	18.68	20.67
	反滤料填筑	m^3	1 800	79.85	14.37
	石渣填筑	m^3	41 000	10.56	43.30
	干砌块石	m^3	3 005	80.71	24.25
	旋喷防渗墙，厚 0.8 m	m^2	2 050	885.25	181.48
	钢筋石笼	m^3	2 200	154.68	34.03
	围堰拆除	m^3	56 868	13.19	75.01
二	施工交通工程				2 650.00
	7#～9#右岸填筑道路 泥结碎石 宽 9.0 m	km	2	2 500 000	500.00
	13#料场采运道路 泥结碎石 宽 9.0 m	km	2	2 500 000	500.00
	3#左岸出渣道路 泥结碎石 宽 7.0 m	km	0.5	2 000 000	100.00
	4#～6#、11#右岸出渣道路 泥结碎石 宽 7.0 m	km	3	1 700 000	510.00
	12#砂石系统进料道路 泥结碎石 宽 7.0 m	km	1	1 700 000	170.00
	导流洞施工道路 宽 7 m	km	3	1 200 000	360.00
	其他施工道路 泥结碎石 宽 7.0 m	km	3	1 700 000	510.00

续表 9-7

编号	工程或费用名称	单位	数量	单价(元)	合价(万元)
三	施工供电工程				608.00
	35 kV 供电线路	km	15	200 000	300.00
	10 kV 供电线路	km	7	120 000	84.00
	6.3 kV 供电线路	km	3	80 000	24.00
	35 kV 施工变电站	座	1	2 000 000	200.00
四	施工房屋建筑工程				1 433.42
1	场地平整				478.92
	土方开挖	m^3	6 780	8.62	5.84
	石方开挖	m^3	15 820	19.57	30.96
	土石方回填	m^3	52 200	3.08	16.08
	M7.5 浆砌块石	m^3	16 130	163.63	263.94
	C15 混凝土(地坪)	m^3	5 800	279.49	162.10
2	施工仓库及辅助加工厂				954.50
	施工仓库	m^2	2 800	300	84.00
	辅助加工厂	m^2	3 200	350	112.00
	办公、生活及文化福利建筑	万元			758.50

表 9-8 独立费用概算表

编号	工程或费用名称	单位	数量	单价	合价(万元)
	第五部分 独立费用				17 894.63
一	建设管理费				4 617.28
1	项目管理费				3 433.56
	建设单位开办费				550.00
	建设单位经常费				1 902.54
	工程管理经常费				981.02
2	工程建设监理费		75 981.59	1.50%	1 139.72
3	联合试验费				44.00
二	生产准备费				535.53
1	生产及管理单位提前进厂费		75 981.59	0.20%	151.96
2	生产职工培训费		75 981.59	0.30%	227.94
3	管理用具购置费		75 981.59	0.04%	30.39
4	备品备件购置费		23 184.29	0.40%	92.74
5	工器具及生产家具购置费		40 628.95	0.08%	32.50
三	科研勘测设计费				8 746.06
1	工程科研试验费		75 981.59	0.50%	379.91
2	工程勘测设计费				8 366.15
四	建设及施工场地征用费				3 489.87
五	其他				505.89
1	定额编制管理费		75 981.59	0.05%	37.99
2	工程质量监督费		75 981.59	0.10%	75.98
3	工程保险费		75 981.59	0.45%	341.92
4	其他税费				50.00

表 9-9 分年度投资表 （单位：万元）

序号	项目名称	合计	建设工期(年)				
			1	2	3	4	5
1	第一部分：建筑工程	58 821.82	2 284.47	22 003.55	24 424.67	8 658.75	1 450.39
2	第二部分：机电设备及安装工程	36 470.38	0.00	4 990.29	23 288.03	6 017.23	2 174.82
3	第三部分：金属结构设备及安装工程	9 349.70	0.00	2 592.44	4 010.23	2 747.02	0.00
4	第四部分：临时工程	11 968.64	10 056.90	1 911.74	0.00	0.00	0.00
5	第五部分：独立费用	17 894.63	2 216.28	4 749.74	6 428.92	3 473.96	1 025.72
6	一至五部分合计	134 505.17	14 557.65	36 247.77	58 151.86	20 896.96	4 650.92
7	基本预备费	8 070.31	998.73	2 113.55	3 461.43	1 218.65	277.94
8	静态总投资	142 575.48	15 556.38	38 361.32	61 613.29	22 115.62	4 928.87
9	价差预备费	12 076.86	466.69	2 336.20	5 713.22	2 775.70	785.04
10	建设期融资利息	17 864.16	320.46	1 470.90	3 704.92	5 734.52	6 633.36
11	总投资	172 516.50	16 343.53	42 168.42	71 031.43	30 625.85	12 347.26

(二)概算附表

概算附表如表 9-10 ~ 表 9-17 所示。

表 9-10 建筑工程单价汇总表 （单位：元）

编号	工程名称	单位	单价	其中							
				人工费	材料费	机械费	其他直接费	现场经费	间接费	企业利润	税金
1	坝基土方开挖	m^3	14.60	0.14	0.42	10.36	0.22	0.98	1.09	0.92	0.47
2	石渣运输	m^3	39.59	0.53	0.58	28.48	0.59	2.66	2.96	2.51	1.28
	…										
26	浆砌石	m^3	163.63	36.16	83.09	3.04	2.45	11.01	12.22	10.36	5.30
	…										
32	反滤料运输	m^3	15.15	0.08	0.11	11.13	0.23	1.02	1.13	0.96	0.49
33	反滤料填筑	m^3	86.07	0.63	44.29	19.4	1.29	5.79	6.43	5.45	2.79
	…										
59	钢筋制安	t	7 607.47	567.13	4 065.19	1 323.59	119.12	476.47	327.84	481.55	246.59
	…										

表 9-11 安装工程单价汇总表 （单位：元）

编号	工程名称	单位	单价	其中								
				人工费	材料费	机械费	装置性材料费	其他直接费	现场经费	间接费	企业利润	税金
1	混流式水轮机	台	1 309 994.04	418 590.18	225 661.53	122 007.70		20 689.00	188 365.58	209 295.09	82 922.64	42 462.31
	…											
n	计算机监控系统	套	743 608.88	270 000.00	45 000.00	54 000.00	36 000.00	10 935.00	121 500	135 000	47 070.45	24 103.43

表 9-12 主要材料预算价格汇总表 （单位：元）

编号	材料名称及规格	单位	预算价格	其中			
				原价	运杂费	运输保险费	采购及保管费
1	普通硅酸盐水泥 425#(袋装)	t	433.62	288.00	132.41	0.58	12.63
2	普通硅酸盐水泥 525#(袋装)	t	507.92	360.00	132.41	0.72	14.79
3	普通钢板	t	4 849.56	4 510.00	189.29	9.02	141.25
4	钢板 δ=34 ~ 36 mm	t	5 365.59	5 010.00	189.29	10.02	156.28
5	普通钢筋ϕ16 ~ 18	t	3 803.20	3 550.00	137.10	5.33	110.77
6	低合金钢筋 20MnSiϕ20 ~ 25 mm	t	3 700.04	3 450.00	137.10	5.18	107.77
7	2#岩石铵梯炸药	t	6 678.51	6 286.01	147.69	50.29	194.52
8	4#抗水岩石铵梯炸药	t	7 339.00	6 922.18	147.69	55.38	213.76
9	柴油 0#	t	4 949.81	4 779.00	19.47	7.17	144.17
10	汽油 90#	t	5 656.96	5 463.00	21.00	8.19	164.77
11	杉原木	m	895.84	850.00	19.75		26.09
12	松原木	m	792.84	750.00	19.75		23.09

表 9-13 次要材料预算价格计算表

编号	材料名称及规格	单位	原价(元)	杂费(元)	预算价格(元)
1	钢管	m	13.62	0.93	14.55
2	工作锚具 QM15–7	套	288.00	18.00	306.00
	…				

表 9-14 施工机械台时费汇总表 （单位：元）

编号	名称及规格	台时费	其中				
			折旧费	修理及替换设备费	安装拆卸费	人工费	动力燃料费
1	轮式装载机 2 m	139.59	15.96	14.46	1.28	9.41	98.48
2	振动碾 拖式重量 14 t	62.88	10.76	7.80			44.32
	……						

表 9-15 主要工程量汇总表

编号	工程项目	土石方明挖 (m^3)	石方洞挖 (m^3)	土石填筑 (m^3)	混凝土 (m^3)	钢筋 (t)	固结灌浆 (m)
	第一部分 建筑工程	3 280 300.00	135 100.00	2 739 600.00	392 363.00	19 822.00	60 016.00
一	挡水工程	455 500.00	1 800.00	2 505 500.00	27 688.00	2 075.00	8 100.00
二	泄洪工程	2 122 300.00	74 300.00		130 471.00	6 131.00	30 091.00
三	引水工程	304 200.00	59 000.00		98 284.00	6 705.00	19 725.00
四	发电厂工程	398 300.00		106 860.00	130 420.00	4 702.00	2 100.00
五	升压变电站工程			127 240.00	5 500.00	209.00	
…	…	…	…	…	…	…	…
	第四部分 施工临时工程	205 674.00	160 742.00	489 846.00	56 341.00	2 200.00	
一	导流工程	160 474.00	160 742.00	385 446.00	44 741.00	2 200.00	
二	施工交通工程	22 600.00		52 200.00	5 800.00		
四	施工房屋建筑工程	22 600.00		52 200.00	5 800.00		
合计		3 485 974.00	295 842.00	3 229 446.00	448 704.00	22 022.00	60 016.00

表 9-16　主要材料用量汇总表

序号	材料名称	单位	合计	施工临时工程	建筑工程	机电设备安装工程	金结设备安装工程
1	水泥	t	162 726.70	22 725.11	140 001.59		
2	钢筋	t	25 905.02	2 696.82	23 208.20		
3	钢材	t	349.36			132.70	216.65
4	木材	m^3	8 885.82	173.80	8 556.16	46.88	108.98
5	柴油	t	9 695.06	949.48	8 662.79	8.85	73.94
6	炸药	t	1 957.00	282.16	1 674.84		

表 9-17　工时数量汇总表

序号	项目	单位	合计	施工临时工程	建筑工程	机电设备安装工程	金结设备安装工程
1	工长	工时	798 028.09	44 907.53	649 519.17	58 917.97	44 683.42
2	高级工	工时	5 449 522.55	398 160.36	4 145 786.37	444 896.36	460 679.46
3	中级工	工时	5 892 701.15	512 966.06	4 802 401.07	288 520.64	288 813.38
4	初级工	工时	6 928 259.60	1 067 156.96	5 583 748.39	147 268.35	130 085.90
合计			19 068 511.39	2 023 190.91	15 181 455.00	939 603.32	924 262.16

思考题

1. 简述总概算编制的程序。
2. 工程部分概算表格有哪些？
3. 简述静态总投资、总投资的概念。

第三篇　工程概预算的动态控制

第十章　投资估算、施工图预算和施工预算

第一节　投资估算

一、概　述

(一)投资估算的概念

水利水电工程投资估算，是指在项目建议书阶段、可行性研究阶段对工程造价的预测，它是设计文件的重要组成部分，是按照国家和主管部门规定的编制方法，估算指标、概算指标或类似工程的预(决)算资料、各项取费标准，现行的人工、材料、设备价格，以及工程具体条件编制的技术经济文件。投资估算控制初步设计概算，它是工程投资的最高限额。

项目建议书阶段的投资估算，不仅是建设项目初步经济评价中计算费用部分的原始资料，而且是立项决策的重要依据。项目建议书编制一般委托有相应资质的设计单位承担，并按照国家规定权限向上级主管部门申请审批。

可行性研究阶段的投资估算是报告的重要组成部分，是建设项目进行经济评价及投资决策的依据，是前期工作的关键性环节。可行性研究报告是基本建设程序中决策的前期工作阶段，是建设项目是否可行的重要论证依据。可行性研究报告经批准后，是进行初步设计或施工图设计(采用一阶段设计)的依据。投资估算的准确性将直接影响国家对项目选定的决策。

(二)投资估算的作用

由于投资决策过程可进一步划分为规划阶段、项目建议书阶段、可行性研究阶段、编制设计任务书等四个阶段，所以投资估算工作也相应分为四个阶段。不同阶段所具备的条件和掌握的资料不同，因此投资估算的准确程度不同，进而每个阶段投资估算所起的作用也不同。总的来说，投资估算是前期各个阶段工作中，作为论证拟建项目经济是否合理的重要文件。它具有下列作用：

(1)它是国家决定拟定建设项目是否继续进行研究的依据。

规划阶段的投资估算，是国家根据国民经济和社会发展的要求，制定区域性、行业

性发展规划阶段而编制的经济文件，是国家决策部门判断拟建项目是否继续进行研究的依据之一，仅作为一项参考的经济指标。

(2)它是国家审批项目建议书的依据。

项目建议书阶段的投资估算，是国家决策部门领导审批项目建议书的依据之一，用以判断拟建项目在经济上是否列为经济建设的长远规划和基本建设前期工作计划。项目建议书阶段的估算，在决策过程中，也是一项参考性的经济文件。

(3)它是国家批准设计任务书的重要依据。

可行性研究的投资估算，是研究分析拟建项目经济效果和各级主管部门决定立项的重要依据。因此，它是决策性质的经济文件。可行性研究报告被批准后，投资估算就作为控制设计任务书下达的投资限额，对初步设计概算编制起控制作用，也可作为筹集资金和向银行贷款的计划依据。

(4)它是国家编制中长期规划，保持合理比例和投资结构的重要依据。

拟建项目的投资，是编制固定资产长远投资规划和制订国民经济中长期发展计划的重要依据。根据各个拟建项目的投资估算，可以准确核算国民经济的固定资产投资需要量，确定国民经济积累的合理比例，保持适度的投资规模和合理的投资结构。

二、投资估算的内容及编制依据

(一)投资估算的内容

整个建设项目的投资估算总额，是指工程从筹建、施工直到建成投产的全部建设费用，其包括的内容应视项目的性质和范围而定。

可行性研究投资估算与初步设计概算在组成内容、项目划分和费用构成上基本相同，但两者设计深度不同。投资估算可根据《水利水电工程可行性研究报告编制规程》的有关规定，对初步设计概算规定中部分内容进行适当简化、合并和调整。

投资估算按照2002年水利部《水利水电工程设计概(估)算编制规定》的办法编制。

1. 编制说明

(1)工程概况。包括河系、兴建地点、对外交通条件、水库淹没耕地及移民人数、工程规模、工程效益、工程布置形式、主体建筑工程量、主要材料用量、施工总工期和工程从开工至开始发挥效益工期、施工总工日和高峰人数等。

(2)投资主要指标。投资主要指标为：工程静态总投资和总投资，工程从开工至开始发挥效益静态投资，单位千瓦静态投资和投资，单位电量静态投资和投资，年物价上涨指数，价差预备费额度和占总投资百分率，工程施工期贷款利息和利率等。

2. 投资估算表

投资估算表(与概算基本相同)包括：①总投资表；②建筑工程估算表；③设备及安装工程估算表；④分年度投资表。

3. 投资估算附表

投资估算附表包括：①建筑工程单价汇总表；②安装工程单价汇总表；③主要材料预算价格汇总表；④次要材料预算价格汇总表；⑤施工机械台班费汇总表；⑥主要工程量汇总表；⑦主要材料量汇总表；⑧工时数量汇总表；⑨建设及施工征地数量汇总表。

4．附件

附件材料包括：①人工预算单价计算表；②主要材料运输费用计算表；③主要材料预算价格表；④混凝土材料单价计算表；⑤建筑工程单价表；⑥安装工程单价表；⑦资金流量计算表；⑧主要技术经济指标表。

(二)投资估算的编制依据

投资估算编制的主要依据：

(1)经批准的项目建议书投资估算文件。

(2)水利部《水利水电工程可行性研究报告编制规程》。

(3)水利部《水利工程设计概(估)算编制规定》。

(4)水利部《水利建筑工程概算定额》、《水利水电设备安装工程概算定额》、《水利水电工程施工机械台时费定额》。

(5)可行性研究报告提供的工程规模、工程等级、主要工程项目的工程量等资料。

(6)投资估算指标、概算指标。

(7)建设项目中的有关资金筹措的方式、实施计划、贷款利息、对建设投资的要求等。

(8)工程所在地的人工工资标准、材料供应价格、运输条件、运费标准及地方性材料储备量等资料。

(9)当地政府有关征地、拆迁、安置、补偿标准等文件或通知。

(10)编制可行性研究报告的委托书、合同或协议。

三、投资估算的计算方法

水利水电工程中的主体建筑工程以及主要设备及安装工程是永久工程的主体，在工程总投资中占有举足轻重的份额，所以为了保证投资估算的基本精度，采用与概算相同的项目划分，并以工程量乘工程单价的方法计算其投资。永久工程中的次要工程，由于项目繁多，工程量及投资相对较小，在可行性研究阶段由于受设计深度限制，难以提出各分项工程的数量，所以在估算中采用合并项目，用粗略的方法(指标或百分率)估算其投资。

(一)建筑工程

建筑工程由主体建筑工程、交通工程、房屋建筑工程和其他建筑工程组成。

1．主体建筑工程

主体建筑工程投资的计算方法，采用主体建筑工程的工程量乘以相应单价。一般均采用概算定额编制投资估算单价，并要乘以扩大系数，现行规定扩大系数为1.10。

2．交通工程

交通工程的投资按设计交通工程量乘以公里及延长米指标计算。铁道工程可根据地形、地区经济状况，按每公里造价指标估算。

3．房屋建筑工程

编制方法与概算基本相同。

4．其他建筑工程

其他建筑工程是指除主体建筑工程和交通工程外的永久性建筑物，采用占主体建筑工程投资的百分率估算其投资。

(二)机电设备及安装工程

机电设备及安装工程由主要机电设备及安装工程和其他机电设备及安装工程两项组成。

(1)主要机电设备及安装工程。主要设备及安装工程投资包括设备出厂价、运杂费和安装费。

(2)其他机电设备及安装工程。初步设计概算采用定额编制建安工程单价，而估算则采用综合性更强的投资估算指标编制建安工程单价。

估算指标的项目划分比概算定额的项目划分粗，估算指标的分项一般是概算定额中若干个分项的综合，并在此基础上综合扩大。因此，如采用概算定额编制估算的工程单价，考虑投资工作深度和精度，应乘以 1.1 扩大系数。

由于可行性研究阶段的设计深度较初步设计浅，对有些问题的研究还不够深入，为了避免估算的总投资失控，故在编制投资估算时考虑的预留额度较初步设计概算要大，估算为 10%，概算为 5%～6%，以占主要机电设备及安装工程投资的百分率来估算其投资。

(三)金属结构设备及安装工程

其投资估算按各单项工程金属结构数量和每台(套)单位重量估算，与概算的计算方法基本相同。

(四)施工临时工程

施工临时工程估算编制方法及计算标准与概算相同。

(1)导流工程。采用工程量乘以单价计算，其他难以估量的项目，可按计算出的导流投资的 10%增列。

(2)施工交通工程。参照主体建筑工程中交通工程的方法编制。

(3)房屋建筑工程。按估算编制办法的有关规定估算。

(4)施工供电工程。依据设计电压等级、线路架设要求和长度，参考表 10-1 指标计算。

表 10-1 施工场地供电线路估算指标 (单位：万元/km)

地区	电压等级	
	110 kV	220 kV
平原	4.5～5.5	7.0～9.0
丘陵	5.5～6.0	9.0～11.0
山岭	6.0～7.0	11.0～13.0

(5)其他施工临时工程。一般可按工程项目一至四部分的建安工作量的百分率计算，枢纽工程和引水工程取 3.0%～4.0%，河道工程取 0.5%～1.0%。

(五)独立费用

编制方法及计算标准基本与概算相同。

(六)预备费、建设期还贷利息

预算费可分为基本预备费和价差预备费。

(1)基本预备费。计算方法：按工程概(估)算一至五部分投资合计数的百分数计算。可行性研究阶段投资估算费率取 10%~12%，项目建议书阶段基本预备费率取 15%~18%。

(2)价差预备费。计算方法：按国家规定的物价指数计算，具体计算参考有关章节。

建设期还贷利息。根据合理建设工期，工程概(估)算一至五部分分年度投资、基本预备费、价差预备费之和，按国家规定的贷款利率复利计算。具体计算参考有关章节。

第二节　施工图预算

一、概　述

(一)施工图预算的概念

施工图预算是指在施工图纸设计完成后，设计单位根据施工图纸计算的工程量，施工组织设计和现行的水利建筑工程预算定额、单位估价表及各项费用的取费标准，基础单价，国家及地方有关规定，进行编制的反映单位工程或单项工程建设费用的经济文件。施工图预算应在已批准的初步设计概算控制下进行编制。

(二)施工图预算的作用

(1)施工图预算是确定单位工程造价的依据。预算比主要起控制造价作用的概算更为具体和详细，因而可以起确定造价的作用。

(2)施工图预算是签订工程承包合同，实行投资包干和办理工程价款结算的依据。因预算确定的投资较概算准确，故对于不进行招投标的特殊或紧急工程项目，常采用预算包干。按照规定程序，经过工程量增减，价差调整后的预算可以作为结算依据。

(3)施工图预算是施工企业内部进行经济核算和考核工程成本的依据。施工图预算确定的工程造价，是工程项目的预算成本，其与实际成本的差额即为施工利润，是企业利润总额的主要组成部分。这就促使施工企业必须加强经济核算，提高经济管理水平，以降低成本，提高经济效益。

(4) 施工图预算是进一步考核设计经济合理性的依据。施工图预算的成果因更详尽和切合实际，可以进一步作为考核设计方案技术先进性和经济合理程度的依据。施工图预算也是编制固定资产的依据。

二、施工图预算的编制内容和编制依据

(一)施工图预算的编制内容

施工图预算有单位工程预算、单项工程预算和建设项目总预算。单位工程预算是根据施工图设计文件、现行预算定额、单位估价表、费用标准以及人工、材料、机械台班(时)等预算价格资料，以一定方法编制单位工程的施工图预算。然后汇总所有各单位工程施工图预算，成为单项工程施工图预算，再汇总所有各单项工程施工图预算，便是一个建设项目建筑安装工程的总预算。

(二)施工图预算的编制依据

(1)已批准的施工图设计及其说明书。经审定的施工图纸、说明书和有关技术资料，

特别是施工图纸是计算工程量和进行预算列项的主要依据。

(2)现行的水利水电工程预算定额、工程所在地的有关补充规定、地方政府公布的关于基本建设其他各项费用的取费标准等。

现行的预算定额(或单位估价表)是编制预算时确定分项工程单价，计算工程量直接费，确定人工、材料和机械等实物消耗量的主要依据。

(3)工程所在地人工预算单价和材料预算单价的计算资料。

(4)现行水利水电工程机械台班(时)费用定额及有关部门公布的其他与机械有关的费用取费标准。

(5)施工组织设计或施工方案。施工组织设计是确定单位工程进度计划，施工方法或主要技术措施，以及施工现场平面布置等内容的文件。

(6)工程量计算规则。

(三)施工图预算的编制

施工图预算与设计概算的项目划分、编制程序、费用构成、计算方法都基本相同。施工图预算较概算编制要精细，具体表现在以下几个方面。

1. 主体工程

施工图预算与概算都采用工程量乘单价的方法计算投资，但深度不同。

概算根据概算定额和初步设计工程量编制，其三级项目经综合扩大，概括性强，而预算则依据预算定额和施工图设计工程量编制，其三级项目较为详细。

2. 非主体工程

概算中的非主体工程以及主体工程中的细部结构采用综合指标(如道路以元/km)或百分率乘二级项目工程量的方法估算投资，而预算则均要求按三级项目工程单价的方法计算投资。

3. 造价文件的结构

概算是初步设计报告的组成部分，在初步设计阶段一次完成，完整地反映整个建设项目所需要的投资；施工图预算则不同，由于施工图设计工作量大、历时长，大多以满足施工为前提陆续出图，因此施工图预算通常以单项工程为单位，陆续编制，各单项工程单独成册，最后汇总成总预算。

三、施工图预算编制程序

(一)收集资料

收集资料是指收集与编制施工图预算有关的资料，如会审通过的施工图设计资料，初步设计概算，修正概算，施工组织设计，现行与本工程相一致的预算定额，各类费用取费标准，人工、材料、机械价格资料，施工地区的水文、地质情况资料。

(二)熟悉施工图设计资料

全面熟悉施工图设计资料、了解设计意图、掌握工程全貌是准确、迅速地编制施工预算的关键。

(三)熟悉施工组织设计

施工组织设计是指导拟建工程施工准备、施工各现场空间布置的技术文件，同时施工组织设计亦是设计文件的组成部分之一。根据施工组织设计提供的施工现场平面布置、料场、堆场、仓库位置、资源供应及运输方式、施工进度计划、施工方案等资料才能准确地计算人工、材料、机械台班单价及工程数量，正确地选用相应的定额项目，从而确定反映客观实际的工程造价。

(四)了解施工现场情况

施工现场情况主要包括：施工现场的工程地质和水文地质情况；现场内需拆迁处理和清理的构造物情况；水、电、路情况；施工现场的平面位置、各种材料、生活资源的供应等情况。这些资料对于准确、完整地编制施工图预算有着重要的作用。

(五)计算工程量

工程量的计算是一项既简单又烦杂，并且是十分关键的工作。由于建筑实体的多样性和预算定额条件的相对性，为了在各种条件下保证定额的正确性，各专业、各分部分项工程都视定额制定条件的不同，对其相应项目的工程量作了具体规定。在计算工程量时，必须严格按工程量规则执行。

(六)明确预算项目划分

水利水电工程预算的编制必须严格按预算项目表的序列及内容进行划分。

(七)编制预算文件

预算文件是设计文件的组成部分，由封面、目录、编制说明及全部预算计算表格组成。

第三节　施工预算

一、概　述

(一)施工预算的概念

施工预算是施工企业内部根据施工图纸、施工措施及施工定额编制的唯一能够确定建筑安装工程在施工过程中所需要控制的人工、材料、施工机械台班(时)消耗限额的数据文件。一般来说，这个消耗的限额不能超过施工图预算所限定的数额，这样企业的经营才能收到效益。

(二)施工预算的作用

1. 施工预算是编制施工作业计划的依据

施工作业计划是施工企业计划管理的中心环节，也是计划管理的基础和具体化。编制施工作业计划，必须依据施工预算计算的单位工程或分部分项工程的工程量、构配件、劳力等进行有计划管理。

2. 施工预算是施工单位向施工班组签发施工任务单和限额领料的依据

施工任务单是把施工作业计划落实到班组的计划文件，也是记录班组完成任务情况和结算班组工人工资的凭证。

3. 施工预算是计算超额奖和计算计件工资、实行按劳分配的依据

施工预算是企业进行劳动力调配、物资技术供应、组织队伍生产、下达施工任务单和限额领料单、控制成本开支、进行成本分析和班组经济核算以及“二算”对比的依据。施工预算和建筑安装工程预算之间的差额反映了企业个别劳动量与社会劳动量之间的差别，能体现降低工程成本计划的要求。

施工预算所确定的人工、材料、机械使用量与工程量的关系是衡量工人劳动成果、计算应得报酬的依据。它把工人的劳动成果与劳动报酬联系起来，很好地体现了多劳多得、少劳少得的按劳分配原则。

4. 施工预算是施工企业进行经济活动分析的依据

进行经济活动分析是企业加强经营管理、提高经济效益的有效手段，经济活动分析主要是应用施工预算的人工、材料和机械台班数量等与实际消耗量对比，同时与施工图预算的人工、材料和机械台班数量进行对比，分析超支、节约的原因，改进操作技术和管理手段，有效地控制施工中的消耗、节约开支。

施工企业进行施工管理的“三算”是施工预算、施工图预算和竣工结算。

二、施工预算的编制依据

(1)施工图纸。施工图纸和说明书必须是经过建设单位、设计单位和施工单位会审通过的，不能采用未经会审通过的图纸。

(2)施工定额及补充定额。包括全国建筑安装工程统一劳动定额和各部、各地区颁发的专业施工定额。凡是施工定额可以参照使用的，应参考施工定额编制施工预算中的人工、材料及机械使用费。在缺乏施工定额作为依据的情况下，可按有关规定自行编排补充定额。施工定额是编制施工预算的基础，也是施工预算与施工图预算的主要差别之一。

(3)施工组织设计或施工方案。由施工单位编制详细的施工组织设计，据以确定应采取的施工方法、进度以及所需的人工、材料和施工机械，作为编制施工预算的基础。

(4)有关的手册、资料。例如，建筑材料手册，人工、材料、机械台班费用标准等。

三、施工预算的编制步骤

编制施工预算和编制施工图预算的步骤相似。首先应熟悉设计图纸及施工定额，对施工单位的人员、劳力、施工技术等有大致了解；对工程的现场情况，施工方式、方法要比较清楚；对施工定额的内容、所包括的范围应了解。为了便于与施工图预算相比较，编制施工预算时，应尽可能与施工图预算的分部分项项目相对应。在计算工程量时所采用的计算单位要与定额的计量单位相适应。具备施工预算所需的资料，并已熟悉了基础资料和施工定额的内容后，就可以按以下步骤编制施工预算：

(1)计算工程实物量。凡能够利用施工图预算的工程量，可不必再计算，但工程项目、名称和单位一定要符合施工定额。工程量的计算方法可参考本书有关章节的内容。工程量要仔细核对无误后，根据施工定额的内容和要求，按工程项目的划分逐项汇总。

(2)套用的施工定额必须与施工图纸的内容相一致。分项工程的名称、规格、计量单位必须与施工定额所列内容相一致，逐项计算分部分项工程所需人工、材料、机械台班使用量。

(3)工料分析和汇总。按照工程的分项名称顺序，套用施工定额的单位人工、材料、机械台班消耗量，逐一计算出各个工程项目的人工、材料和机械台班的用工用料量，把同类项目工料相加并汇总，形成完整的分部分项工料汇总表。

(4)编写编制说明。主要内容有：编制依据，包括采用的图纸名称及编号，采用的施工定额、施工组织设计或施工方案；遗留项目或暂估项目的原因和存在的问题以及处理的办法等。施工预算有专门的表格可用。

四、施工预算和施工图预算对比

施工预算和施工图预算是两个不同概念的预算，前者属于企业内部生产管理系统，后者属于对外经营管理系统。它们所表示的内容也不一样，前者是以分部分项所消耗的人工、材料、机械的数量来表示的，而后者则是以货币形式直接表示的。施工预算、施工图预算不同之处详见表 10-2。施工预算和施工图预算对比是建筑企业加强经营管理的手段，通过对比分析，找出节约、超支的原因，研究解决措施，防止人工、材料和机械费的超支，避免发生计划成本亏损。

表 10-2　施工图预算和施工预算的区别

序号	项目	施工图预算	施工预算
1	编制时间不同	施工图设计阶段	施工阶段
2	依据的定额不同	预算定额	施工定额
3	用途不同	①编制施工计划的依据 ②用来签订承包合同 ③工程价款结算的依据 ④进行经济核算和考核成本	①施工企业内部管理的依据 ②下达施工任务和限额领料的依据 ③劳动力、施工机械调配的依据 ④进行成本分析和班组经济核算的依据
4	编制单位不同	设计单位编制	施工单位编制
5	投资额不同	<概算 >施工预算	<施工图预算
6	预备费大小不同	基本预备费率为 3%～5%	不列预备费或按合同列部分预备费

施工预算和施工图预算对比是将施工预算计算的工程量，套用施工定额中的人工定额、材料定额、分析出人工和主要材料数量，然后按施工图预算计算的工程量套用预算定额中的人工、材料定额，得出人工和主要材料数量，对两者的人工和主要材料数量进行对比，对机械台班数量也应进行对比，这种对比称为“实物对比法”。

将施工预算计算的人工、主要材料和机械台班数量分别乘以单价，汇总成人工、材料和机械费与施工图预算相应的人工、材料和机械费进行对比。这种对比法称为“实物金额对比法”。由于两者用的定额水平不同，一般施工预算应低于施工图预算，否则要调查分析原因，必要时要改变施工方案。

思考题

1. 项目建议书阶段和可行性研究阶段投资估算的概念是什么?
2. 施工图预算有哪些作用?
3. 编制施工图预算有哪些主要依据?
4. 施工预算有哪些作用?
5. 编制施工预算有哪些主要依据?
6. 施工预算和施工图预算有哪些区别?

第十一章　工程量清单计价

第一节　水利水电工程量清单编制概述

工程量清单是表现招标工程的分类分项工程项目、措施项目、其他项目的名称和相应数量的明细清单，是依据招标文件规定、设计图纸、施工现场条件和国家制定的统一工程量计算规则、分类分项工程的项目划分、计量单位及其有关法定技术标准，计算出的构成工程实体各分类分项工程的、可提供编制标底和投标报价的实物工程量的汇总清单。工程量清单是编制招标工程标底和投标报价的依据，也是支付工程进度款和办理工程结算、调整工程量以及工程索赔的依据。

工程量清单是招标文件的组成部分，是由招标人发出的一套注有拟建工程各实物工程名称、性质、特征、单位、数量及开办项目、税费等相关表格组成的文件。在理解工程量清单的概念时，首先应注意到，工程量清单是一份由招标人提供的文件，编制人是招标人或其委托的工程造价咨询单位。其次，从性质上说，工程量清单是招标文件的组成部分，一经中标且签订合同，即成为合同的组成部分。因此，无论招标人还是投标人都应该慎重对待。再次，工程量清单的描述对象是拟建工程，其内容涉及清单项目的性质、数量等，并以表格为主要表现形式。

一、编制原则

(1)满足工程建设施工招投标计价的需要，可对工程造价进行合理确定和有效控制。

(2)编制实物工程量清单要三统一，即统一工程量计算规则、统一分类分项工程划分、统一计量单位。

(3)能满足控制实物工程量，实行市场调节价，竞争形成工程造价的价格运行机制的要求。

(4)能促进企业的经营管理、技术进步，增加施工企业在国际、国内建筑市场的竞争能力。

(5)有利于规范建筑市场的计价行为。

(6)适度考虑我国目前工程造价管理工作的现状。

二、编制依据

《水利工程工程量清单计价规范》(GB 50501—2007)规定："分类分项工程量清单应根据本规范附录 A 和附录 B 规定的项目编码、项目名称、项目主要特征、计量单位、工程量计算规则、主要工作内容和一般适用范围进行编制"，即应严格按照《计价规范》编制。综合起来，工程量清单的编制依据有以下几点：

(1)招标设计文件及技术条款。
(2)设计施工图。
(3)有关的工程施工规范与工程验收规范。
(4)拟采用的施工组织设计和施工技术方案。
(5)相关的法律、法规及本地区相关的计价条例等。
(6)统一的工程量计算规则、分类分项工程划分、计量单位。

三、工程量清单编制程序与步骤

工程量清单编制的内容，应包括分类分项工程量清单、措施项目清单、其他项目清单，且必须严格按照《计价规范》规定的计价规则和标准格式进行。在编制工程量清单时，应根据规范和招标图纸及其他有关要求对清单项目进行准确详细的描述，以保证投标企业正确理解各清单项目的内容，合理报价。工程量清单编制可按以下步骤进行：

(1)收集熟悉有关资料文件。
(2)分析图纸确定清单分项。
(3)按分项及计算规则计算清单工程量。
(4)编制分类分项工程量清单。
(5)编制措施项目清单和其他项目清单。
(6)按规范格式整理工程量清单。

第二节　水利水电工程量清单编制格式

工程量清单作为招标文件的组成部分，一个最基本的功能是作为信息的载体，以便投标人能对工程有全面充分的了解。从这个意义上讲，工程量清单的内容应全面、准确。

工程量清单应由招标人编制，采用统一格式，其内容由封面、填表须知、总说明、分类分项工程量清单、措施项目清单、其他项目清单、零星工作项目清单、其他辅助表格组成。

一、填表须知

(1)工程量清单及其计价格式中所有要求盖章、签字的地方，必须由规定的单位和人员盖章、签字(其中法定代表人也可由其授权委托的代理人签字、盖章)。

(2)工程量清单及其计价格式中的任何内容不得随意删除或涂改。

(3)工程量清单计价格式中列明的所有需要填报的单价和合价，投标人均应填报，未填报的单价和合价，视为此项费用已包含在工程量清单的其他单价和合价中。

(4)投标金额(价格)均应以______币表示。

填表须知除上述内容，招标人还可根据具体情况进行补充。

二、总说明

总说明的填写，包括招标工程概况、工程招标范围、招标人供应的材料、施工设备、施工设施简要说明、其他需要说明的问题。

三、分类分项工程量清单

分类分项工程量清单应依据以下资料编制：①施工图纸；②施工现场情况和招标文件中的相关要求；③工程量清单计价规范；④其他有关技术资料。

分类分项工程量清单由序号、项目编码、项目名称、计量单位与工程数量、主要技术条款编码、备注组成。新规范在附录中规定了统一的项目编码、项目名称、计量单位和工程量计算规则。分类分项工程量清单的编制应参照规范中的附录进行。表 11-1 为计价规范附录 A“水利建筑工程工程量清单项目及计算规则”中土方开挖工程一节的节选。

表 11-1　土方开挖工程工程量清单项目及计算规则

<table>
<tr><th>项目编码</th><th>项目名称</th><th>项目主要特征</th><th>计量单位</th><th>工程量计算规则</th><th>主要工作内容</th><th>一般适用范围</th></tr>
<tr><td>500101001×××</td><td>场地平整</td><td>1.土类分级
2.土量平衡
3.运距</td><td>m^2</td><td>按招标设计图示场地平整面积计量</td><td>1.测量放线标点
2.清除植被及废弃物处理
3.推、挖、填、压、找平
4.弃土(取土)装、运、卸</td><td>挖(填)平均厚度在 0.5 m 以内</td></tr>
<tr><td>500101002×××</td><td>一般土方开挖</td><td>1.土类分级
2.开挖厚度
3.运距</td><td rowspan="4">m^3</td><td rowspan="4">按招标设计图示轮廓尺寸计算的有效自然方体积计量</td><td rowspan="4">1.测量放线标点
2.处理渗水、积水
3.支撑挡土板
4.挖、装、运、卸
5.弃土场平整</td><td>除渠道、沟、槽、坑土方开挖的一般性土方明挖</td></tr>
<tr><td>500101003×××</td><td>渠道土方开挖</td><td rowspan="3">1.土类分级
2.断面形式及尺寸
3.运距</td><td>底宽>3 m、长度>3 倍宽度的土方明挖</td></tr>
<tr><td>500101004×××</td><td>沟、槽土方开挖</td><td>底宽≤3 m、长度>3 倍宽度的土方明挖</td></tr>
<tr><td>500101005×××</td><td>坑土方开挖</td><td>底宽≤3 m、长度≤3 倍宽度、深度≤上口短边或直径的土方明挖</td></tr>
</table>

(1)项目编码。按《水利工程工程量清单计价规范》附录 A 和附录 B 中项目编码进行编制。

项目编码为每一清单项目区别于其他项目的代码，由十二位阿拉伯数字表示(由左至右计位)。一至九位为统一编码，其中，一、二位为水利工程分类的顺序码；三、四位为专业工程顺序码，如“01”为水利建筑工程、“02”为水利安装工程；五、六位为分类工程顺序码，如“01”为土方开挖工程、“02”为石方开挖工程、“03”为土方填筑工程；七、八、九位为分项工程顺序码；以×××表示的十至十二位为具体清单项目名称顺序码，由工程量清单编制人自 001 起顺序编码确定。

(2)项目名称。根据招标项目规模和范围，附录 A 和附录 B 的项目名称，参照行业有关规定，并结合工程实际情况设置。

项目名称原则上以形成工程实体命名。应按照该项目的具体设计并结合规范附录中的“项目名称”与“项目特征”确定，项目的特征必须表达详细、准确。只有非常具体地描述影响价格确定的项目特征，投标人才能准确地编制投标报价。

在确定项目名称时，还要注意：

①应按不同的工程部位、施工工艺或材料品种、规格等特征分别设置清单项目。

②凡规范附表项目特征中未描述到的其他独有特征，由清单编制人视项目具体情况确定，以准确描述清单项目为准。对于规范附表中没有的项目，招标人可按本规则的原则进行补充。

(3)计量单位的选用和工程量的计算应符合《水利工程工程量清单计价规范》附录 A 和附录 B 的规定。

以重量计算的项目：吨或千克(t 或 kg)；

以体积计算的项目：立方米(m^3)；

以面积计算的项目：平方米(m^2)；

以长度计算的项目：延长米(m)；

以自然计量单位计算的项目：个、套、块、台等；

没有具体数量的项目：宗、项等。

(4)主要技术条款编码按招标文件中相应技术条款的编码填写。分类分项工程量清单见表 11-2。

表 11-2　分类分项工程量清单

合同编号：(招标项目合同号)

工程名称：(招标项目名称)　　第　页　共　页

序号	项目编码	项目名称	计量单位	工程数量	主要技术条款编码	备注
1		一级××项目				
1.1		二级××项目				
1.1.1		三级××项目				
	50××××××××××	最末一级项目				
1.1.2						
2		一级××项目				
2.1		二级××项目				
2.1.1		三级××项目				
	50××××××××××	最末一级项目				
2.1.2						

四、措施项目清单

措施项目是为完成工程项目施工，发生于该工程施工前和施工过程中招标人不要求列示工程量的施工措施项目。

措施项目清单，按招标文件确定的措施项目名称填写。凡能列出工程数量并按单价结算的措施项目，均应列入分类分项工程量清单。

编制措施项目清单，出现表 11-3 未列项目时，根据招标工程的规模、涵盖的内容等具体情况，编制人可作补充。

表 11-3 措施项目一览表

序号	项目名称
1	环境保护
2	文明施工
3	安全防护措施
4	小型临时工程
5	施工企业进退场费
6	大型施工设备安拆费
…	……

措施项目清单表格格式见表 11-4。

表 11-4 措施项目清单表

合同编号：(招标项目合同号)

工程名称：(招标项目名称)　　　　第　页　共　页

序号	项目名称	备注

五、其他项目清单填写

其他项目指为完成工程项目施工，发生于该工程施工过程中招标人要求计列的费用项目。

预留金也称“暂定金额”，是指招标人为暂定项目和可能发生的合同变更而预留的金额。

按招标文件确定的其他项目名称、金额填写。

其他项目清单表格格式见表 11-5。

六、零星工作项目清单填写

零星工作项目或称“计日工”，指为完成招标人提出的零星工作项目所需的人工、材料、机械单价。

表 11-5　其他项目清单表

合同编号：(招标项目合同号)

工程名称：(招标项目名称)　　　　第　页　共　页

序号	项目名称	金额(元)	备注

(1)名称及型号规格，人工按工种，材料按名称和型号规格，机械也按名称和型号规格，分别填写。

(2)计量单位，人工以工日或工时，材料以 t、m^3 等，机械以台时或台班，分别填写。

零星工作项目清单表格格式见表 11-6。

表 11-6　零星工作项目清单表

合同编号：(招标项目合同号)

工程名称：(招标项目名称)　　　　第　页　共　页

序号	名称	型号规格	计量单位	备注
1	人工			
2	材料			
3	机械			

七、其他辅助表格

招标人供应材料价格表，按表中材料名称、型号规格、计量单位和供应价填写，并在供应条件和备注栏内说明材料供应的边界条件。表格格式见表 11-7。

表 11-7　招标人供应材料价格表

合同编号：(招标项目合同号)

工程名称：(招标项目名称)　　　　第　页　共　页

序号	材料名称	型号规格	计量单位	供应价(元)	供应条件	备注

招标人提供施工设备表，按表中设备名称、型号规格、设备状况、设备所在地点、计量单位、数量和折旧费填写，并在备注栏内说明对投标人使用施工设备的要求。表格格式见表 11-8。

招标人提供施工设施表，按表中项目名称、计量单位和数量填写，并在备注栏内说明对投标人使用施工设施的要求。表格格式见表 11-9。

表 11-8　招标人提供施工设备表(参考格式)

合同编号：(招标项目合同号)

工程名称：(招标项目名称)　　第　页　共　页

序号	设备名称	型号规格	设备状况	设备所在地点	计量单位	数量	折旧费 元/台时(台班)	备注

表 11-9　招标人提供施工设施表(参考格式)

合同编号：(招标项目合同号)

工程名称：(招标项目名称)　　第　页　共　页

序号	项目名称	计量单位	数量	备注

第三节　工程量清单计价

一、工程量清单报价表的组成

(1)封面。

(2)投标总价。

(3)工程项目总价表。

(4)分类分项工程量清单计价表。

(5)措施项目清单计价表。

(6)其他项目清单计价表。

(7)零星工作项目计价表。

(8)工程单价汇总表。

(9)工程单价费(税)率汇总表。

(10)投标人生产电、风、水、砂石基础单价汇总表。

(11)投标人生产混凝土配合比材料费表。

(12)招标人供应材料价格汇总表。

(13)投标人自行采购主要材料预算价格汇总表。

(14)招标人提供施工机械台时(班)费汇总表。

(15)投标人自备施工机械台时(班)费汇总表。

(16)总价项目分类分项工程分解表(表式同分类分项工程量清单计价表)。

(17)工程单价计算表。

二、工程量清单计价格式

工程量清单计价应采用《水利工程工程量清单计价规范》(GB 50501—2007)中规定的统一格式，填写工程量清单报价表。

三、工程量清单报价表的填写规定

(1)工程量清单报价表的内容应由投标人填写。

(2)投标人不得随意增加、删除或涂改招标人提供的工程量清单中的任何内容。

(3)工程量清单报价表中所有要求盖章、签字的地方，必须由规定的单位和人员盖章、签字(其中法定代表人也可由其授权委托的代理人签字、盖章)。

(4)投标金额(价格)均应以____币表示。

(5)投标总价应按工程项目总价表合计金额填写。

(6)工程项目总价表填写。

表中一级项目名称按招标人提供的招标项目工程量清单中的相应名称填写，并按分类分项工程量清单计价表中相应项目合计金额填写。

(7)分类分项工程量清单计价表填写。

①表中的序号、项目编码、项目名称、计量单位、工程数量、主要技术条款编码，按招标人提供的分类分项工程量清单中的相应内容填写。

②表中列明的所有需要填写的单价和合价，投标人均应填写；未填写的单价和合价，视为此项费用已包含在工程量清单的其他单价和合价中。

(8)措施项目清单计价表填写。

表中的序号、项目名称，按招标人提供的措施项目清单中的相应内容填写，并填写相应措施项目的金额和合计金额。

(9)其他项目清单计价表填写。

表中的序号、项目名称、金额，按招标人提供的其他项目清单中的相应内容填写。

(10)零星工作项目计价表填写。

表中的序号、人工、材料、机械的名称、型号规格以及计量单位，按招标人提供的零星工作项目清单中的相应内容填写，并填写相应项目单价。

(11)辅助表格填写。

①工程单价汇总表，按工程单价计算表中的相应内容、价格(费率)填写。

②工程单价费(税)率汇总表，按工程单价计算表中的相应费(税)率填写。

③投标人生产电、风、水、砂石基础单价汇总表，按基础单价分析计算成果的相应内容、价格填写，并附相应基础单价的分析计算书。

④投标人生产混凝土配合比材料费表，按表中工程部位、混凝土和水泥强度等级、级配、水灰比、坍落度、相应材料用量和单价填写，填写的单价必须与工程单价计算表中采用的相应混凝土材料单价一致。

⑤招标人供应材料价格汇总表，按招标人供应的材料名称、型号规格、计量单位和供应价填写，并填写经分析计算后的相应材料预算价格，填写的预算价格必须与工程单价计算表中采用的相应材料预算价格一致。

⑥投标人自行采购主要材料预算价格汇总表，按表中的序号、材料名称、型号规格、计量单位和预算价填写，填写的预算价必须与工程单价计算表中采用的相应材料预算价格一致。

⑦招标人提供施工机械台时(班)费汇总表，按招标人提供的机械名称、型号规格和招标人收取的台时(班)折旧费填写；投标人填写的台时(班)费用合计金额必须与工程单价计算表中相应的施工机械台时(班)费单价一致。

⑧投标人自备施工机械台时(班)费汇总表，按表中的序号、机械名称、型号规格、一类费用和二类费用填写，填写的台时(班)费合计金额必须与工程单价计算表中相应的施工机械台时(班)费单价一致。

⑨工程单价计算表，按表中的施工方法、序号、名称、型号规格、计量单位、数量、单价、合价填写，填写的人工、材料和机械等基础价格，必须与基础材料单价汇总表、主要材料预算价格汇总表及施工机械台时(班)费汇总表中的单价相一致，填写的施工管理费、企业利润和税金等费(税)率必须与工程单价费(税)率汇总表中的费(税)率相一致。凡投标金额小于投标总报价万分之五及以下的工程项目，投标人可不编报工程单价计算表。

第四节　工程量清单编制及计价案例

××市×××水利枢纽工程是一座以城市防洪和供水为主，兼顾生态、农业、灌溉用水和发电等综合利用的大型水利枢纽工程。枢纽主要由主坝(沥青混凝土心墙堆石坝)，左、右岸泄洪排沙隧洞，左岸副坝及溢洪道和供水兼发电系统组成，坝顶总长 1 104.4 m。其工程等别为Ⅱ等，主要建筑物(主坝、副坝、泄洪冲沙洞、溢洪道及供水兼发电引水系统进口)设计洪水标准为 500 年一遇，校核洪水标准为 5 000 年一遇；供水兼发电引水隧洞及电站厂房设计洪水标准为 30 年一遇，校核洪水标准为 100 年一遇。消能防冲建筑物设计洪水标准为 50 年一遇。

本次招标的工程为：主坝基础处理、主坝建筑工程和相关的临时工程。

本标段工程总工期为 36 个月，2005 年 8 月中旬开工，2008 年 8 月中旬完工。

本工程的工程量清单见表 11-10~表 11-16。

表 11-10　封面

××市×××水利枢纽工程
工程量清单
合　同　编　号：07××－0540CIC4××××/××
招　　标　　人：　中仪国际招标公司　(单位盖章)
招标单位 法定代表人 (或委托代理人)：　略　(签字盖章)
中介机构 法定代表人 (或委托代理人)：　略　(签字盖章)
造价工程师 及注册证号：　略　(签字盖执业专用章)
编　制　时　间：　二〇〇五年五月十七日

表 11-11　填表须知

1. 工程量清单及其计价格式中所有要求盖章、签字的地方，必须由规定的单位和人员盖章、签字(其中法定代表人也可由其授权的代理人签字、盖章)。 2. 工程量清单及其计价格式中的任何内容不得随意删除或涂改。 3. 工程量清单计价格式中列明的所有需要填报的单价和合价，投标人均应填报，未填报的单价和合价，视为此项费用已包含在工程量清单的其他单价和合价中。 4. 投标金额(价格)均应以人民币表示。

表 11-12　总说明

合同编号：07××—0540CIC4××××/××

工程名称：××市×××水利枢纽工程　　　　第 1 页 共 1 页

工程量清单应与投标须知、合同条款、技术条款和图纸等招标文件一起参照阅读。

工程量清单中的工程量是用做投标报价的估算工程量，不作为最终结算的工程量，用于结算的工程量是承包人实际完成的，并按合同有关计量规定计量的工程量。

除合同另有规定，工程量清单中的单价和合价包括由承包人承担的直接费、间接费、其他费用、税金等全部费用和要求获得的利润以及应由承包人承担的义务、责任和风险所发生的一切费用。

投标人投标时，有关工程保险及其费用由投标人根据第 3 章第一部分《通用合同条款》第 48 条、第 49 条和第 50 条的规定执行，并将其费用摊入有关项目内，发包人不另行支付。

符合合同规定的全部费用和利润都应包括在工程量清单所列的各项目中，合同规定应由承包人承担而在工程量清单中未详细列出的项目，其费用和利润应认为已包括在其他有关项目的单价和合价中。投标人不应在工程量清单中自行增加新的项目或修改项目名称及顺序变化。

工程量清单中的“单价”和“合价”栏均应由投标人填报。投标人还应填报投标报价汇总表，并在其结尾处填写投标总报价。报价货币为人民币。若投标人对某些项目未填报单价和合价，则应认为已包括在其他项目的单价和合价以及投标总报价内。

工程量清单中各项目的工作内容和要求及其计量和支付的规定详见《技术条款》有关部分。

投标报价汇总表中的备用金是用于签订合同时尚未确定或不可预见项目的备用金额，应由发包人填写，并按《通用合同条款》第 39 条的规定使用。

除合同另有规定外，在投标截止日前 28 天当时所依据的国家法律、行政法规、国务院有关部门的规章以及工程所在地的省、自治区、直辖市的地方法规和规章中规定应由承包人缴纳的税金和其他费用均应计入单价、合价和总报价中。

工程量清单中有计算或汇总中的算术错误时，应按以下原则改正：

(1)工程量清单中任一项目的单价乘其工程量的乘积与该项目的合价不吻合时，应以单价为准，改正合价。但经合同双方共同核对后认为单价有明显的小数点错位时，则应以合价为准，改正单价。

(2)若投标报价汇总表中的金额与相应的各分组工程量清单中的合计金额不吻合时，应以修正算术错误后的各分组工程量清单中的合计金额为准，改正投标报价汇总表中相应部分的金额和投标总报价。

表 11-13　分类分项工程量清单

合同编号：07××—0540CIC4××××/××

工程名称：××市×××水利枢纽工程　　　　　　　　　　第　　页 共　　页

序号	项目编码	项目名称	计量单位	工程数量	主要技术条款编码	备注
1		施工导流工程			2.9	
1.1		上游围堰工程				
1.1.1	500101002001	清基	m^3	16 300		
1.1.2	500103008001	堰体堆石填筑(洞渣料)	m^3	94 711		
1.1.3	500105001001	干砌石护坡	m^3	6 771		
1.1.4	500103005001	碎石垫层	m^3	4 514		
1.1.5	500103006001	砂砾石过渡层	m^3	11 770		
1.1.6	500103014001	垂直铺塑	m^2	11 770		
1.2		下游围堰工程				
…	…	…	…	…	…	…
1.3		截流工程				
…	…	…	…	…	…	…
1.4	500114002001	排冰凌和防护工程	总价			
1.5	500114002002	施工排水	总价			
2		主坝工程				
2.1		坝体填筑工程				
2.1.1	500101002001	清基	m^3	92 180	3.8	
2.1.2	500102002001	岩石开挖(两岸削坡)	m^3	6 350	4.7	
2.1.3	500103008004	堆石填筑(致密状及少气孔状玄武岩)	m^3	1 773 650	7.8	
2.1.4	500103008005	堆石填筑(致密状及少气孔状玄武岩混合料)	m^3	381 280	7.8	
2.1.5	500103006003	过渡层砂砾石填筑	m^3	117 450	7.8	
2.1.6	500109007001	沥青混凝土心墙	m^3	18 340	9.8	
2.1.7	500105001004	上游堆石护坡	m^3	39 600	7.8	
2.1.8	500105001004	干砌石护坡	m^3	15 760	10.4	
2.1.9	500105001005	下游坝脚堆石护脚(采用石料场大块料径弃料)	m^3	2 200	7.8	
2.1.10	500102001001	副坝岩石开挖	m^3	371	8.4.1.3	
2.1.11	500109001001	副坝灌浆盖板混凝土 C15	m^3	371	4.7	
2.2		钢筋混凝土工程				
2.2.1	500109001002	防浪墙混凝土 C25	m^3	1 220	8.4.13	
2.2.2	500109001003	基座，底梁混凝土 C20	m^3	2 090	8.4.13	
2.2.3	500109001004	连接段混凝土 C15	m^3	1 512	8.4.13	
2.2.4	500111001001	钢筋	t	80	8.3.4	
2.2.5	500109008001	铜止水	m	1 140	8.4.13	
2.3		基础处理工程				
…	…	…	…	…	…	…

续表 11-13

序号	项目编码	项目名称	计量单位	工程数量	主要技术条款编码	备注
2.4		坝顶及右岸码头公路				
2.4.1	500102001002	石方开挖	m^3	4 500	4.7	
2.4.2	500103005003	砂砾石垫层	m^3	3 200	7.8	
2.4.3	500103003001	水泥稳定砂砾层	m^3	1 200	11.4	
2.4.4	500114001001	沥青表面处治	m^2	10 500	11.4	
3		安全检测设备采购及安装工程				
3.1		外部观测设备埋件安装				
3.1.1	500203002001	强制对中基座及附件	套	26	12.5	
3.1.2	500203002002	水准基准点及附件	套	8	12.5	
3.1.3	500203002003	水准工作基点及附件	套	8	12.5	
3.1.4	500203002004	垂直位移标点及附件	套	20	12.5	
3.2		内部观测设备埋件安装				
…	…	…	…	…	…	…

表 11-14　措施项目清单

合同编号：07××—0540CIC4××××/××

工程名称：××市×××水利枢纽工程　　第 1 页 共 1 页

序号	项目名称	备注(主要技术条款编码)
1	环境保护措施	1.11
2	文明施工措施	
3	安全防护措施	1.10
4	施工企业进退场费	1.16
5	施工道路	1.9.1
6	施工供电及照明	1.9.2
7	施工供水系统	1.9.3
8	施工供风系统	1.9.4
9	施工通信系统	1.9.5
10	沥青混凝土生产系统	1.9.8
11	混凝土生产系统	1.9.7
12	附属加工车间	1.9.9
13	临时仓库	1.9.10
14	其他仓库	1.9.10.2
15	生活设施及现场办公室	1.9.11
16	承包人临时房屋及公用设施	1.9.11.1
17	发包人和监理等现场生活设施办公室	13.1.5
18	施工期环境保护	1.11
19	水库清理	1.11.5，2.7.2

表 11-15　其他项目量清单

合同编号：07××—0540CIC4××××/××

工程名称：××市×××水利枢纽工程　　第　页共　页

序号	项目名称	金额(元)	备注
1	备用金	8 000 000	
2	其他费用	1 100 000	
2.1	火工材料库	250 000	1.9.10.1
2.2	施工期下游供水	850 000	2

表 11-16　零星工作项目量清单

合同编号：07××—0540CIC4××××/××

工程名称：××市×××水利枢纽工程　　第 1 页共 1 页

序号	名称	型号规格	计量单位	备注
1	人工			
	工长		工时	
	技工		工时	
	普工		工时	
2	材料			
3	机械			

按清单编制案例，根据招标文件、招标代理机构的答疑文件、工程量清单计价规范、招标设计图、施工组织设计等有关规定进行报价。有关清单报价见表 11-17～表 11-30 所示。

表 11-17　封面

××市×××水利枢纽工程
工程量清单报价表
合同编号：07××—0540CIC4××××/××
投　标　人：　(略)　(单位盖章)
法定代表人
(或委托代理人)：　(签字盖章)
造价工程师
及注册证号：　(略)　(签字盖执业专用章)
编　制　时　间：　(略)

表 11-18　投标总价表

投　标　总　价 工　程　名　称：　× × 市 × × × 水利枢纽工程 合　同　编　号：07 × × —0540CIC4 × × × × / × × 投标总价(小写)：　玖仟壹佰肆拾陆万贰仟零陆拾陆元 (大写)：　91462066 元 投　标　人：　(略)　(单位盖章) 法定代表人 (或委托代理人)：　(略)　(签字盖章) 编　制　时　间：　(略)

表 11-19　工程项目总价表

合同编号：07 × × —0540CIC4 × × × × / × ×

工程名称：× × 市 × × × 水利枢纽工程　　第 1 页 共 1 页

序号	工程项目名称	金额(元)
1	水利建筑工程	79 816 507
1.1	施工导流工程	4 673 775
1.2	主坝工程	75 142 732
2	安装工程	581 880
2.1	安全检测设备采购及安装工程	581 880
3	措施项目	1 963 679
4	其他项目	9 100 000
4.1	备用金	8 000 000
4.2	其他费用	1 100 000
	合计	91 462 066

法定代表人：

(或委托代理人)　(略)　签字

表 11-20　分类分项工程量清单计价表

合同编号：07××—0540CIC4××××/××

工程名称：××市×××水利枢纽工程　　第 1 页 共 1 页

序号	项目编码	项目名称	计量单位	工程数量	单价(元)	合价(元)	主要技术条款编码
1		施工导流工程				4 673 775	2.9
1.1		上游围堰工程				3 399 574	
1.1.1	500101002001	清基	m^3	16 300	8.46	137 898	
1.1.2	500103008001	堰体堆石填筑(洞渣料)	m^3	94 711	19.27	1 825 081	

续表 11-20

序号	项目编码	项目名称	计量单位	工程数量	单价(元)	合价(元)	主要技术条款编码
1.1.3	500105001001	干砌石护坡	m^3	6 771	84.45	571 811	
1.1.4	500103005001	碎石垫层	m^3	4 514	54.87	247 683	
1.1.5	500103006001	砂砾石过渡层	m^3	11 770	35.89	422 425	
1.1.6	500103014001	垂直铺塑	m^2	11 770	16.54	194 676	
1.2		下游围堰工程				1 055 408	
…	…	…	…	…	…	…	…
1.3		截流工程				113 793	
…	…	…	…	…	…	…	…
1.4	500114002001	排冰凌和防护工程	总价			25 000	
1.5	500114002002	施工排水	总价			80 000	
2		主坝工程				75 142 732	
2.1		坝体填筑工程				64 824 069	
2.1.1	500101002001	清基	m^3	92 180	8.46	779 843	3.8
2.1.2	500102002001	岩石开挖(两岸削坡)	m^3	6 350	30.24	192 024	4.7
2.1.3	500103008004	堆石填筑(致密状及少气孔状玄武岩)	m^3	1 773 650	25.85	45 848 853	7.8
2.1.4	500103008005	堆石填筑(致密状及少气孔状玄武岩混合料)	m^3	381 280	18.45	7 034 616	7.8
2.1.5	500103006003	过渡层砂砾石填筑	m^3	117 450	17.89	2 101 181	7.8
2.1.6	500109007001	沥青混凝土心墙	m^3	18 340	248.78	4 562 625	9.8
2.1.7	500105001004	上游堆石护坡	m^3	39 600	68.78	2 723 688	7.8
2.1.8	500105001004	干砌石护坡	m^3	15 760	92.45	1 457 012	10.4
2.1.9	500105001005	下游坝脚堆石护脚(采用石料场大块料径弃料)	m^3	2 200	15.45	33 990	7.8
2.1.10	500102001001	副坝岩石开挖	m^3	371	28.78	10 677	8.4.1.3
2.1.11	500109001001	副坝灌浆盖板混凝土 C15	m^3	371	214.45	79 561	4.7
2.2		钢筋混凝土工程				1 709 919	
2.2.1	500109001002	防浪墙混凝土 C25	m^3	1 220	288.78	352 312	8.4.13
2.2.2	500109001003	基座，底梁混凝土 C20	m^3	2 090	265.45	554 791	8.4.13
2.2.3	500109001004	连接段混凝土 C15	m^3	1 512	122.13	184 661	8.4.13
2.2.4	500111001001	钢筋	t	80	4345	347 600	8.3.4
2.2.5	500109008001	铜止水	m	1 140	237.33	270 556	8.4.13
2.3		基础处理工程				8 175 166	
…	…	…	…	…	…	…	…
2.4		坝顶及右岸码头公路				433 578	
2.4.1	500102001002	石方开挖	m^3	4 500	21.45	96 525	4.7
2.4.2	500103005003	砂砾石垫层	m^3	3 200	54.12	173 184	7.8
2.4.3	500103003001	水泥稳定砂砾层	m^3	1 200	80.12	96 144	11.4
2.4.4	500114001001	沥青表面处理	m^2	10 500	6.45	67 725	11.4
3		安全检测设备采购及安装工程				581 880	
3.1		外部观测设备埋件安装				68 770	
…	…	…	…	…	…	…	…
3.2		内部观测设备埋件安装				513 110	
…	…	…	…	…	…	…	…

法定代表人：

(或委托代理人)　(略)　　签字

表 11-21　措施项目清单计价表

合同编号：07××—0540CIC4××××/××
工程名称：××市×××水利枢纽工程　　第 1 页 共 1 页

序号	项目名称	金额(元)
1	环境保护措施	159 633
2	文明施工措施	95 780
3	安全防护措施	119 725
4	施工企业进退场费	100 000
5	施工道路	163 456
6	施工供电及照明	65 647
7	施工供水系统	116 554
8	施工供风系统	102 458
9	施工通信系统	58 246
10	沥青混凝土生产系统	95 876
11	混凝土生产系统	154 562
12	附属加工车间	56 412
13	临时仓库	10 245
14	其他仓库	10 000
15	生活设施及现场办公室	54 785
16	承包人临时房屋及公用设施	45 300
17	发包人和监理等现场生活设施办公室	20 000
18	施工期环境保护	35 000
19	水库清理	500 000
合计		1 963 679

法定代表人：
(或委托代理人)　(略)　签字

表 11-22　其他项目清单计价表

合同编号：07××—0540CIC4××××/××
工程名称：××市×××水利枢纽工程　　第　页 共　页

序号	项目名称	金额(元)	备注
1	备用金	8 000 000	
2	其他费用	1 100 000	
2.1	火工材料库	250 000	1.9.10.1
2.2	施工期下游供水	850 000	2
…	…	…	…
合计		9 100 000	

法定代表人：
(或委托代理人)　(略)　签字

表 11-23　零星工作项目计价表

合同编号：07××—0540CIC4××××/××
工程名称：××市×××水利枢纽工程　　第　1　页 共　1　页

序号	名称	型号规格	计量单位	单价(元)	备注
1	人工				
(1)	工长		工时	8.63	
(2)	技工		工时	7.97	
(3)	普工		工时	4.03	
2	材料				
…	…	…	…	…	…
3	机械				
(1)	单斗挖掘机	液 4.0 m^3	台时	621.23	
(2)	单斗挖掘机	液 2.0 m^3	台时	294.03	
…	…	…	…	…	…

法定代表人：
(或委托代理人)　(略)　　签字

表 11-24　工程单价汇总表

合同编号：07××—0540CIC4××××/××
工程名称：××市×××水利枢纽工程　　第　1　页 共　3　页

序号	项目编码	项目名称	计量单位	人工费	材料费	机械使用费	施工管理费	企业利润	税金	合计
1		建筑工程								
1.1		土方开挖工程								
1.1.1	500101002001	清基	m^3	0.08	0.25	6.15	1.17	0.54	0.27	8.45
1.1.2	500103008001	堰体堆石填筑(洞渣料)	m^3	0.72	0.84	13.23	2.66	1.22	0.61	19.28
…	…	…	…	…	…	…	…	…	…	…

法定代表人：
(或委托代理人)　(略)　　签字

表 11-25　工程单价费(税)率汇总表

合同编号：07××—0540CIC4××××/××
工程名称：××市×××水利枢纽工程　　第 1 页 共 1 页

序号	工程类别	工程单价费(税)率(%)			备注
		施工管理费	企业利润	税金	
一	建筑工程				
1	土方	18.00	7.00	3.24	
2	石方	18.00	7.00	3.24	
3	混凝土	13.00	7.00	3.24	
4	钻孔灌浆及锚固	14.00	7.00	3.24	
5	其他	14.00	7.00	3.24	
6	砂石备料	8.00	7.00	3.24	
二	安装工程				
1	机电设备安装工程	50.00	7.00	3.24	
2	金属结构设备安装工程	50.00	7.00	3.24	

法定代表人：
(或委托代理人)　(略)　　　签字

表 11-26 投标人生产电、风、水、砂石基础单价汇总表

合同编号：07××—0540CIC4××××/××

工程名称：××市×××水利枢纽工程　　　　第 1 页 共 1 页

序号	名称	型号规格	计量单位	人工费	材料费	机械使用费	合计	备注
1	电		度				0.62	外购电电价
2	风		m^3				0.11	
3	水		m^3				0.5	
4	人工砂						42.53	
5	碎石	5~20 mm	t				38.99	外购加运费
6	碎石	20~40 mm	t				38.99	外购加运费
7	碎石	40~80 mm	t				37.03	外购加运费

法定代表人：

(或委托代理人)　(略)　　签字

表 11-27 投标人生产的混凝土配合比材料费表

合同编号：07××—0540CIC4××××/××

工程名称：××市×××水利枢纽工程　　　　第 1 页 共 1 页

序号	工程部位	混凝土强度等级	水泥强度等级	级配	水灰比	预算材料量(kg/m^3)				水(m^3)	单价(元/m^3)	备注
						水泥(kg)	砂(m^3)	石				
								5~20 mm(m^3)	20~40 mm(m^3)			
1	基座底梁混凝土	C20	42.5	2	0.60	300	0.45	0.42	0.45	0.18	121.04	
2	副坝灌浆盖板混凝土	C15	42.5	2	0.67	268	0.48	0.4	0.43	0.18	103.48	
3	混凝土防渗墙	C20	42.5	2	0.50	311	0.51	0.39	0.41	0.134	135.73	
4	防浪墙混凝土	C25	42.5	2	0.48	357	0.5	0.42	0.36	0.135	138.07	
5	连接段混凝土	C15	42.5	2	0.62	256	0.49	0.42	0.42	0.17	126.22	

法定代表人：

(或委托代理人)　(略)　　签字

表 11-28 投标人自行采购主要材料预算价格汇总表

合同编号：07××—0540CIC4××××/××

工程名称：××市×××水利枢纽工程　　　　第 1 页 共 1 页

序号	材料名称	型号规格	计量单位	预算价(元)	备注
1	圆钢		t	2 631.00	
…	…	…	…	…	…

法定代表人：

(或委托代理人)　(略)　　签字

表 11-29　投标人自备施工机械台时费汇总表

合同编号：07××—0540CIC4××××/××
工程名称：××市×××水利枢纽工程　　第 1 页 共 1 页
单位：元/台时

序号	机械名称	型号规格	一类费用				二类费用							三类费用	合计
			折旧费	维修费	安拆费	小计	人工	汽油	柴油	电	风	水	小计		
1	挖掘机	单斗液 4.0 m^3	216.72	103.49		320.21	13.64	0.00	136.78	0.00	0.00	0.00	150.42		470.63
2	挖掘机	单斗油 1.0 m^3	28.77	29.63	2.42	60.82	13.64	0.00	43.45	0.00	0.00	0.00	57.09		117.91
…	…	…	…	…	…	……	…	…	…	…	…	…	…	…	…

表 11-30　土方开挖工程单价计算表

单价编号：500101002001　　定额单位：100 m^3
施工方法：挖掘机挖装，自卸汽车运输

编号	名称	型号规格	计量单位	数量	单价(元)	合价(元)
一	直接费					648
1	基本直接费					648
(1)	人工费					8
	工长		工时		6.54	0
	高级工		工时		6.04	0
	中级工		工时		5.05	0
	初级工		工时	2.5	3.05	8
(2)	材料费					25
	零星材料费		元	623	4%	25
(3)	机械使用费					615
	挖掘机	液压 单斗 4 m^3	台时	0.24	470.63	113
	推土机 88 kW	功率 88 kW	台时	0.15	107.53	16
	自卸汽车	载重量 20 t	台时	2.9	167.51	486
二	企业管理费		元	648	18.00%	117
三	利润		元	765	7.00%	54
四	税金		元	819	3.24%	27
合计			元			846
单价			元			8.46

思考题

1. 工程量清单报价应遵循哪些程序？
2. 为什么要进行清单工程量的复核？
3. 如何提高工程量清单编制的质量？
4. 工程单价所包括的内容有几项？如何计算？
5. 工程单价分析的步骤是什么？
6. 如何理解分类分项工程单价分析要点？
7. 清单计价与定额计价的区别是什么？
8. 为什么施行清单计价方法？

第十二章　工程概预算的管理与动态控制

第一节　概预算的审查

概预算编制与审查是工程建设中重要的技术工作，但在工作中要注意分清“编”、“审”工作的区别。工程概预算编制是一种工程的“计价”工作，它是根据设计文件，依据相关规范和标准，从设计角度对工程可能发生的费用进行工程概预算编制，是设计文件的重要组成部分。而工程概预算审查就是从投资的角度考虑，对这种“计价”工作，从政策、技术、规范、规定等多方面进行论证及组合，以期求得科学、合理、准确的工程投资费用组成，其工作核心是“审”而不是“编”。工程概预算“编”、“审”分离，是工程造价体制改革中的一个发展方向，是工程投资控制中的两个阶段，是由不同的单位在不同的时间完成的。因此，工程概预算编制完成以后，必须经审批后才能生效。主管审批部门应请工程公司、建设银行、建设单位参加审核，也可请施工单位及有关咨询人员参加。

一、概预算审查的意义

(1)有利于合理确定工程造价及有效地控制工程概预算，加强投资计划管理，合理分配投资资金。设计概算的偏高和偏低，都会影响工程造价的控制，也会影响投资计划的真实性。

(2)有利于促进概预算编制单位严格执行国家有关概算的编制规定和费用标准，从而提高编制水平和质量。

(3)有利于促进设计的技术先进性和经济合理性的有机结合。审查后的工程概预算的技术经济指标，是工程建设指标的综合反映，与同类工程相比，便可看出设计方案是否合理，技术是否先进，由此促进设计方案的改进。

(4)有利于控制建设规模、标准，确保项目投资准确、完整，减少投资缺口，避免故意压低概算投资，搞“钓鱼”项目，导致实际造价大幅度地突破概算。

(5)有利于为建设资金的落实提供可靠的依据，不留缺口，有助于提高建设项目的投资效益。

二、审查的主要内容

(一)审查概预算的编制依据

1. 编制依据的合法性

采用的各种编制依据必须经过国家和授权机关的批准，符合国家的编制规定，未经批准的不能采用。不能强调特殊情况，擅自提高概算定额、指标和费用标准。如采用水总[2002]116号文编制水利工程概预算，执行的是2002年颁发的《水利建筑工程预算定额》、《水利建筑工程概算定额》以及与定额相匹配的《水利工程设计概(估)算编制规定》(2002)。

2. 编制依据的时效性

各种依据都应根据国家有关部门的现行规定选用，如定额、指标、材料价格、通用设备价格、非标设备制作价格、取费标准等，注意有无调整或新的规定，若有，应按新的调整办法和规定执行。如工程监理费从2007年5月1日起，执行国家发改委、建设部关于印发《建设工程监理与相关服务收费管理规定》的通知发改价格[2007]670号文，相应1992年国家物价局、建设部[1992]价费字479号文废止。

3. 审查编制依据的适用范围

各种编制依据都有规定的适用范围，如主管部门规定的各种专业定额及其取费标准，只适用于该部门的专业工程；各地区规定的各种定额及其取费标准，只适用于该地区范围内，特别是地区的材料预算价格区域性更强，要根据工程所在地的实际情况编制相应的材料预算价格。

(二)审查概预算文件的组成内容

概预算文件应该全面、完整地反映设计的内容和要求，概预算投资包括建设项目从筹建到竣工验收所需的全部建设费用。审查时应注意设计文件内的工程项目有无漏项，有无将设计外的工程项目列入概预算。

(三)审查设计总图

主要审查设计总图的布局，是否根据生产工艺要求作了全面合理的规划；注意原材料、半成品或成品是否迂回反复和超运距运输，分期建设的项目有无多征地、多征少用、征而不用、早征迟用现象。

(四)审查工艺流程

审查工艺流程是否根据建设工艺流程合理安排项目，是否考虑了工程建成投产后财力、物力消耗高低的影响，是否存在施工生产工艺倒流现象。

(五)审查投资效益

应从宏观和微观角度入手，全面衡量建设项目市场经济寿命、建设周期、原材料、盈利和投资回收期等各种因素及其对投资效益的影响，注意有无盲目建设问题。

(六)审查“三废”治理

审查是否符合国家对环境保护问题的有关规定，“三废”的治理方案以及安排的环保项目和投资是否合理。

(七)审查概预算的费用组成

1. 审查建筑安装工程费用

工程量的计算是否根据初步设计图纸、概算定额、工程量计算规则和施工组织设计的要求进行，有无多算少算、重复和漏算现象；概预算定额和指标的套用是否正确，有无高套、低套、错套、乱套等问题，以及各种取费是否按照相应的费用定额计取。

2. 审查设备及工器具的购置情况

首先，审核概预算中设备的种类、规格、型号和数量是否与初设文件中的设备清单和施工工艺流程完全相符；其次，审查设备单价是否按原价及运杂费进行编制，着重审查标准设备的原价是否与主管部门和物价部门核定的出厂价相符、非标设备的估价是否合理；最后审查工器具购置费的计取是否合乎规定，有无多计少计费用情况。

3. 审查工程建设其他费用

审查是否严格按照国家和行业规定的计算程序，取费基数费率是否准确，有无随意列项，有无多列、交叉计列和漏算等问题。

4. 审查预备费

审查预备费主要从取费基数和费率两个方面进行审查，注意取费基础是否正确，是否在计取预备费的同时又计取了预备包干费，从而多计、重计预备费等情况。

三、审查的步骤和方法

概预算的审查是一项复杂而又细致的工作，要求审查人员既要懂得设计、施工的专业知识，又要懂得概预算知识，而且要深入现场调查，掌握第一手资料，使审批后的概预算更加确切。

(一)审查的步骤

(1)掌握必要的资料。要熟悉图纸和说明书，弄清概预算的内容、编制依据和方法，收集有关的定额、指标和有关文件，为审查工作做好必要的准备。

(2)进行对比分析，逐项核对。对规定的定额、指标以及同类工程的技术经济指标进行对比，找出差距的原因。根据设计文件所列的项目、规模、尺寸等，与概预算书计算采用的项目、数据核对；根据概预算书引用的定额、标准与原定额、标准核对，找出差别或错漏。

(3)调查研究。对于在审查中遇到的问题，包括随着设计、施工技术的发展所遇到的新问题，一定要深入实际调查研究，弄清建筑的内外部条件，了解设计是否经济合理、概预算所采用的定额、指标是否符合现场实际等。

(4)提出审查报告。在发现的问题得到妥善解决后，可提出审查报告，并请有关单位和部门鉴定认可后，作为最后的审查成果。

(二)审查方法

采用适当的方法审查设计概算，是确保审查质量、提高审查效率的关键。审核概预算的方法多种多样，目前常用的审查方法有全面审核法、重点审核法、经验审核法、分解对比审核法以及用统筹法原理审核等。下面以预算的审查说明这些方法。

1. 全面审核法

全面审核法又称为逐项审查法，是指按照全部图纸的要求，结合有关定额分项对工程中具体工作内容，逐一进行审核的方法。具体审核时要对工程项目的工程量计算、定额子目的选套、取费标准的选用以及财务收支进行详尽的审核。

全面审核法的优点是全面、细致，所审核过的工程概预算质量较高，差错较少。缺点是耗时耗力，工作量太大。作为建设单位，对于一些工程比较小、工艺比较简单的工程，编制工程预算的技术力量又比较弱，并且有时缺少必要的资料，工程预算差错率较大，应尽量采用该方法。另外，对于大型工程、重点或问题较多的项目也可采用此法。

2. 重点审核法

重点审核法是抓住工程预算中的重点进行审核的方法。一般审查的重点有下面几个方面：

(1)选择工程量或造价较高的项目进行重点审核，如水利水电枢纽工程中的大坝、溢洪道、厂房、泄洪洞、机电设备及金属结构设备等。

(2)审核基础单价计算的正确性。审核其人工工资标准是否正确、是否与本地区的工资标准相符合、各数据引用是否准确、计算是否合理等，并对材料的来源、价格的计算、施工单位或建设单位直接向厂家采购材料的手续费、运输工具的合理性等进行逐项审核。

(3)工程单价是否正确。单价包括的内容是否重复、遗漏，引用定额是否正确，以及补充单价等应重点审核。在工程概预算中，由于定额缺项，施工企业根据有关规定编制补充单价是经常发生的，审核人员应把补充单价作为重点，主要审核补充单价的编制依据和方法是否符合规定，材料用量、概预算价格是否齐全、准确，人工工日、机械台时计算是否合理等。

(4)工程量计算是否正确。对工程量审核时应抓住重点，例如对工程量较大的挡水工程、厂房工程、主要安装工程等要逐项核对，其他分项工程可作一般性的审查。要注意各工程的构配件名称、规格、数量和单价是否与设计和施工的规定相符合。

(5)各项费用标准，应根据有关规定查对，对采用费率计算的，例如间接费、计划利润、税金等应对计算基础费率标准进行逐一审查，防止错算和漏算。审查各项其他费用，尤其要注意土地征用费、移民安置费、库区淹没赔偿费等，是否符合国家和地方的有关规定，要进行实地调查。

重点审核法的优点是重点突出、审查时间短、效果好。用重点审核法审查工程概预算时，应灵活掌握审核范围，如没有发现问题，或者发现的差错很小，应考虑适当缩小审核范围。此外，如果建设单位概预算的审核力量相对来说较强，或时间比较充裕，则审核的范围可宽一些；反之，则应适当缩小。

3. 分解对比审核法

对于所有的单位工程，如果其用途、建筑结构和建筑标准都一样，在一个地区范围内，其概预算的单价应基本相同，特别是采用标准图纸施工或复用施工图纸的工程更是如此。分解对比审核法就是把一个单位工程按直接费与间接费进行分解，然后再把直接费按工种和分部进行分解，分别与审定的标准概预算进行对比分析的方法。

分解对比审核法的基本做法是首先全面审核某种建筑的定型标准图或复用施工图的工程概预算，审核后作为审核其他类似工程概预算的对比标准；然后把上述已经审定的标准概预算分解为直接费和间接费两部分，再把直接费分解为各分部分项工程的概预算，分别计算出它们的概预算单价；最后把拟审的同类型工程的概预算造价与上述审定的工程概预算造价进行对比。如果出入不大，就可认为本工程的概预算问题不大，不再审核。如果出入较大，再按分部分项工程进行分解，边分解边对比，对于那些出入较大的部分，进一步审核其概预算价格以及相应工程项目的工程量。

4. 用统筹法原理审核工程量

统筹法是一种数学方法，运用该方法可以快速、方便地核实拟审工程概预算中的工程量，从而加快审核工作的速度。

使用统筹法审核工程量，应遵守本地区概预算定额中的工程量计算规则，必要时应编制本地区的计算项目和计算程序，以免产生差错。

5. 经验审核法

经验审核法是根据以前的实践经验，对工程项目中容易发生差错的那一部分分部分项工程项目进行重点审核。

概预算的审查是一门多学科综合性工作。为了保证审核工作的质量，提高效率，通常在审查同一个项目时将多种方法综合并用。例如，微观审核和宏观审核相结合；事前、事中、事后审核相结合；国家审核、社会审核、内部审核相结合；审核监督与管理检查相结合；财务收支审核与技术经济审核相结合等。必要时，对于重要的工程项目还可采用动态跟踪审核的方式进行审核。

第二节　招投标阶段合同价款的确定

施工合同价款是发包方按有关规定和协议条款规定的各种取费标准支付承包人按照合同要求完成工作内容的价款总额。合同价款是根据《中华人民共和国招标投标法》、《建设工程施工合同管理办法》、《水利工程工程量清单计价规范》(GB 50501—2007)以及相应法律法规的规定，依据招标文件、投标文件确定，施工单位采用一定的投标策略取得中标以后，由业主方和承包方共同签订施工合同，确定合同价款。

由于招投标阶段建设单位工程前期准备工作进展不一，不得不采用不同的承包方式，这就决定和影响合同订立的形式，也决定着合同价款的确定，最终的施工合同价款是由合同价、索赔价组成。按合同的计价方式，施工合同价款的确定主要有三种类型，即总价计价类型、单价计价类型和成本加酬金计价类型三种。

一、总价计价类型

总价计价是合同总价不变，或影响价格的关键因素是固定的一种合同。这种合同一般要求投标人按照招标文件要求报一个总价，在这个价格下完成合同规定的全部项目。采用这种计价类型时，一般应满足下列 3 个条件：

(1)必须详细而全面地准备设计图纸和各项说明，以便投标人能准确地计算工程量。

(2)工程风险不大，技术不太复杂，工程量不太大，工期不太长，一般在 2 年以内。

(3)在计价类型条件允许范围内，向承包商提供各种方便。

采用此种计价方式时，承包商将承担更多的风险。因此，承包商在投标报价时要仔细分析风险因素，考虑一定的风险费。另外，业主在制定招标文件时也应充分考虑承包商承担风险的可能性。只有这样，业主才能选择到合格并具有竞争力的投标人。

(一)总价计价类型分类

总价计价类型可分为固定总价、调值总价、固定工程量总价和管理费总价四种类型。

1. 固定总价

固定总价合同俗称“包死合同”，是指承包整个工程的合同价款总额已经确定，在工程实施中不再因物价上涨而变化。所谓“固定”，是指这种价款一经约定，除业主增减工程量和设计变更外，一律不调整。所谓“总价”，是指完成合同约定范围内工程量以及为完成该工程量而实施的全部工作的总价款。所以，固定总价合同应考虑价格风险因素，在合同中明确规定合同总价包括的项目。

这种合同的优点是发包人应当付给承包人的费用一笔包死，省事。缺点是承包人承担的风险大，责任重，如物价波动、气候条件恶劣、地质地基条件及其他意外困难等，因此报价相对较高。

这种合同形式一般适用风险不大，技术不太复杂，工期不长，工程图纸不变，工程要求十分明确的项目。如果施工图纸变更，工程要求提高，应考虑合同价格的调整。

这种计价类型适用于工期较短(一般不超过 1 年)、对工程项目要求十分明确的项目。

2. 调值总价

采用调值总价计价类型时，如果在执行中合同规定了由于通货膨胀引起的工料成本增加到某一规定的限度，合同总价应作相应调整。

这种合同，承包方承担有关工期、成本等因素变化的风险；发包方承担因通货膨胀引起的人工、材料价格上涨的风险。

这种合同一般适用于工期较长(1 年以上 2 年以下)，工程内容和技术要求很明确的项目。要求合同中列有调值条款和价格调整的差额计算方法。

调价方式有：

(1)文件证明法。即凭正式发票向发包方结算价差。

(2)法令调整法。即根据具体的法令执行。

(3)公式法。即根据合同规定的公式进行计算，确定应付承包方的工程价款。因人工、材料和设备等价格波动影响合同价格时，按以下公式计算差额，调整合同价格。

$$\Delta P = P_0\left(\sum \frac{F_{tn}}{F_{0n}} B_n + A - 1\right) \tag{12-1}$$

式中，ΔP 为需调整的价格差额；P_0 为承包商应得到的已完成工程量的金额中(不包括价格调整、保留金和预付款)以合同价计价的部分；n 为所选可调因子数目；A 为定值权重(即不调价部分的权重，一般指管理费、利润等)；B_n 为各可调因子的变值权重(即可调部分的权重)，为各可调因子在合同估算价中所占的比例；F_{0n} 为各可调因子的基本价格指数或基本价格(一般指投标截止日前 42 天的各可调因子的价格指数)；F_{tn} 为各可调因子的现行价格指数或现行价格(一般指合同条款规定的付款证书相关周期最后一天前 42 天的各可调因子的价格指数)。

以上价格调整公式中的各可调因子、定值和变值权重，以及基本价格指数及其来源规定在投标辅助资料的价格指数和权重表内。价格指数应首先采用国家或省、自治区、直辖市的政府物价部门或统计部门提供的价格指数，若缺乏上述价格指数时，可采用上述部门提供的价格或双方商定的专业部门提供的价格指数或价格代替。

3．固定工程量总价

用固定工程量总价计价类型时，业主要求投标人在投标时按单价合同形式填报分项工程单价，从而计算出投标总价，据之签订合同。原定工程项目全部完成后，根据合同总价付款给承包商。如果改变设计或增加新项目，则用合同中已确定的单价来调整总价。

这种合同对业主有利，一是可以了解投标人投标时的总价是如何计算出来的，便于业主审查投标报价，特别是对投标人过度的不平衡报价，可以在合同谈判时压价；二是当物价上涨或增加新项目时可利用已确定的单价。

这种合同一般适用于工程量变化不大的项目。

4. 管理费总价

业主雇用某一公司的管理专家对发包计价类型的工程项目进行施工管理和协调，由业主付给一笔总的管理费用。采用这种计价类型时要明确具体工作范畴。

(二)优缺点

(1)优点：①可以使业主对工程开支大体上做到心中有数；②评标时易于确定报价最低的投标人；③合同管理工作难度小、工作量少等。

(2)缺点：风险分摊非常不合理，承包商承担了大多数风险。

二、单价计价类型

采用综合单价计价方式，在约定风险范围内综合单价不再调整，而工程量则按应支付量结算，这种合同称为单价合同。实行工程量清单计价招标的工程应当采用固定单价合同；在初步设计被批准后就进行招标的工程项目，不能较精确地计算工程量，为避免单方承担大的风险，采用单价合同比较适宜。

(一)单价计价类型分类

单价计价类型分为估计工程量单价计价、纯单价计价、单价与包干混合式计价三种形式。

1. 估计工程量单价计价

估算工程量单价合同是指业主在招标文件中列出工程量清单，投标人投标时在工程量清单中填入各项单价，从而计算出投标总价，据以签订的合同。工程量清单中的工程量是用做投标报价的估算工程量，不作为最终结算的工程量，用于结算的工程量是承包人实际完成的，并按合同有关计量规定计量的工程量。

在履行合同过程中，常发生物价波动和各种类型的工程变更，或者实际工程量与合同工程量清单中估算工程量出现差值。因此，在合同中要规定合同价格调整的条款。其价格调整可采用式(12-1)。当某一分项(条目)的实际净工程量与文件规定的工程量相差一定百分比(如±25%)时，合同单价也可作相应的调整。单价调整的基本原则是：调整前后保持管理费和利润总和不变。

这种计价方式由合同业主和承包商共同承担风险，是目前我国水利水电工程中运用较多的一种合同形式。

2. 纯单价计价

当设计单位还来不及提供设计图纸，或虽有设计图纸但由于某些原因不能比较准确地计算工程量，宜采用纯单价计价类型。招标文件只向投标者给出工程范围、完成的工作项目和内容，而未列出工程量。投标人在投标时，只须列出各工程项目的单价，业主按承包商实际完成并经监理工程师认可的工程量付款。有时也可由业主一方在招标文件中列出单价，而投标一方提出修正意见，双方磋商后确定最后的承包单价。

3. 单价与包干混合式计价

以单价合同为基础，对工程量较大且易计算工程量的项目采用单价形式，而对工程量较小或者不易计算工程量的项目采用总价包干的形式。在合同执行过程中，业主分别按单价合同和总价包干合同的形式支付工程款。

(二)优缺点

(1)优点：①可以减少准备工作，缩短准备时间；②能鼓励承包商通过提高工效等手段从成本节约中提高利润；③业主按工程量表的项目开支，只需支付在执行计价类型过程中发生的少量附加工作费用，可减少意外开支；④风险分摊较为合理。

(2)缺点：合同管理工作难度及工作量大。

三、成本加酬金计价类型

成本加酬金合同也称成本补偿合同，是指业主向承包商支付实际工程成本中的直接费(一般包括人工、材料及机械设备使用费)，并按事先协议好的某一种方式支付管理费及利润的一种合同方式。这种合同一般是在工程内容及其技术经济指标尚未完全确定，而又急于建设的工程中采用，常用于改建、灾后恢复、前所未有的或施工风险很大的工程项目中。其缺点是发包单位对工程总造价不易控制，而且承包商在施工中也不注意精打细算。

成本加酬金计价类型一般有以下四种。

1. 成本加固定百分比酬金计价

合同双方在合同中约定工程直接费用实报实销，然后按直接费的某一百分比提取酬金，作为承包方的管理费和利润。其计算公式为

$$C=C_d(1+P) \tag{12-2}$$

式中，C 为工程总造价；C_d 为实际发生的工程直接费用；P 为某一固定百分数。

采用这种合同方式，工程总造价随实际发生的工程直接费用的增加而增加，虽然支付简单，但不利于鼓励承包商降低成本、缩短工期，因而对业主不利。

2. 成本加固定酬金计价

根据合同双方讨论约定的工程估算成本来确定一笔固定的酬金。这笔酬金是事先双方商定的，其数额不随成本增减而变化，除非工程范围发生变更，超出招标文件的规定。工程估算成本仅作为确定酬金而用，而工程成本仍按实报实销的原则。其表达公式为

$$C= C_d+F \tag{12-3}$$

式中，F 为固定酬金。

这种合同方式虽然不能鼓励承包商关心成本，但从尽快取得酬金出发，承包商将会关心缩短工期。为了鼓励承包商降低成本，也有在固定酬金之外，再根据工程质量、工期和降低成本情况加奖金的。

3. 成本加浮动酬金计价

这种计价具有奖罚的性质，因此又称成本加奖罚合同。这种计价是经合同双方确定工程的一个概算直接成本，作为目标成本，再根据目标成本来确定酬金数额。将实际发生的成本与目标成本比较，若实际成本低于目标成本，承包方除得到实际成本和酬金的补偿外，还可根据成本降低额得到一笔固定的或按节约成本的某一百分比的奖金；当实际成本高于目标成本时，承包方仅得到成本和酬金的补偿，并根据实际成本高出目标成本情况，处以某一固定的或增加成本中的某一百分比的罚金。其计算公式为

$$C = C_d + P_1 C_0 + P_2 (C_0 - C_d) \tag{12-4}$$

式中，C_0为目标成本；P_1为酬金百分数；P_2为奖罚金百分数。

这种合同方式，可以促使承包商关心降低成本和缩短工期，对合同双方都无多大风险。

4. 成本加固定最大酬金计价

在这种形式的计价中，设有三种成本总额：报价成本、最高成本和最低成本。如果承包人在完成工程项目任务中所花费的实际成本没有超出最低成本时，其所花费的全部成本及应得酬金都可以得到发包方的支付，并且承包人与发包人可以共享节约额；如果实际成本在最低成本和报价成本之间，承包方只能得到成本和酬金；如果实际成本在报价成本与最高成本之间，只有实际成本可以得到发包方支付；实际成本超过最高成本时，超出部分发包人不予支付。这种计价形式有利于控制工程造价，并能鼓励承包方最大限度地降低工程成本。

四、合同价款的选用

一项工程招标前，选用恰当的合同形式，是业主编制招标文件、制定发包策略及发包计划的一项重要工作。按计价方式选择合同计价类型时应考虑以下因素。

(一)项目单项工程的明确程度

一般来讲，如果一个项目仅达到可行性研究阶段，多采用成本加酬金合同；工程项目达到初步设计阶段，多采用单价合同；工程项目达到施工图设计阶段，能满足设备、材料的计划安排，非标准设备的制造，施工图预算的编制等，多采用总价合同。

(二)项目规模和工期长短

如果项目的规模较小、工程较短，则合同类型的选择余地较大，总价合同、单价合同及成本加酬金合同都可选择。如果项目规模大、工期长，则项目的风险大，合同履行中的不可预测因素也多，这类项目不宜采用总价合同。

(三)项目的竞争情况

如果在某一时期和某一地点，愿意承包某一项目的承包商较多，则业主拥有较多的主动权。因此，可按照总价合同、单价合同、成本加酬金合同的顺序进行选择。如果承包某一项目的承包商较少，则承包商的主动权较多，可以尽量选择承包商愿意采用的合同类型。

(四)项目准备时间的长短

项目的准备时间包括业主的准备工作和承包商的准备工作。对于不同的合同类型需

要不同的准备时间和准备费用。总价合同需要的准备时间和费用最低，成本加酬金合同需要的准备时间和费用最高。对于一些非常紧急的项目如抢险救灾等项目，给予业主和承包商的准备时间都非常短，一般采用成本加酬金的合同形式。反之，可采用单价或总价合同形式。

(五)项目的外部环境因素

如果项目的外部环境恶劣则意味着项目的成本高、风险大、不可预测的因素多，承包商很难接受总价合同方式，较适合采用成本加酬金合同。

第三节　施工过程中的造价管理

水利水电工程实施阶段的工程造价管理是建设项目全过程工程造价管理的重要组成部分。在工程建设管理中，采取有效措施加强施工过程中的工程造价管理，对管好、用好资金，提高投资效益有着十分重要的意义。

项目建设实施阶段的工程造价管理分为两个层次：第一层次是投资人与项目法人之间对工程造价的管理；第二层次是项目法人与承包人之间对工程造价的管理。其可分为三个阶段：招标投标管理、施工造价管理和结算管理，以下主要从这三个方面介绍。

一、招标投标管理

水利水电工程招投标制度是建设单位在实施阶段控制工程造价的最有效手段。招标投标管理阶段应积极推行工程量清单计价进行招标投标，加强合同管理。这就要求建设单位在进行招标工作时，合理划分标段、选择合理承包模式及合同形式，合理编制标底。在招标文件中不仅要包括通常的内容如填表须知、招标须知、合同条件、合同协议条款、合同格式、技术条款、图纸、投标文件等，还必须提供合理、规范的工程量清单，作为投标报价参考文件的重要组成部分。通过招投标可以有效控制工程造价，保证建设工程的质量，缩短水利工程建设周期。

(一)明确行政监督与管理的主体

水行政主管部门按分级实施的原则，对水利工程建设项目的招标活动实施行政监督与管理。水利部是全国水利工程建设项目招标投标活动的行政监督与管理部门。

(二)明确划分监督职责

(1)水利部的监督职责是负责组织、指导、监督全国水利行业贯彻执行国家有关招标投标的法律、法规、规章和政策；制定水利工程建设项目招标投标的管理规定和办法；受理投诉，依法查处招标投标活动中的违法违规行为；监督与管理招标代理机构资格和评标专家资格；直接负责国家重点项目的监督。

(2)流域机构的监管职责是负责本流域中央项目招标投标活动的行政监督与管理；复核招标人自行招标资格；受理招标人在规定时间内提交备案的招标投标的书面报告；监督违法违规行为，受理投诉。

(3)省级水行政主管部门的监管职责是依法对本行政区域内水利工程建设项目招标投标进行行政监督；贯彻招标投标的法律、法规、规章；制定地方项目的管理办法，受理投诉，依法查处招标投标活动中的违法违规行为；监督招标人自行招标资格；受理提交备案书面报告；监督违法违规行为，受理投诉；监督本行政区域内招标代理机构资格、评标专家资格、组建评标专家库。

(三)规范招标应具备的条件

工程招标应具备以下主要条件：

(1)初步设计概算已批准；

(2)建设工程项目已经主管部门批准，并列入年度基本建设投资计划；

(3)征地、拆迁、水、电、道路、通信等现场条件已经基本就绪，并已获开工许可；

(4)建设资金、主要材料和设备加工订货已经落实；

(5)有能够满足施工需要的施工图纸及技术资料；

(6)已经向招标投标管理机构办理报建登记等。

(四)投标人应通过资格审查

招标人不得以任何理由限制或排斥部分潜在投标人。投标人按招标文件要求提交资质证明。

(五)标底的编制

在编制招标文件中，最重要的工作内容是制定标底。标底是招标工程的预期价格，它主要是以施工图预算或设计概算为基础编制的。业主(项目法人或建设单位)委托具有相应资质的设计单位、咨询单位编制标底，包括发包造价、与造价相适应的质量保证措施及主要施工方案、为缩短工期所需措施的费用等。工程标底是业主对招标项目工程造价“内部控制”的预算，只有有了标底，才能正确地判断投标者所投标价的合理性和可靠性，从而在评标时作出正确评价。

标底的编制应遵循以下原则：

(1)招标项目划分、工程量、施工条件等应与招标文件一致；

(2)应根据招标文件、设计图纸及有关资料按国家和有关部委颁发的现行技术标准、经济定额标准及规范等认真编制，不得简单地以概算乘以系数或用调整概算作为标底；

(3)在标底的总价中，必须按国家规定列入施工企业应得的7%的企业利润；

(4)一个招标项目，只能有一个标底，不得针对不同的投标单位而有不同的标底；

(5)编制标底应不突破业主预算，未编业主预算的则不应突破国家批准的设计概算相应部分投资额，标底突破上级批准总概算的，应说明原因，由设计单位进行调整，并经原概算批准单位审批后才可招标。

(六)评标标准和方法应在招标文件中载明

针对不同的招标对象，制定相关的评标标准。评标方法可采用综合评分法、综合评议法、最低评标价法、两阶段评标法及合理最低投标价法。

(七)评标工作由评标委员会负责

评标委员会由招标人的代表和有关技术、经济、合同管理等方面的专家组成；评标专家应从相应监督部门的评标专家库中抽取；特殊情况经水行政主管部门批准，招标人可指定部分评标专家。评标委员会不得与投标人有利害关系。

(八)中标人的投标应当符合条件

能够最大限度地满足招标文件规定的各项综合评价标准或能够满足招标文件的实质性要求，并且经评审的投标价最低，但投标价低于成本的除外。

(九)招标人确定中标人

招标人可依据评标委员会推荐顺序确定中标人，也可授权评标委员会直接确定中标人。当招标人确定的中标人与推荐顺序不一致时，应有充足理由，并报监管部门备案。

二、施工造价管理

工程建设实施阶段是继可行性研究和初步设计之后，从工程初步设计、合理预测造价内容转换到实施控制内容的阶段。本部分主要从建设实施阶段造价管理第一层次考虑，采用“静态控制、动态管理”的方法，确保工程建设投资有效控制。

(一)静态控制

静态控制是指在工程建设全过程中，完成的静态投资额不得突破以某一价格水平年编制的设计概算静态总投资(不包括价差预备费和融资利息)，是投资得到有效管理和控制的基础。

1. 有效控制静态投资的四个关键问题

①把工程量的增加控制在允许的范围内；②认真分析承包商的中标价与概算价的差额；③不得任意提高建设标准；④要有足够的风险预留。

2. 解决以上四个关键问题的具体措施

(1)编制项目管理预算。在初步设计概算的基础上，按照“实事求是、合理调整、留出空间”的原则编制项目管理预算，作为项目法人管理和控制单项工程投资以及工程总投资的依据。

(2)与设计单位签订设计限额合同。采用节奖超罚原则，鼓励设计单位优化设计，达到节约工程投资、降低工程造价的目的。

(3)项目法人制定工程建设实施阶段造价管理办法(或规定)。

(4)通过工程保险，与承包商、供货商、服务商签订合同和留足风险费用等措施，回避、转移和消化工程建设过程中的风险。

确定管理目标后，就要科学地预测管理过程中投资动态变化的程度，估计其影响并采取措施，确保实现工程静态投资总额不突破初步设计概算静态投资额的目标。

(二)动态管理

这里所说的动态管理，是狭义的动态管理，即构成工程总投资中的价差和融资成本的管理。融资成本一般采用实报实销的方法。因此，价差是动态投资管理的核心。

水利工程(特别是大型工程)建设规模大、工期长、投资多，工程建设过程中发生物价变动是绝对的。把计算和调整价差作为项目建设实施阶段工程造价管理的组成部分，合理计算价差，规范价差的计算和管理。

价差管理的主要内容如下：

(1)编制“价差计算办法”，作为分年度价差计算的依据；

(2)聘请中介机构，按照“公平、公正、公开”的原则分年度编制价差计算报告和分年度基期和环比价格指数，作为投资人与项目法人结算工程价差款的依据；

(3)建立项目管理预算价和合同价两种价格体系，在投资人与项目法人之间以项目管理预算为依据计算价差，在项目法人与承包商之间以合同为依据结算价差。

综上所述，结合实际、合理预测、规范管理，是对投资实行动态控制、动态管理的基本前提；项目法人编制项目管理预算、进行工程限额设计管理是控制工程静态投资的主要措施；编制价差计算办法，分年度合理计算和结算价差，是有效管理动态投资的重要环节。

三、结算管理

合同价的结算是项目造价管理全过程的结束环节。这个环节包括从建设工程合同的订立、履行直到工程价款的最终结清，是建设工程合同实行的完整过程。应当严格依据合同规定，做好建设过程的管理与控制。

现阶段我国工程价款的结算主要有四种方式：工程款按月结算、竣工后一次结算、分阶段结算、目标结算。一般结算程序主要是：①工程量测量统计；②工程量套价合计工程价款；③工程师核实并确认；④建设单位认可并批准；⑤支付工程进度款。工程竣工结算是竣工阶段的一项重要工作，因此建设单位、监理公司以及审计部门等，要对竣工结算的审核把好关。一般要从以下几方面入手。

(一)以合同为依据

建设单位的审核人员应坚持按施工合同办事，对工程预算外的费用严格控制，对未按图纸要求完成的工作量及未按规定执行的施工签证一律核减费用；凡合同条款未明确包含的费用，一律减除。竣工结算单价应按合同约定的单价执行；合同外工程单价应按合同约定的计算办法与要求编制补充单价，不得高套、拆算，不得随意毛估和重复计算。

(二)工程量计量是重点

水利水电工程合同主体工程部分一般采用单价合同。合同支付的依据是按承包人实际完成和合同有关规定计量的工程量。对于隐蔽工程量(如土石方开挖、基础部位混凝土浇筑等)应制定计量细则，可采用限额设计控制设计工程量、施工组织控制施工工程量、计量方法控制验收工程量，而且要求监理工程师应根据施工承包合同的要求对工程量进行审核，同时对施工过程中出现的设计变更、现场签证等进行审核，不能多算或不按规则计算。在要求施工企业报送相应的工程计算式和材料用量明细表的同时，建设单位也要编制一份完整的结算书和材料用量明细，这样比照审核，最后才反映合同价是否得到有效控制。

(三)减少变更与索赔

变更与索赔是建设工程合同实施中常见的管理行为，也是增加合同价的因素。顺利履约，尽量减少变更与索赔，是造价管理在结束环节上的工作目标。

(1)增强限额设计对工程量和标准的控制力度。增加项目、提高项目标准、增加关键项目工程量与追加额外工作是变更中增加造价的因素。

(2)增强合同意识，控制发包人自身原因导致的违约与索赔。

(3)增强现场管理的预见性。

(四)“及时支付，抓紧结算”是严格履行发包人义务和责任的关键

(1)工程预付款应专用。采用现场封闭资金流转的方式管理工程预付款，现场设置项目投资人的企业内部金融机构或委托商业银行负责管理。

(2)保证资金到位。投资人应保证工程所需资金足额按时到位，支付不及时是发包人违约，虽然可由逾期付款违约金来补偿承包人的损失，但是对工程进度和质量的间接影响是无法弥补的。

第四节　竣工结算与竣工决算

工程竣工后，要及时组织验收工作，尽快交付投产，这是基本建设程序的重要内容。施工企业要按照双方签订的工程合同，编制竣工结算书，通过建设银行向建设单位结算工程价款。建设单位应组织编写竣工决算报告，以便正确地核定新增固定资产价值，使工程尽早正常地投产运行。

竣工结算和竣工决算是两个不同的造价类型，最明显的区别是：办理竣工结算是建设单位与施工企业之间的事，办理竣工决算是建设单位与业主(或主管部门)之间的事；竣工结算是编制竣工决算的基础，只有先办竣工结算，才有条件编制竣工决算；竣工决算反映工程的实际造价，竣工决算是建设单位向管理单位移交财产、考核工程项目投资、分析投资效果的依据，编好竣工决算对促进竣工投产、积累技术经济资料有重要意义。

一、竣工结算

工程竣工结算是指工程项目或单项工程竣工验收后，施工单位向建设单位结算工程价款的过程，通常通过编制竣工结算书来办理。

单位工程或工程项目竣工验收后，施工单位应及时整理提交技术资料，绘制主要工程竣工图，编制竣工结算书，经建设单位审查确认后，由建设银行办理工程价款拨付。因此，经审查的竣工结算是核定建设工程造价、施工单位确定工程建筑安装施工产值和实物工程完成情况的依据，以及建设单位落实投资额和拨付工程价款的依据，也是建设项目竣工验收后编制竣工决算和核定新增固定资产价值的依据，还是施工单位确定工程的最终收入、进行经济核算及考核工程成本的依据。

(一)竣工结算资料

竣工结算资料包括：

(1)工程竣工报告及工程竣工验收单。

(2)施工单位与建设单位签订的工程合同或双方协议书。

(3)施工图纸、设计变更通知书、现场变更签证及现场记录。

(4)预算定额、材料价格、基础单价及其他费用标准。

(5)施工图预算、施工预算。

(6)其他有关资料。

(二)竣工结算书的编制

竣工结算书的编制内容、项目划分与施工图预算基本相同。结算书的编制应包括封面、目录、总表、工程说明、编制说明、结算表和有关附件等内容。其编制步骤为：

(1)以单位工程为基础，根据现场施工情况，对施工图预算的主要内容逐项检查和核对，尤其应注意以下三方面的核对：

①施工图预算所列工程量与实际完成工程量不符合时应作调整，其中包括：设计修改和增漏项而需要增减的工程量，应根据设计修改通知单进行调整；现场工程的变更。例如，基础开挖后遇到古墓，施工方法发生某些更改等应根据现场记录按合同规定调整；施工图预算发生的某些错误，应作调整。

②材料预算价格与实际价格不符合时应作调整。其中包括：因材料供应或其他原因，发生材料短缺时，需以大代小，以优代劣，这部分代用材料应根据工程材料代用通知单计算材料价差进行调整；材料价格发生较大变动而与预算价格不符时，应根据当地规定，对允许调整的进行调整。

③间接费和其他费用应根据工程量变化作相应调整。由于管理不善或其他原因，造成窝工、浪费等所发生的费用，由承担责任的一方负担，一般不在工程费中开支。

(2)对单位工程增减预算查对核实后，按单位工程归口。

(3)对各单位工程结算分别按单项工程进行汇总，编出单项工程综合结算书。

(4)将各单项工程综合结算书汇编成整个建设项目的竣工结算书。

(5)编写竣工结算说明，其中包括编制依据、材料价格来源、工程量计算规则编制范围等内容。

工程竣工结算书编写好后，送业主(或主管部门)、建设单位等审批，并与建设单位办理工程价款的结算。

二、竣工决算

竣工决算是综合反映竣工项目建设成果和财务情况的总结性文件，也是办理交付使用的依据。基本建设项目完建后，在竣工验收前，应该及时办理竣工决算，大中型项目必须在六个月内、小型项目必须在三个月内编制完毕上报。

竣工决算应包括项目从筹建到竣工验收投产的全部实际支出费，即建筑工程费、设备及安装工程费、施工临时工程费及独立费用。它是考核竣工项目概预算与基建计划执行情况以及分析投产效益的依据，是总结基建工作财务管理的依据，也是办理移交新增固定资产和流动资产价值的依据，对于总结基本建设经验、降低建设成本、提高投资效益具有重要价值。

为了与财政部关于基本建设项目竣工财务决算编制的衔接与统一，提高竣工决算的权威性、通用性与实用性，水利部组织专家对原《水利工程基本建设项目竣工决算报告编制规程》(SL 19—90)进行了修订，并于 2001 年 3 月正式颁发了《水利基本建设项目竣工财务决算编制规程》(SL 19—2001)，作为国家行业标准，规定所有水利基本建设竣工项目，不论投资来源、投资主体、规模大小，不论工程项目还是非工程项目，只要是列入国家基本建设投资计划的，都应按这一新规程编制竣工决算。对于大中型水力发电工程依据电力系统的规定执行。

(一)竣工决算编制的要求

(1)水利基本建设项目竣工决算应严格按 SL 19—2001 规程中规定的内容、格式编制，除非工程类项目可根据项目实施情况适当简化，原则上不得改变 SL19—2001 规程中规定的格式，不得减少应编报的内容。

(2)项目法人应从项目筹建之日起，指定专人负责竣工决算的编制工作，并与项目建设进度相适应，而且要求竣工决算的编制人员相对稳定。

(3)竣工决算应区分大中型、小型项目，并按项目的大小分别编制。建设项目包括两个或两个以上独立概算的单项工程，单项工程竣工并交付使用时，应编制单项工程竣工决算。建设项目是大中型项目而单项工程是小型的，应按大中型项目编制内容编制单项工程竣工决算，整个建设项目全部竣工后，还应汇总编制整个建设项目的竣工决算。

(4)建设项目符合国家规定的竣工验收条件，若有少量未完工程及竣工验收等费用，可预计纳入竣工决算。预计未完工程及竣工验收等费用，对于大中型项目须控制在总概算的 3%以内，小型项目须控制在总概算的 5%以内。项目竣工验收时，项目法人应将未完工程及费用的清单提交项目竣工验收委员会确认。

(二)竣工决算编制的主要内容

竣工决算应包括竣工决算报告的封面及目录、竣工工程的平面示意图及主体工程照片、竣工决算报告说明书、竣工决算报告表格四部分。下面重点介绍竣工决算报告说明书和竣工决算报表两部分。

1. 竣工决算报告说明书

竣工决算报告说明书是概括反映竣工工程建设成果、全面考核分析工程投资与造价的书面文件，是竣工结算报告的重要组成部分，其主要内容包括：

(1)工程概况。包括工程一般情况、建设工程、设计效益、主体建筑物特征及主要设备的特性、工程质量等。

(2)概预算与工程计划执行情况。包括概预算批复及调整情况，概预算执行情况，工程计划执行情况，主要实物工程量完成、变动情况及原因。

(3)投资来源。包括投资主体、投资性质及投资构成分析。

(4)投资使用和基建支出情况。

(5)工程效益。包括因工程建设发生的直接效益和可预见的间接效益。

(6)投资包干和招投标的执行情况及分析。

(7)包干结余资金分配情况。

(8)工程费用分配情况和投资分摊情况。

(9)交付使用财产情况。

(10)移民及库区淹没处理情况。

(11)财务管理情况。

(12)存在的主要问题及处理意见。

(13)其他有关说明。

2. 竣工决算报告表格

竣工决算报告表格按现行规定，竣工决算全部表格共 20 种，第一部分竣工工程概况表为专用表，由建设单位根据工程的不同性质和特点选用，其余部分各表为通用表。一般来说，应包括以下 9 个报表：

(1)水利基本建设竣工项目概况表。反映竣工项目的主要特性、建设过程和建设成果等基本情况。

(2)水利基本建设项目竣工决算表。反映竣工项目的综合财务情况。

(3)水利基本建设项目年度财务决算表。反映竣工项目历年投资来源、基建支出、结余资金等情况。

(4)水利基本建设项目投资分析表。通过对单项工程、单位工程和费用项目的实际支出与相应的概预算费用相比较，用来反映竣工项目建设投资状况。

(5)水利基本建设项目成本表。反映竣工项目建设成本结构以及形成过程。

(6)水利基本建设项目预计未完工程及费用表。反映预计纳入竣工决算的未完工程及竣工验收等费用的明细情况。

(7)水利基本建设竣工项目待核销基建支出表。反映竣工项目发生的待核销基建支出明细情况。

(8)水利基本建设竣工项目转出投资表。反映竣工项目发生的转出投资明细情况。

(9)水利基本建设竣工项目交付使用资产表。反映竣工项目向不同资产接收单位交付使用资产情况。资产应包括固定资产(建筑物、房屋、设备及其他)、流动资产、无形资产及递延资产等。

(三)竣工决算的编制方法

竣工决算的编制分准备、编制、总结汇编三个阶段进行。

1. 准备阶段

(1)做好竣工决算验收的准备工作。竣工验收是对竣工项目的全面考核。在竣工验收前，要准备整理好技术经济资料，分类立卷以便验收时交付使用。单项工程已按设计要求建成时，可以实行单项验收；整个项目建成并符合验收标准时，可按整个建设项目组织全面验收的准备工作。

(2)要认真做好各项账务财务、债权债务以及合同的清理工作，做到工完场清、工完账清。要核实从开工到竣工过程中的整个拨款、贷款总额，核实各项收支，核实盘点各种设备、材料、机具，做好现场剩余材料的回收工作，核实各种债权债务，及时办理各项清偿工作。

(3)要正确编制年度财务结算、竣工年财务决算。

只有在做好上述工作的基础上，才能进行整个项目的竣工决算编制工作。

2. 编制阶段

各项基础资料收集整理后，即进入编制阶段。此阶段的重点包括三个方面：一是工程造价的比较分析；二是正确分摊待摊费用；三是合理分摊项目建设成本。

1)工程造价的比较分析

经批准的概预算是考核实际建设工程造价的依据。在分析时，可将决算报表中所提供的实际数据和相关资料与批准的概预算指标进行对比，以反映竣工项目总造价和单位工程造价是节约还是超支，并找出节约或超支的具体内容和原因，总结经验，吸取教训，以利改进。

2)正确分摊待摊费用

对能够确定某项资产负担的待摊费用，直接计入该资产成本；不能确定负担对象的待摊费用，应根据项目特点采用合理的方法分摊计入受益的各项资产成本。目前常用的方法有两种：

(1)按概算额的比例分摊。

首先从概算中求出预定分配率，然后再求出某资产应分摊的待摊费用。其计算式为

$$N_1=A/M\times 100\% \tag{12-5}$$

式中，N_1 为预定分配率；A 为概算中各项待摊费用项目的合计数(扣除可直接计入资产成本部分)；M 为概算中建筑安装工程费+设备费+其他投资中应负担待摊费用的部分。

则：

$$\text{某资产应分配待摊费用}=\text{该资产应负担待摊费用部分的实际价值}\times N_1 \tag{12-6}$$

(2)按实际数的比例分摊。

首先从实际数中求出实际分配率，然后再求出某资产应分摊待摊费用。其计算式为

$$N_2=C/B\times 100\% \tag{12-7}$$

式中，N_2 为实际分配率；C 为上期结转和本期发生的待摊费用的合计数(扣除可直接计入部分)；B 为上期结转和本期发生的建筑安装工程费+设备费+其他投资中应负担待摊费用的部分。

则：

$$\text{某资产应分摊待摊费用}=\text{该资产应负担待摊费用部分的实际价值}\times N_2 \tag{12-8}$$

3)合理分摊项目建设成本

水利工程一般均同时具有防洪、发电、灌溉、供水等多种效益，因此应合理分摊建设成本，分摊的方法有三种：采用受益项目效益比进行分摊；采用占用水量进行分摊；采用剩余效益进行分摊。

3. 总结汇编阶段

在说明书撰写及上述9个表格填写后，即可汇编，加上目录及附图，装订成册，即成为建设项目竣工决算。将编好的竣工决算报业主(或上级主管部门)审查，同时抄送设计单位和开户建设银行，大中型建设项目的竣工决算还应抄送主管部、财政部和有关省、自治区、直辖市财政部门。

第五节　水利水电工程后评价

项目后评价是工程交付生产运行后一段时间内，一般经过 1～2 年生产运行后，对项目的立项决策、设计、施工、竣工验收、生产运行等全过程进行系统评估的一种技术经济活动，是基本建设程序的最后一环。通过工程项目的后评价，总结经验，吸取教训，不断提高项目决策、工程实施和运营管理的水平，为合理利用资金、提高投资效益、制定相关政策等提供科学依据。

水利水电工程建设项目后评价是在总结已建工程运行管理经验基础上，针对工程本

身及运行管理方面存在的问题，提出改进措施及提高经济效益等方面的意见和建议，以达到固定资产保值增值。同时，也为提高项目的决策水平和投资效益积累经验。

一、水利水电建设项目后评价中的几个问题

(一)正确选择基准年、基准点及价格水平年

相同的资金，在不同的年份其价值不同，由于水利水电工程施工期较长，这个问题比其他建设项目更为突出。因此，在后评价中，需要选择一个标准年份作为计算水利水电工程概预算的基础，这个标准年份就叫做基准年。基准年可以选择在工程开工年份、工程竣工年份或者开始进行后评价的年份。为了避免所计算的现值太大，一般选择工程开工年份较为合适。由于基准年长达一年，因此还有一个基准点的问题，因为所有复利公式都是采用年初作为折算的基准点。因此，后评价时必须选择年初作为折算的基准点，不能选用年末或年中为基准点，这在后评价时必须注意。

(二)首先应进行投资分摊

由于水利工程建设目标及功能不同，财务收益和社会效益就不一样，防洪、治涝、水土保持、河道治理、堤防等水利工程是社会公益项目，其本身财务收益很少，甚至没有收入，主要是社会效益；有的水利项目如水力发电和城镇供水等，既有财务收益又有社会效益；还有一些水利项目是多目标综合利用水利枢纽，多目标各项功能所产生的财务收益和社会效益也均不同。因此，在后评价时，首先需要进行投资分摊计算。

(三)对固定资产价值进行重估

由于水利工程建设工期较长，很多水利工程是在20世纪80年代以前修建的，而近年物价上涨幅度较大，原来的投资或固定资产原值已不能反映其真实价值，因此在后评价时，应先对其固定资产价值进行重新估算。

(四)要十分注意费用和效益对应期的选定

由于水利水电项目的使用期较长，一般为30～50年，而进行后评价时，工程的运行期往往只有10～20年，甚至更短。因此，在进行后评价时，大都存在投资和效益的计算期不对应的问题，即效益的计算期偏短，后期效益尚未发挥出来，导致后评价的国民经济效益和财务评价效益都过分偏低的虚假现象。对此，有两种解决办法：一种是把尚未发生年份的年效益、年运行费和年流动资金，均按后评价开始年份的年值或按发展趋势延长至计算期末；另一种则是后评价开始年份列入回收的固定资产余值和回收的流动资金，作为效益回收。在后评价时应选定其中的一种进行计算，以确保费用和效益相对应。

二、水利水电建设项目后评价的内容

项目后评价的内容大体上可分为两类：一类是全过程评价，即对从项目的勘测设计、立项决策等前期工作开始，到项目建成投产运营若干年以后的全过程进行评价；另一类是阶段性评价或专项评价，可分为勘测设计和立项决策评价、施工监理评价、生产运营评价或经济后评价、管理后评价、防洪后评价、灌溉后评价、发电后评价、资金筹措使用和还贷情况后评价等。我国目前推行的后评价主要是全过程后评价，在某些特定条件

下，也进行阶段性或专项后评价。

(一)固定资产价值重估

根据国务院发布的《国有资产评估管理办法》，国有固定资产评估方法主要有收益现值法、重置成本法、现行市价法、清算价格法等四种方法，

(1)收益现值法。本方法是将评估对象剩余寿命期间每年(或每月)的预期收益，用适当的折现率折现，累加得出评估基准日的现值，以此作为估算资产的价值。

(2)重置成本法。本方法是指现时条件下被评估资产全新状态的重置成本减去该资产的实体性贬值、功能性贬值和经济性贬值后，得出资产价值的方法。实体性贬值是由于使用磨损和自然损耗造成的贬值，可用折旧率方法进行计算。功能性贬值是指由于技术相对落后造成的贬值。经济性贬值是指由于外部经济环境变化引起的贬值。

(3)现行市价法。本法是通过市场调查，选一个或几个与评估对象相同或类似的资产作为比较对象，分析比较对象的成交价格和交易条件，进行对比调整，估算出资产价值的方法。

(4)清算价格法。本法适用于依照《中华人民共和国企业破产法》的规定，经人民法院宣告破产的企业的资产评估方法，评估时应当根据企业清算时期资产可变现的价值，评定重估价值。

上述各种方法中，重置成本法比较适合水利水电工程固定资产价值重估。即按照竣工报告中的工程量(水泥、木材、钢材、石方等)和劳动工日，按照现时的价格进行调整计算，再加上环境保护费用。

淹没占地、移民搬迁费用和环境保护费用也要采用重估数字，可根据现时价格和实际情况，并参考附近新修水利水电工程竣工费用进行估算。

需要注意的是，有的水利水电工程后评价采用清产核资的固定资产价值作为评估的依据，这是不对的，因为清产核资中的物价指数法把 1984 年以前兴建的水工建筑物的价值视同 1984 年，这样对于 20 世纪 70 年代以前兴建的水工建筑物来说，其重估原值显然偏小很多，不能反映其真实的原值，而且清产核资中对淹没占地和移民安置费用未作调整，因此清产核资的固定资产原值(或净值)是偏小的，不能采用。

(二)国民经济评价

国民经济评价又称社会经济评价，其计算参数和计算方法应以《建设项目经济评价方法与参数》(第 3 版)和《水利建设项目经济评价规范》(SL 72—94)为依据，对综合利用水利工程除计算工程总体的经济效果外，还应计算各组成部门的经济效果，因此应该进行投资和年运行费分摊计算。在分摊前，应把重估投资和重估年运行费换算为影子投资和影子年运行费，效益也应按影子价格进行调整，并应注意所有费用和效益采用相同的价格水平年。

(三)财务评价

财务评价和国民经济评价相同，也应以《建设项目经济评价方法与参数》(第 3 版)和《水利建设项目经济评价规范》(SL 72—94)为依据，对投资、年运行费和财务效益均采用历年实际收支数字列表计算，但应考虑物价指数进行调整。调整计算时，要注意采用与国民经济评价相同的价格水平年。

(四)工程评价

工程评价应在收集规划设计、竣工验收、试验研究、工程监理和历年运行管理总结报告等有关资料的基础上进行。首先要列出工程特性表，弄清工程特征和内容，包括工程立项、决策和方案选定的来龙去脉、施工监理和验收过程、工程设计目标实现程度、优缺点和存在问题以及决算投资是否超过概算等。很多水利工程评价的重点是安全和质量问题，如在评价时遇到设计标准偏低、工程质量差、存在严重隐患、遇大洪水有可能发生重大事故的，应作为重要专题上报上级主管部门，以便及时采取补救措施，消除隐患。对工程规划设计不当应当采取变更补救措施的，也应提出对策和建议。由于工程评价牵涉很多水工结构和工程地质问题，因此工程评价应请水工和地质专家参加。

(五)环境评价

水利水电项目的环境评价应以《水利水电工程环境影响评价规范》为依据，并应按照工程项目的具体情况，有重点地确定评价范围和评价内容。对具有水库的水利工程，其环境影响评价范围一般包括库区、库区周围及受水库影响的下游河段，但以库区及库区周围为重点。对跨流域调水工程、分(滞)洪工程、排灌工程等，也应根据工程特性确定评价范围。

环境影响评价的内容主要有：①对局部地区气候的影响；②对水文、水温、水质和泥沙的影响；③对环境地质和土壤环境的影响；④对陆生生物和水生生物的影响；⑤对人群健康的影响；⑥对景观、文物和重要设施的影响；⑦移民和施工对环境的影响等。

环境影响评价应采用有项目对比法、无项目对比法，并结合国家和地方颁发的有关环境质量标准进行评价。对主要不利影响，应提出改善措施。

(六)经营管理评价

经营管理评价应以《水库工程管理通则》、《关于加强水利管理工作的十条意见》、《水利工程水费核定、计收和管理办法》和工程所在省、市、自治区政府颁发的有关文件为依据。

评价内容主要有工程管理、用水管理、调度管理、经营管理和组织管理。工程管理主要是对该工程的维修养护、是否保持良好运行状态进行评价。用水管理是对工程建成后，历年农业供水状况进行分析评价，考查是否满足了有关方面的用水要求，如何进一步提高供水效益。调度管理是对历年的防汛、兴利(供水、发电等)调度方面进行综合评价，考查是否按调度规程或调度图进行操作，是否达到了预期的防洪兴利效益。经营管理是对管理单位的水、电费计价标准，收取情况和开展综合经营状况进行评价，并核查财务收支情况，是否达到了良性循环，如何改进。组织管理是对管理单位的组织机构、人员编制、职工精神文明建设等方面进行评价，如有机构臃肿、人浮于事或领导不力等状况，应提出改进意见。

(七)社会评价

社会评价包括社会经济、文教卫生、人民生活、就业效果、分配效果、群众参与和满意程度等内容。主要是调查研究项目对地区经济发展、提高人民生活水平、促进文教卫生事业发展、增加就业等方面的影响和群众满意程度以及项目带来的负效果等，并作出评价。在调研中要走群众路线，在广泛收集各种资料的基础上，充分听取各阶层、各方面的意见。

(八)移民评价

大型水库工程项目，往往有大量移民搬迁，遗留问题很多，所以移民评价是后评价工作的重点。移民评价应进行大量调研工作，包括移民区分布，移民数量，淹没和浸没耕地、林木、果园、牧场面积，城镇情况，交通、邮电、厂矿、水利工程设施，移民经费使用和补偿情况，移民安置情况，移民生产、生活情况，移民生活水平前后对比，移民群众的意见和遗留问题等。特别要摸清生活水平下降、生活困难移民的具体情况，研究提出帮助这部分移民提高经济收入、早日脱贫、走向小康生活的措施和建议。移民安置不当、移民生活困难往往会引起社会动荡不安，影响社会稳定的大局，因此对移民评价必须给予足够的重视。

(九)结论和建议

在上述各部分评价的基础上，对项目进行总结评价，提出结论和建议。

三、项目后评价的方法

项目后评价的内容广泛，是一门新兴的综合性学科，因此其评价方法也多种多样。如项目的国民经济评价和财务评价方法应以《建设项目经济评价方法与参数》(第 3 版)和《水利建设项目经济评价规范》(SL 72—94)为依据，环境影响评价方法应遵循《水利水电工程环境影响评价规范》进行；工程评价、管理评价、勘测设计评价、移民评价、社会评价等，也应参照有关规程、规范或有关文件进行评价。

水利水电工程项目后评价的方法按其属性可分为定性方法和定量方法；按其内容可分为调查收集资料法、市场预测法和分析研究法，这三种方法中既含有定性方法，也含有定量方法，经常采用的有调查收集资料法和分析研究法。

(一)调查收集资料法

调查收集资料是水利水电工程后评价过程中非常重要的环节，是决定后评价工作质量和成果可信度的关键。调查收集资料的方法很多，主要有利用现有资料法、参与观察法、专题调查会法、问卷调查法、访谈法、抽样调查法等。一般应视水利水电工程的具体情况、后评价的具体要求和资料收集的难易程度来选用适宜的方法。在条件许可时，往往采用多种方法对同一调查内容相互验证，以提高调查成果的可信度和准确性。调查收集资料，重点是利用以下现有资料：

(1)前期工作成果。包括规划、项目建议书、项目评估、立项批文、可行性研究报告、初步设计、招标设计等资料。

(2)项目实施阶段工作成果。包括施工图、开工报告、招投标文件、合同、监理报告、审计报告、竣工验收及竣工决算等。

(3)项目运行管理成果。包括历年运行管理情况、水库调度情况、财务收支情况以及各种建筑物观测资料。

(4)工程项目有关的技术、经济、社会及环境方面的资料。

(5)工程所在地区社会发展及经济建设情况。

(二)分析研究法

水利水电工程后评价的基本原理是比较法，亦称对比法。就是对工程投入运行后的实际效果与决策时期的目标和目的进行对比分析，从中找出差距，分析原因，提出改进措施和意见，进而总结经验教训，提高对项目前期工作的再认识。后评价分析研究方法有定量分析法、定性分析法、逻辑框架法、有无工程对比分析法和综合评价法等。常用的为有无工程对比法和综合评价法。

(1)定量和定性分析方法。在经济、社会、环境或投资、效益、就业、文教、卫生、收益分配、水量、水质等各方面，能够采用定量数字或定量指标表示其效果的方法。此法可找出项目实际效果与预测效果的差距，有利于从中总结经验教训，提出对策和建议。

水利水电工程的经济、技术、社会及环境影响比较广泛，关系复杂，虽然绝大多数可以定量，但是也有一些影响是无形的，甚至是潜在的，往往只能进行定性分析。

根据我国的国情和水利水电工程的特点，在项目后评价中，宜采用定量分析和定性分析相结合，以定量分析为主。

(2)有无工程对比法，是指有工程情况与无工程情况的对比分析，通过有无工程对比分析，可以确定工程引起的经济技术、社会及环境变化，即经济效益、社会效益和环境效益的总体情况，从而判断该工程的经济技术、社会、环境影响情况。后评价有无对比分析中的无工程情况，是指经过调查确定的基线情况，即工程开工时的社会、经济、环境状况。对于基线的有关经济、技术、人文方面的统计数据，可以依据工程开工年或前一年的历史统计资料，采用一般的科学预测方法，预测这些数据在整个计算期内可能的变化。有工程情况，是指工程运行后实际产生的各种经济、技术、社会、环境变化情况。有工程情况减去无工程情况，即可得出工程引起的实际效益和影响。

(3)逻辑框架法。逻辑框架法可以帮助后评价人员理清建设项目中的因果关系、目标关系与手段关系、外部条件制约关系。其基本思路是：将建设项目几个内容紧密相关、必须同步考虑的动态因素组合起来，通过分析它们之间的逻辑关系来评价项目的目标实现程度和原因，以及项目的效果、作用和影响。逻辑框架法不是具体后评价完整的评价程序，而是为后评价人员提供一个分析工程项目建设工作或成败得失的逻辑模式。

(4)综合评价法。对单项工程有关经济、社会、环境效益和影响进行定量和定性分析评价后，还需进行综合评价，求得工程的综合效益，从而确定工程的经济、技术、社会、环境总体效益的实现程度和对工程所在地的经济、技术、社会、环境影响程度，进一步得出后评价结论。综合评价的方法很多，常用的有对比分析综合评价法、多目标综合分析评价法和成功度综合评价法。

除上述主要方法外，后评价采用的其他方法还有风险型决策分析法、试验仿真法、模糊层次分析法等。

四、水利水电项目后评价总报告的编写

前面介绍的水利水电项目后评价的八个组成部分(包括国民经济评价、财务评价、环境评价、移民评价等)，构成了水利水电项目后评价的全部内容，可以单独编写，作为水

利水电项目后评价总报告的八个附件。当然，对某些非综合利用水利项目来说，可以对评价内容进行删减，可以把附件适当减少。

关于总报告的编写问题，可以有两种办法：一种是按照水利部《大型水利工程项目后评价实施暂行办法》的规定，即包括概述、国民经济评价、财务评价、工程评价、环境评价、管理评价、社会评价、移民评价和结论与建议等内容，分章节顺序叙述。另一种是按照原国家计委《国家重点建设项目后评价暂行办法》(初稿)的要求进行，即包括概述、过程评价、经济效益评价、影响评价、持续性评价和结论与建议。按原国家计委要求内容分章节叙述并不困难,因为上述水利水电项目后评价八个附件的内容十分丰富，已包括了原国家计委提出的过程评价、经济效益评价、影响评价、持续性评价的内容，已回答了立项决策、勘测设计、施工监理、生产运营、经济效益、社会和环境影响、可持续性和群众参与等方面的各种问题。已有水利项目后评价的实践表明，两种编写总报告的办法都是可行的，可以根据项目本身的特点灵活采用。

思考题

1. 概预算审查的主要内容、步骤和方法有哪些？
2. 招投标阶段合同价款有哪些类型？各有何特点？
3. 施工过程中造价管理包括哪几个阶段？各阶段主要包括哪些内容？
4. 竣工结算、竣工决算的主要编制过程是什么？
5. 简述竣工结算、竣工决算的区别与联系。
6. 水利水电项目后评价的内容和常见评价方法有哪些？

第十三章　工程概预算计算机辅助系统

第一节　概　述

一、计算机在概预算工作中的应用情况

随着计算机技术的快速发展与广泛应用，计算机在工程概预算中也体现了极大的优越性。在水利水电系统，我国已研制开发了许多水利水电工程概预算软件，并广泛应用在水利水电工程建设中，为我国水利水电事业的发展做出了巨大的贡献。但是在众多的软件开发中，一些软件由于其所含计算机专业知识成分过多，使用人员需掌握较多的计算机专业知识，或者开发的软件灵活性、适应性较差，影响了软件的通用性。

前几年的很多软件是在BASIC、DBASE及FOXBASE下开发编制的。为了使软件有强大的计算功能和友好的界面，目前我国的概预算应用软件一般都是在VB、ACCESS、FOXPRO等环境下编制的。很多单位和公司也正积极开发新的概预算软件，一些功能更加完善、实用性更强、操作使用更加方便灵活的软件正充实着市场，如《智多星行业工程造价管理平台——水利水电专版》是由长沙智多星信息技术有限公司自主研发的针对“全国水利水电工程造价”的一款行业性软件；“青山大禹水利水电工程造价软件”是由四川青山软件公司使用当前最流行的数据库开发工具PowerBuilder研发出的一套水利工程造价计算软件。

二、应用计算机编制工程概预算的必要性

水利水电工程概预算编制是一项连贯性强、计算工作量大且非常烦琐的工作，涉及技术、经济、政策与法规等多方面。以往手工编制不但速度慢、效率低，而且灵活性差，容易出错，随着我国经济体制改革和工程造价管理改革的深入以及计算机应用的普及，传统的手工编制方法已不能满足建设管理部门、设计和施工单位发展的需要。因此，改进和提高概预算编制手段是非常必要的，主要体现在以下两个方面：一是竞争激烈的水利水电工程设计市场要求设计单位必须按照市场要求及时、准确地拿出高质量的设计成果，而且必须对工程造价进行优化、比选；二是水利水电建设工程的招标投标制给概预算工作提出了更高的要求，要求建设管理和施工单位及时、准确地编制工程标底和投标报价，为决策提供及时可靠的依据。因此，利用计算机辅助系统提高编制效率，使编制结果更加科学、准确、规范，这不仅是工程的需要，也是时代的要求。

三、计算机辅助系统编制概预算的优点

(一)效率高，便于修改和统计

概预算编制工作是一项重要而烦琐的基础工作，涉及人工、材料预算价格以及施工

机械台时费等问题，计算任务相当繁重，并且很多计算具有重复性。人工编制一旦某项出现错误，其后续工作需重新开始，因此速度慢、效率低，而运用计算机辅助系统进行编制不仅储存信息量大，能快速方便地存取和运行数据，及时地进行提取、刷新、修改和统计，而且避免了重复性工作出现差错的可能性，可大大提高编制工作效率。

(二)计算结果准确

工程概预算涉及大量数据的处理，量大面广，人工编制极易出错，很难保证结果的准确性。计算机辅助系统编制概预算时，由于采用统一的编制程序，而且其编码经过大量检验，只要保证原始录入数据和其他套用数据准确，数据处理工作由计算机自动完成，从而减少了出错的概率。

(三)数据齐全，成果完整

计算机辅助系统编制的概预算成果按照一定格式设计制作，通过计算机自动生成，因此只要在编制概预算软件时，考虑到各项编制要求，就能得到成果完整、数据齐全的编制结果。概预算软件除完成概预算文件本身的编制外，还可进行数据的分析处理，形成有价值的技术经济数据，为招投标和合同实施提供依据。

(四)操作使用方便

概预算软件面向用户的操作一般是模拟手工的编制方法进行的。用户直接调用概预算表格，在表格内填写有关原始工程数据，计算机自动进行组合与计算。因此，只要熟悉设计图纸和施工组织设计，选用合适的定额，正确填写初始数据表格，就能完成概预算编制工作。

(五)便于数据呈报与远程传送

由于概预算工作牵涉建设管理、设计、监理、施工等单位，各单位间准确、高效地传递概预算信息非常重要。手工编制的信息传递和反馈速度慢，而概预算软件一般都可以与其他软件进行数据转换，并能进行网络传递，可方便、简捷地进行报表的远程传送和数据通信。

总之，应用计算机辅助系统编制概预算不仅可大幅度地提高工作效率，而且可使编制结果更加准确、迅速和可靠，也便于操作和进行信息传递。

四、计算机编制工程概预算的步骤

应用计算机编制工程概预算，并非要求每个预算人员都要自己动手开发概预算软件，概预算软件一般由各省定额管理部门委托专职程序人员和专职预算人员配合进行编制，预算人员只需要掌握程序的应用。

在具有概预算程序软件的条件下，计算机编制概预算的主要步骤如下：

(1)熟悉概预算程序的说明。预算人员只有认真阅读概预算程序的使用说明，掌握各种基础数据的输入，以及相关费率和系数的调整，才能确保编制的准确性。

(2)熟悉施工图纸，列出工程子目清单。对施工图纸的熟悉程度直接关系到成果质量的高低，按照图纸计算工程量应与定额和项目划分相匹配。

(3)上机操作。只要正确输入基础数据，按照工程实际情况和施工组织设计选取定额，调整工程地区的各种费率，计算机即可迅速地算出工程概预算造价和技术经济指标，并且在操作中文档和数据的计算输入可以与 Excel 文档和 Word 文档相互调用。

(4)打印及成果整理。预算人员确保初始数据输入正确无误的情况，概预算文件的设计概预算表和附件由计算机自动生成，并自动转换为 Excel 文档和 Word 文档。

第二节　工程概预算软件系统

由于概预算软件的功能很多，在此只对软件的基本要求和主要功能作简要的介绍。

一、开发工程概预算软件的基本要求

(一)程序处理要求

1. 定额库建立的必要性

定额是工程项目概预算编制的基础，概预算本身的计算非常简单，其主要是对大量数据的处理，计算机之所以能加快计算速度，是因为定额库的建立减少了许多数据的输入工作量。因此，概预算软件离开定额库的支持，其优势就无从谈起，而且定额库的建立要有很强的包罗性，不能用简单的库结构来描述，需要考虑多库相互结合共同描述定额内容。定额库的建立不仅包括部颁定额，还要有省颁定额、费用定额、台时费定额、项目划分、材机库、半成品、附注说明等。定额库的形式以方便调用为前提，在此基础上尽可能做到直观明了、少占空间等。

2. 自动确定施工机械台时费消耗量

用手工编制概预算工程单价分析时，首先根据分项工程子目，结合施工方法，选定施工机械；然后套用施工机械台时费定额，计算出相应的施工机械台时费作为分析工程单价的基础。采用计算机软件可根据用户输入的定额编号或工程名称，计算机就会自动判断、不需输入任何信息，将自动显示并计算出定额中已有的相应机械台时费。

3. 能够进行单处理和批处理

单处理是指计算机一次完成一个工程概预算的编制；批处理指的是计算机一次可完成已输入的所有工程或部分工程的概预算编制任务。

4. 数据处理的灵活性和正确性

程序在进行数据处理时，定额及相应计算系数可显示或关闭，并能随时修改，从而保证了数据处理的灵活性和正确性。

5. 自动生成各种汇总表

水利水电工程概预算文本主要是由表格组成的，要求各种表格不需要由人工进行编制，计算机程序可以自动完成。同时，还可根据需要提供 3 种输出成果方式：①直接从屏幕上显示或硬拷贝；②直接从打印机打印出各种表格；③对上述表格进行编排，也可将其转换为 Excel 文档和 Word 文档。

6. 对于错误能够自动进行修复

当用户使用软件执行了一些误操作或中途断电等意外而导致系统不能正常工作时，可基本将错误修复；而对于建筑工程定额、机电金属结构安装定额和施工机械台时定额等标准定额，采取保护措施，可确保任何误操作不会破坏标准数据。

7. 设置重算功能

为了避免错误操作而导致前功尽弃，不仅要设置重算功能，而且需要有数据存储确认功能。

8. 处理方法尽量统一

处理方法是否统一，直接影响到程序的繁简和使用是否灵活方便。如工程单价分析中要考虑材料的配比、机械设备的选择、章节附注说明等问题，对于这些问题尽量采取统一的处理方法，避免过多的特殊处理。

(二)数据输入要求

(1)自动检索定额。如果用户对定额不太熟悉，只记得定额编号的大致位置或定额名称中包含的某些词组或某个字段时，可以通过编号或关键词查找到想要的定额，并可自动输入定额。

(2)合理设置用户菜单。由于用户是利用屏幕出现的菜单进行各项功能的操作，一方面要求菜单的功能尽量完善，满足用户不同的需要；另一方面又要避免过多的提问和特殊处理子菜单。否则，不但输入数据多，而且给人以繁杂的感觉。

(3)便于操作使用。对于工程原始数据及有关数据的输入，不能片面追求自动化的程度，应充分考虑人与计算机的有机结合，充分发挥各自的长处，采用相应表格及人机交互方式，尽量使操作简单、直观。

(4)统一数据格式。数据格式是否统一，直接影响到数据的整理和输入。例如，在作工程单价分析时，由于考虑到定额组合、定额折算、定额中的汽车选择及增运等情况，如果不统一数据格式，则必须进行换算，这不但增加了计算机的数据处理量，而且用户在输入时也很容易出错。

(三)定额的处理要求

1. 可选择定额的处理

定额中若出现需要选择的项目，例如《水利建筑工程概算定额》第一章 1-30“1 m^3挖掘机挖装土自卸汽车运土”，在同一名称规格型号之后，同时并列 5 t、8 t、10 t 的自卸汽车规格型号的机械供选择，用户需要先确定施工机械的型号。

2. 章节附注说明的处理

(1)替换定额中的材料和机械。定额中的混凝土、机械班组等项目，用户在编制概预算时必须替换其符号。例如，定额中的混凝土并没有给出具体的等级和级配，只有在编制具体工程的概算时，才能确定是何种等级和级配，把定额中的混凝土换算成某种具体等级和级配的混凝土。对于定额中的材料和机械同样也可以用替换的方法换为别的材料或机械。

(2)按某条说明号的内容处理。在定额套用时，有附注栏的说明，只要选择附注说明库中的编号，程序将自动调出该号的内容，对相应的定额进行处理。如第一章节挖掘机挖土，定额按三类土拟定，其他情况人工、机械消耗需要乘以调整系数；只要在定额的附注中选择不同土类对应的编号，程序将对定额中的人工、机械消耗量自动调整。

(3)建立章节及附注说明的方法要尽可能简单，使用户很方便地建立自己的附注说明。

(4)章节及附注说明系统要求适用不同的工程项目和不同的施工条件。

3. 嵌套定额的处理

比如在概算定额中，土方压实子目中嵌套有土料运输，砌石工程和混凝土工程中嵌套有半成品。首先计算“压实单价”，然后将其中的“土料运输”单价(不取费)套入主单价(压实单价)中，一次计取基本直接费以外的各项费率。半成品的编制也采用同样的方法。

4. 定额组合的处理

概预算软件需要向用户提供输入多个定额号的条件，同时还要提供输入每条定额的比例系数、扩大系数的条件，计算机将各条定额之值乘上相应的系数，然后将其综合为一个单价表。如混凝土单价的编制，包含了三个辅助单价的处理(混凝土半成品、混凝土的运输、混凝土的拌制)。

二、系统的功能

(一)系统功能结构

系统功能设计是软件开发的目的，系统功能设计的基础是系统的业务流程图和数据流程图。程序设计应遵循几个基本原则：一是满足功能模块化要求，二是人机操作界面简明，三是充分发挥编制人员的主动性，四是明确输入和输出。

由于概预算的各项数据关系错综复杂，需将整个编制过程化整为零，划分为若干部分，形成各自相对独立的模块，便于计算机处理。系统层次功能模块结构如图 13-1 所示。

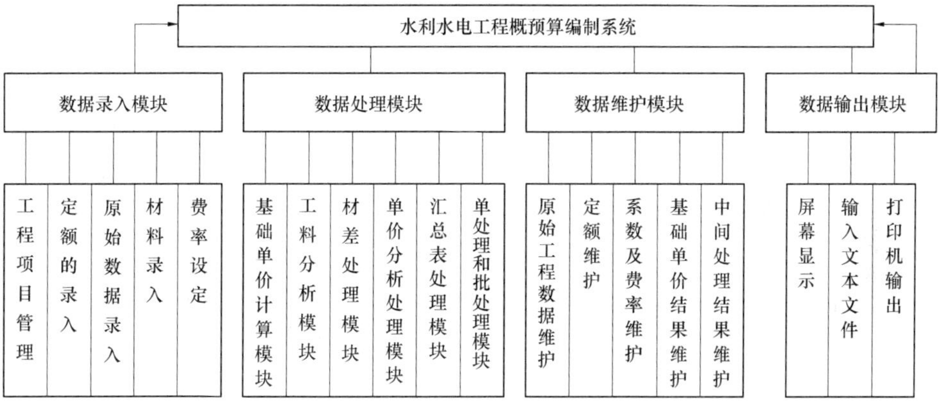

图 13-1　系统层次功能模块结构图

一般系统功能有：

(1)能够对概预算定额进行输入、存储、显示、打印、修改、删除、查询等处理；

(2)能够根据原始数据定额编号及相关标志自动检索定额，并能随时显示、修改原始数据，不至于程序被卡死。

(3)通过计算机外设或其他方式输出符合要求的成果。

(二)功能模块的要求

1. 数据录入

(1)工程项目管理。主要用于工程项目编号、工程项目名称、建设地点、工程项目类型和编制单位等一些基本情况的输入，除具有输入、编辑修改和传递等基本功能外，还具有新建、选择、删除和合并等功能。

新建：创建一个新的工程项目，并自动保存该工程项目。

选择：在过去曾经做过的所有工程项目中，选定某一工程项目作为当前工程项目。

删除：删除不需要的工程项目。

合并：将以前多个工程项目合并为当前工程项目，并自动保存。

(2)定额的录入。根据输入的定额编号，自动查找调用定额库中的相应内容，计算、汇存定额库中的各种定额费用，并能根据需要查询、显示和选择打印，具有接收、自动计算、编辑、汇存、传递和打印等功能。

(3)原始数据的录入。包括工程量录入、主要材料市场价格、人工单价构成数据输入等。

工程量录入：基本数据输入工作量大，如何加快这些数据的输入速度和准确性，是提高概预算工作效率和可靠性的关键。为提高基本数据的输入速度和准确性，工程量录入子块除需具有数据输入、编辑修改、删除、查询、插入和传递等基本功能外，同时还必须具备调入、换算、综合、备注等一些(附加)特殊功能。

调入：调用相似工程项目的数据来编辑当前工程项目的数据。

换算：能够根据工程实际情况调换或处理定额中的人工、材料和机械项目。

综合：将多个定额组合在一起。

基础单价的录入：人工单价分析中需要手工输入地区工资系数；主要材料预算价格的原价，施工用风、水、电计算各系数；施工机械台时费一类费用调整系数及施工机械的选择；砂浆和混凝土半成品配合比的选择等。

要求基础单价能自动计算、编辑修改、删除、查询、成果打印，并且计算结果能自动传送到工程单价分析和具有相互传递的功能。如“人工预算单价”、“施工风水电预算价格”能自动传递到施工机械台时费的计算中。

2. 费率设定

开始编制工程单价前，根据工程类别和费用标准，预先设定其他直接费、现场经费、间接费等费率；对于独立费用和预备费中的一些可调费率，用户能够自己设定，具备数据输入、编辑修改和数据传递的功能。

(二)数据处理

1. 基础单价的处理

由于水利水电工程建筑产品具有单件性和复杂性，各个工程项目的信息千差万别，原始数据库中的数据将随着工程项目的变化而调整，因此需要具有基础单价数据处理的能力。

基础单价数据处理主要包括人工单价、材料预算价格、施工用风水电单价、混凝土预算价格、施工机械台时费、砂石料价格，并且能提醒用户计算砂石料的材料差价。

2. 工料分析

手工计算需要对分项单价逐一分析，而且几个表的数据需要同时查找计算，这样增加工作时间，效率不高。计算机只需根据单位工程或单项工程设计工程量、相应的定额消耗量等，自动完成工料的分析，确定单位工程和单项工程劳动力用量、主要材料用量和施工机械台班用量，具有接收、自动计算、汇存、传递、编辑和打印等功能。

3. 单价分析模块

工程单价分析是编制概预算的核心，要求有数据调用、修改、删除、计算、定额选取、定额组合、定额系数调整、费率选择、分类汇存、数据传递、打印等功能。一般分为建筑工程单价计算和安装工程单价计算。

当基础单价或费率变化时，能够对已编制完成并分类汇存的工程单价进行自动更新计算。

4. 汇总处理模块

该模块除有数据输入、成果输出打印、修改、插入、删除功能外，还应有将各分部概算的一、二级项目进行汇总调入的功能及自动完成基本预备费、价差预备费、建设期融资利息的计算，完成概算明细表、分年度投资表、资金流量表、主要技术经济指标等。

5. 单处理和批处理模块

大批资料的输入应分批分类进行，不要将各类数据混在一起输入，容易丢失数据或造成输入错误。采用单处理方式，计算机按人工编制概预算的过程一项一项地处理数据，最后完成一个工程概预算编制；采用批处理方式，计算机可完成已输入的所有工程的概预算编制任务。

(三)系统维护

系统维护包括处理系统设置、结果数据备份(包括基本数据、中间过程成果和计算参数)、恢复工作，以及处理对定额库的管理维护。

(四)计算成果输出

使用概预算软件的最终目的是输出概预算报表，输出窗口对所有工程概预算文件的正件和附件内容进行显示和打印。通过自动计算各种工程项目费用，汇总有关数据并生成表格，输出成果。成果输出必须在执行计算后进行，否则会造成数据不全和不正确等。成果数据可以输出到显示器、打印机或文件夹，也可以将成果转换成 Excel 文档和 Word 文档进行二次编辑使用。

输出成果一般包括：①总概算表；②建筑工程概算表；③机电设备及安装工程概算表；④金属结构设备及安装工程概算表；⑤施工临时工程概算表；⑥独立费用概算表；⑦分年度投资表；⑧资金流量表；⑨建筑工程单价汇总表；⑩安装工程单价汇总表；⑪施工机械台时费汇总表；⑫主要材料预算价格汇总表；⑬次要材料预算价格汇总表；⑭主要工程量汇总表；⑮主要材料用量汇总表；⑯工日数量汇总表；⑰建设及施工场地征用数量汇总表；⑱人工预算单价计算表；⑲主要材料运输费用计算表；⑳主要材料预算价格计算表；㉑混凝土材料单价计算表；㉒砂石料单价计算表；㉓建筑工程单价表；㉔安装工程单价表等。

总之，用计算机辅助编制概预算，有助于提高编制速度和质量，便于工程造价管理，无论是业主单位，还是施工单位、审计单位，都应加强计算机在概预算编制工作中的应用研究，积极地从事概预算软件的普及与推广。

附录一

附表 1-1　建筑工程项目划分表

I	枢纽工程			
序号	一级项目	二级项目	三级项目	技术经济指标
一	挡水工程			
1		混凝土坝(闸)工程		
			土方开挖	元/m^3
			石方开挖	元/m^3
			土石方回填	元/m^3
			模板	元/m^2
			混凝土	元/m^3
			防渗墙	元/m^2
			灌浆孔	元/m
			灌浆	
			排水孔	元/m
			砌石	元/m^3
			钢筋	元/ t
			锚杆	元/根
			锚索	元/束
			启闭机室	元/m^2
			温控措施	
			细部结构工程	元/m^3
2		土(石)坝工程		
			土方开挖	元/m^3
			石方开挖	元/m^3
			土料填筑	元/m^3
			砂砾石填筑	元/m^3
			斜(心)墙土料填筑	元/m^3
			反滤料、过渡料填筑	元/m^3
			坝体(坝趾)堆石	元/m^3
			土工膜	元/m^2
			沥青混凝土	元/m^3
			模板	元/m^2
			混凝土	元/m^3
			砌石	元/m^3
			铺盖填筑	元/m^3
			防渗墙	元/m^2
			灌浆孔	元/m
			灌浆	
			排水孔	元/m
			钢筋	元/ t
			锚索(杆)	元/束(根)
			面(趾)板止水	元/m
			细部结构工程	元/m^3

续附表 1-1

I	枢纽工程			
序号	一级项目	二级项目	三级项目	技术经济指标
二	泄洪工程			
1		溢洪道工程		
			土方开挖	元/m^3
			石方开挖	元/m^3
			土石方回填	元/m^3
			模板	元/m^2
			混凝土	元/m^3
			灌浆孔	元/m
			灌浆	
			排水孔	元/m
			砌石	元/m^3
			钢筋	元/ t
			锚索(杆)	元/束(根)
			温控措施	
			细部结构工程	元/m^3
2		泄洪洞工程		
			土方开挖	元/m^3
			石方开挖	元/m^3
			模板	元/m^2
			混凝土	元/m^3
			灌浆孔	元/m
			灌浆	
			排水孔	元/m
			钢筋	元/ t
			锚索(杆)	元/束(根)
			细部结构工程	元/m^3
3		冲沙洞(孔)工程		
			土方开挖	元/m^3
			石方开挖	元/m^3
			模板	元/m^2
			混凝土	元/m^3
			灌浆孔	元/m
			灌浆	
			排水孔	元/m
			钢筋	元/ t
			锚索(杆)	元/束(根)
			细部结构工程	元/m^3
4		放空洞工程		
三	引水工程			
1		引水明渠工程		
			土方开挖	元/m^3
			石方开挖	元/m^3
			模板	元/m^2
			混凝土	元/m^3
			钢筋	元/ t
			锚索(杆)	元/束(根)
			细部结构工程	元/m^3

续附表 1-1

I	枢纽工程			
序号	一级项目	二级项目	三级项目	技术经济指标
2		进(取)水口工程		
			土方开挖	元/m^3
			石方开挖	元/m^3
			模板	元/m^2
			混凝土	元/m^3
			钢筋	元/t
			锚索(杆)	元/束(根)
			细部结构工程	元/m^3
3		引水隧洞工程		
			土方开挖	元/m^3
			石方开挖	元/m^3
			模板	元/m^2
			混凝土	元/m^3
			灌浆孔	元/m
			灌浆	
			钢筋	元/ t
			锚索(杆)	元/束(根)
			细部结构工程	元/m^3
4		调压井工程		
			土方开挖	元/m^3
			石方开挖	元/m^3
			模板	元/m^2
			混凝土	元/m^3
			喷浆	元/m^2
			灌浆孔	元/m
			灌浆	
			钢筋	元/ t
			锚索(杆)	元/束(根)
			细部结构工程	元/m^3
5		高压管道工程		
			土方开挖	元/m^3
			石方开挖	元/m^3
			模板	元/m^2
			混凝土	元/m^3
			灌浆孔	元/m
			灌浆	
			钢筋	元/ t
			锚索(杆)	元/束(根)
			细部结构工程	元/m^3
四	发电厂工程			
1		地面厂房工程		

续附表 1-1

I	枢纽工程			
序号	一级项目	二级项目	三级项目	技术经济指标
			土方开挖 石方开挖 模板 混凝土 砖墙 砌石 灌浆孔 灌浆 钢筋 锚索(杆) 温控措施 厂房装修 细部结构工程	元/m³ 元/m³ 元/m² 元/m³ 元/m³ 元/m³ 元/m 元/ t 元/束(根) 元/m² 元/m³
2	地下厂房工程			
			石方开挖 模板 混凝土 喷浆 灌浆孔 灌浆 排水孔 钢筋 锚索(杆) 温控措施 厂房装修 细部结构工程	元/m³ 元/m² 元/m³ 元/m² 元/m 元/m 元/ t 元/束(根) 元/m² 元/m³
3		交通洞工程		
			土方开挖 石方开挖 模板 混凝土 灌浆孔 灌浆 钢筋 锚索(杆) 细部结构工程	元/m³ 元/m³ 元/m² 元/m³ 元/m 元/ t 元/束(根) 元/m³
4		出线洞(井)工程		
5		通风洞(井)工程		
6		尾水洞工程		
7		尾水调压井工程		
8		尾水渠工程		

续附表 1-1

I	枢纽工程			
序号	一级项目	二级项目	三级项目	技术经济指标
			土方开挖	元/m^3
			石方开挖	元/m^3
			模板	元/m^2
			混凝土	元/m^3
			砌石	元/m^3
			钢筋	元/ t
			细部结构工程	元/m^3
五	升压变电站工程			
1		变电站工程		
			土方开挖	元/m^3
			石方开挖	元/m^3
			模板	元/m^2
			混凝土	元/m^3
			砌石	元/m^3
			钢筋	元/t
			细部结构工程	元/m^3
2		开关站工程		
			土方开挖	元/m^3
			石方开挖	元/m^3
			模板	元/m^2
			混凝土	元/m^3
			砌石	元/m^3
			构架	元/m^3(t)
			钢筋	元/ t
			细部结构工程	元/m^3
六	航运工程			
1		上游引航道工程		
			土方开挖	元/m^3
			石方开挖	元/m^3
			模板	元/m^2
			混凝土	元/m^3
			砌石	元/m^3
			钢筋	元/ t
			锚索(杆)	元/束(根)
			细部结构工程	元/m^3
2		船闸(升船机)工程		
			土方开挖	元/m^3
			石方开挖	元/m^3
			模板	元/m^2
			混凝土	元/m^3
			灌浆孔	元/m
			灌浆	
			防渗墙	元/m^2
			钢筋	元/ t
			锚索杆	元/束(根)
			控制室	元/m^2
			温控措施	
			细部结构工程	元/m^3

续附表 1-1

I	枢纽工程			
序号	一级项目	二级项目	三级项目	技术经济指标
3		下游引航道工程		
			土方开挖 石方开挖 模板 混凝土 砌石 钢筋 锚索(杆) 细部结构工程	元/m^3 元/m^3 元/m^2 元/m^3 元/m^3 元/ t 元/束(根) 元/m^3
七	鱼道工程			
八	交通工程			
1		公路工程		
			土方开挖 石方开挖 土石方回填 砌石 路面	元/m^3 元/m^3 元/m^3 元/m^3
2		铁路工程		元/km
3		桥梁工程		元/延米
4		码头工程		
九	房屋建筑工程			
1		辅助生产厂房		元/m^2
2		仓库		元/m^2
3		办公室		元/m^2
4		生活及文化福利建筑		
5		室外工程		
十	其他建筑工程			
1		内外部观测工程		
2		动力线路工程(厂坝区)		元/km
3		照明线路工程		元/km
4		通信线路工程		元/km
5		厂坝区及生活区供水、供热、排水等公用设施		
6		厂坝区环境建设工程		
7		水情自动测报系统工程		
8		其他		

续附表 1-1

Ⅱ	引水工程及河道工程			
序号	一级项目	二级项目	三级项目	技术经济指标
一	渠(管)道工程(堤防工程、疏浚工程)			
1		×× ~ ××段干渠(管)工程(×× ~ ××段堤防工程、×× ~ ××段疏浚工程)		
			土方开挖	元/m^3
			石方开挖	元/m^3
			土石方回填	元/m^3
			土工膜	元/m^2
			模板	元/m^2
			混凝土	元/m^3
			输水管路	元/m
			砌石	元/m^3
			抛石	元/m^3
			钢筋	元/ t
			细部结构工程	元/m^3
2		×× ~ ××段支渠(管)工程		
二	建筑物工程			
1		泵站工程(扬水站、排灌站)		
			土方开挖	元/m^3
			石方开挖	元/m^3
			土石方回填	元/m^3
			模板	元/m^2
			混凝土	元/m^3
			砌石	元/m^3
			钢筋	元/ t
			锚杆	元/根
			厂房建筑	元/m^2
			细部结构工程	元/m^3
2		水闸工程		
			土方开挖	元/m^3
			石方开挖	元/m^3
			土石方回填	元/m^3
			模板	元/m^2
			混凝土	元/m^3
			防渗墙	元/m^2
			灌浆孔	元/m
			灌浆	
			砌石	元/m^3
			钢筋	元/ t
			启闭机室	元/m^2
			细部结构工程	元/m^3

续附表 1-1

Ⅱ	引水工程及河道工程			
序号	一级项目	二级项目	三级项目	技术经济指标
3		隧洞工程		
			土方开挖 石方开挖 模板 混凝土 灌浆孔 灌浆 钢筋 锚索(杆) 细部结构工程	元/m^3 元/m^3 元/m^2 元/m^3 元/m 元/t 元/束(根) 元/m^3
4		渡槽工程		
			土方开挖 石方开挖 土石方回填 模板 混凝土 砌石 钢筋 细部结构工程	元/m^3 元/m^3 元/m^3 元/m^2 元/m^3 元/m^3 元/t 元/m^3
5		倒虹吸工程		
			土方开挖 石方开挖 土石方回填 模板 混凝土 砌石 钢筋 细部结构工程	元/m^3 元/m^3 元/m^3 元/m^2 元/m^3 元/m^3 元/t 元/m^3
6		小水电站工程		
			土方开挖 石方开挖 土石方回填 模板 混凝土 砌石 钢筋 锚筋 厂房建筑 细部结构工程	元/m^3 元/m^3 元/m^3 元/m^2 元/m^3 元/m^3 元/t 元/t 元/m^2 元/m^3

续附表 1-1

Ⅱ	引水工程及河道工程			
序号	一级项目	二级项目	三级项目	技术经济指标
7		调蓄水库工程		
8		其他建筑工程		
三	交通工程			
1		公路工程		
			土方开挖 石方开挖 土石方回填 砌石 路面	元/m^3 元/m^3 元/m^3 元/m^3
2		铁路工程		元/km
3		桥梁工程		元/延米
4		码头工程		
四	房屋建筑工程			
1		辅助生产厂房		元/m^2
2		仓库		元/m^2
3		办公室		元/m^2
4		生活及文化福利建筑		
5		室外工程		
五	供电设施工程			
六	其他建筑工程			
1		内外部观测工程		
2		照明线路工程		元/km
3		通信线路工程		元/km
4		厂坝(闸、泵站)区及生活区供水、供热、排水等公用设施		
5		厂坝(闸、泵站)区环境建设工程		
6		水情自动测报系统工程		
7		其他		

附表 1-2　机电设备及安装工程项目划分表

I	枢纽工程			
序号	一级项目	二级项目	三级项目	技术经济指标
一	发电设备及安装工程			
1		水轮机设备及安装工程		
			水轮机 调速器 油压设备 自动化元件 透平油	元/台 元/台 元/台 元/台 元/ t
2		发动机设备及安装工程		
			发动机 励磁装置	元/台 元/台(套)
3		主阀设备及安装工程		
			蝴蝶阀(球阀、锥形阀) 油压装置	元/台 元/台
4		起重设备及安装工程		
			桥式起重机 转子吊具 平衡梁 轨道 滑触线	元/台 元/具 元/副 元/双 10 m 元/三相 10 m
5		水力机械辅助设备及安装工程		
			油系统 压气系统 水系统 水力量测系统 管路(管子、附件、阀门)	
6		电气设备及安装工程		
			发电电压设置 控制保护系统 直流系统 厂用电系统 电工试验 35 kV 及以下动力电缆 控制和保护电缆 母线 电缆架 其他	
二	升压变电设备及安装工程			
1		主变压器设备及安装工程		
			变压器 轨道	元/台 元/双 10 m

续附表 1-2

Ⅰ	枢纽工程			
序号	一级项目	二级项目	三级项目	技术经济指标
2		高压电气设备及安装工程		
			高压断路器 电流互感器 电压互感器 隔离开关 (SF_6全封闭组合电器(GIS)) (高频阻波器) (高压避雷器) 110kV 及以上高压电缆	
3		一次拉线及其他安装工程		
三	公用设备及安装工程			
1		通信设备及安装工程		
			卫星通信 光缆通信 微波通信 载波通信 生产调度通信 行政管理通信	
2		通风采暖设备及安装工程		
			通风机 空调机 管路系统	
3		机修设备及安装工程		
			车床 刨床 钻床	
4		计算机监控系统		
5		管理自动化系统		
6		全厂接地及保护网		
7		电梯设备及安装工程		
			大坝电梯 厂房电梯	
8		坝区馈电设备及安装工程		
			变压器 配电设备	
9		厂坝区供水、排水、供热设备及安装工程		
10		水文、泥沙监测设备及安装工程		
11		水情自动测报设备及安装工程		
12		外部观测设备及安装工程		

续附表 1-2

Ⅰ	枢纽工程			
序号	一级项目	二级项目	三级项目	技术经济指标
13		消防设备		
14		交通设备		
Ⅱ	引水工程及河道工程			
序号	一级项目	二级项目	三级项目	技术经济指标
一	泵站设备及安装工程			
1		水泵设备及安装工程		
2		电动机设备及安装工程		
3		主阀设备及安装工程		
4		起重设备及安装工程		
			桥式起重机 平衡梁 轨道 触滑线	元/台 元/副 元/双 10 m 元/三相 10 m
5		水力机械辅助设备及安装工程		
			油系统 压气系统 水系统 水力量测系统 管路(管子、附件、阀门)	
6		电气设备及安装工程		
			控制保护系统 盘柜 电缆 母线	
二	小水电站设备及安装工程			
三	供变电工程			
		变电站设备及安装工程		
四	公用设备及安装工程			
1		通信设备及安装工程		
			卫星通信 光缆通信 微波通信 载波通信 生产调度通信 行政管理通信	
2		通风采暖设备及安装工程		
			通风机 空调机 管路系统	

续附表 1-2

Ⅱ	引水工程及河道工程			
序号	一级项目	二级项目	三级项目	技术经济指标
3		机修设备及安装工程		
			车床 刨床 钻床	
4		计算机监控系统		
5		管理自动化系统		
6		全厂接地及保护网		
7		坝(闸、泵站)区馈电设备及安装工程		
			变压器 配电装置	
8		厂坝(闸、泵站)区供水、排水、供热设备及安装工程		
9		水文、泥沙监测设备及安装工程		
10		水情自动测报设备及安装工程		
11		外部观测设备及安装工程		
12		消防设备		
13		交通设备		

附表 1-3　金属结构设备及安装工程项目划分表

Ⅰ	枢纽工程			
序号	一级项目	二级项目	三级项目	技术经济指标
一	挡水工程			
1		闸门设备及安装工程		
			平板门 弧形门 埋件 闸门防腐	元/ t 元/ t 元/ t
2		启闭设备及安装工程		
			卷扬式启闭机 门式启闭机 油压启闭机 轨道	元/台 元/台 元/台 元/双 10 m
3		拦污设备及安装工程		
			拦污栅 清污机	元/ t 元/ t(台)

续附表 1-3

Ⅰ	枢纽工程			
序号	一级项目	二级项目	三级项目	技术经济指标
二	泄洪工程			
1		闸门设备及安装工程		
2		启闭设备及安装工程		
3		拦污设备及安装工程		
三	引水工程			
1		闸门设备及安装工程		
2		启闭设备及安装工程		
3		拦污设备及安装工程		
4		钢管制作及安装工程		
四	发电厂工程			
1		闸门设备及安装工程		
2		启闭设备及安装工程		
五	航运工程			
1		闸门设备及安装工程		
2		启闭设备及安装工程		
3		升船机设备及安装工程		
六	鱼道工程			
Ⅱ	引水工程及河道工程			
序号	一级项目	二级项目	三级项目	技术经济指标
一	泵站工程			
1		闸门设备及安装工程		
2		启闭设备及安装工程		
3		拦污设备及安装工程		
二	水闸工程			
1		闸门设备及安装工程		
2		启闭设备及安装工程		
3		拦污设备及安装工程		
三	小水电站工程			
1		闸门设备及安装工程		
2		启闭设备及安装工程		
3		拦污设备及安装工程		
4		钢管制作及安装工程		
四	调蓄水库工程			
五	其他建筑物工程			

附表 1-4 施工临时工程项目划分表

序号	一级项目	二级项目	三级项目	技术经济指标
一	导流工程			
1		导流明渠工程		
			土方开挖	元/m^3
			石方开挖	元/m^3
			模板	元/m^2
			混凝土	元/m^3
			钢筋	元/t
			锚杆	元/根
2		导流洞工程		
			土方开挖	元/m^3
			石方开挖	元/m^3
			模板	元/m^2
			混凝土	元/m^3
			灌浆	
			钢筋	元/ t
			锚索(杆)	元/束(根)
3		土石围堰工程		
			土方开挖	元/m^3
			石方开挖	元/m^3
			堰体填筑	元/m^3
			砌石	元/m^3
			防渗	元/m^3(㎡)
			堰体拆除	元/m^3
			截流	
			其他	
4		混凝土围堰工程		
			土方开挖	元/m^3
			石方开挖	元/m^3
			模板	元/m^2
			混凝土	元/m^3
			防渗	元/m^3(m^2)
			堰体拆除	元/m^3
			其他	
5		蓄水期下游断流补偿设施工程		
6		金属结构设备及安装工程		
二	施工交通工程			
1		公路工程		元/km
2		铁路工程		元/km
3		桥梁工程		元/延米

续附表 1-4

序号	一级项目	二级项目	三级项目	技术经济指标
4		施工支洞工程		
5		码头工程		
6		转运站工程		
三	施工供电工程			
1		220 kV 供电线路		元/km
2		110 kV 供电线路		元/km
3		35 kV 供电线路		元/km
4		10 kV 供电线路(引水及河道)		元/km
5		变配电设施(场内除外)		元/座
四	房屋建筑工程			
1		施工仓库		
2		办公、生活及文化福利建筑		
五	其他施工临时工程			

注：凡永久与临时相结合的项目列入相应永久工程项目内。

附表 1-5　独立费用项目划分表

序号	一级项目	二级项目	三级项目	技术经济指标
一	建设管理费			
1		项目建设管理费		
			建设单位开办费 建设单位经常费	
2		工程建设监理费		
3		联合试运转费		
二	生产准备费			
1		生产及管理单位提前进厂费		
2		生产职工培训费		
3		管理用具购置费		
4		备品备件购置费		
5		工器具及生产家具购置费		
三	科研勘测设计费			
1		工程科学研究试验费		
2		工程勘测设计费		
四	建设及施工工地征用费			
五	其他			
1		定额编制管理费		
2		工程质量监督费		
3		工程保险费		
4		其他税费		

附录二

附表 2-1　工程概算总表　（单位：万元）

序号	工程或费用名称	建安工程费	设备购置费	独立费用	合计
Ⅰ	工程部分投资 ⋮ 静态总投资 ⋮ 总投资				
Ⅱ	移民环境投资 ⋮ 静态总投资 ⋮ 总投资				
Ⅲ	工程投资总计 静态总投资 总投资				

注：表中Ⅰ是工程部分总概算表；表中Ⅱ是移民环境总概算表；表中Ⅲ为前两部分计静态总投资和总投资。

附表 2-2　总概算表　（单位：万元）

序号	工程或费用名称	建安工程费	设备购置费	独立费用	合计	占一至五部分投资(%)
	各部分投资					
	一至五部分投资合计					
	基本预备费					
	静态总投资					
	价差预备费					
	建设期融资利息					
	总投资					

附表 2-3　建筑工程概算表

序号	工程或费用名称	单位	数量	单价(元)	合计(万元)

附表 2-4　设备及安装工程概算表

序号	名称及规格	单位	数量	单价(元)		合计(万元)	
				设备费	安装费	设备费	安装费

附表 2-5 分年度投资表 （单位：万元）

项 目	合计	建设工期(年)							
		1	2	3	4	5	6	7	8
一、建筑工程									
1. 建筑工程									
×××工程(一级项目)									
2.施工临时工程									
×××工程(一级项目)									
二、安装工程									
1.发电设备安装工程									
2.变电设备安装工程									
3.公用设备安装工程									
4.金属结构设备安装工程									
三、设备工程									
1.发电设备									
2.变电设备									
3.公用设备									
4.金属结构设备									
四、独立费用									
1.建设管理费									
2.生产准备费									
3.科研勘测设计费									
4.建设及施工场地征用费									
5.其他									
一至四部分合计									

附表 2-6 资金流量表 （单位：万元）

项 目	合计	建设工期(年)							
		1	2	3	4	5	6	7	8
一、建筑工程									
分年度资金流量									
×××工程									
…									
二、安装工程									
分年度资金流量									
三、设备工程									
分年度资金流量									
四、独立费用									

续附表 2-6

项目	合计	建设工期(年)							
		1	2	3	4	5	6	7	8
分年度资金流量									
一至四部分合计									
分年度资金流量									
基本预备费									
静态总投资									
价差预备费									
建设期融资利息									
总投资									

附表 2-7　建筑工程单价汇总表　　(单位：元)

序号	名称	单位	单价	其中							
				人工费	材料费	机械使用费	其他直接费	现场经费	间接费	企业利润	税金

附表 2-8　安装工程单价汇总表　　(单位：元)

序号	名称	单位	单价	其中								
				人工费	材料费	机械使用费	装置性材料费	其他直接费	现场经费	间接费	企业利润	税金

附表 2-9　主要材料预算价格汇总表　　(单位：元)

序号	名称及规格	单位	预算价格	其中			
				原价	运杂费	运输保险费	采购及保管费

附表 2-10　次要材料预算价格汇总表　　(单位：元)

序号	名称及规格	单位	原价	运杂费	合计

附表 2-11　施工机械台时费汇总表　　(单位：元)

序号	名称及规格	台时费	其中				
			折旧费	修理及替换设备费	安拆费	人工费	动力燃料费

附表 2-12 主要工程量汇总表

序号	项目	土石方明挖(m^3)	石方洞挖(m^3)	土石方填筑(m^3)	混凝土(m^3)	模板(m^2)	钢筋(t)	帷幕灌浆(m)	固结灌浆(m)

附表 2-13 主要材料量汇总表

序号	项目	水泥(t)	钢筋(t)	钢材(t)	木材(m^3)	炸药(t)	沥青(t)	粉煤灰(t)	汽油(t)	柴油(t)

附表 2-14 工时数量汇总表

序号	项目	工时数量	备注

附表 2-15 建设及施工场地征用数量汇总表

序号	项目	占地面积(亩)	备注

附表 2-16 人工预算单价计算表

地区类别		定额人工等级	
序号	项 目	计算式	单价(元)
1	基本工资		
2	辅助工资		
(1)	地区津贴		
(2)	施工津贴		
(3)	夜餐津贴		
(4)	节日加班津贴		
3	工资附加费		
(1)	职工福利基金		
(2)	工会经费		
(3)	养老保险费		
(4)	医疗保险费		
(5)	工伤保险费		
(6)	职工失业保险基金		
(7)	住房公积金		
4	人工工日预算单价		
5	人工工时预算单价		

附表 2-17　主要材料运输费用计算表

编号	1	2	3	材料名称				材料编号	
交货条件				运输方式	火车	汽车	船运	火车	
交货地点				货物等级				整车	零担
交货比例(%)				装载系数					

编号	运输费用项目	运输起讫地点	运输距离(km)	计算公式	合计(元)
1	铁路运杂费				
	公路运杂费				
	水路运杂费				
	场内运杂费				
	综合运杂费				
2	铁路运杂费				
	公路运杂费				
	水路运杂费				
	场内运杂费				
	综合运杂费				
3	铁路运杂费				
	公路运杂费				
	水路运杂费				
	场内运杂费				
	综合运杂费				
每吨运杂费					

附表 2-18　主要材料预算价格计算表

编号	名称及规格	单位	原价依据	单位毛重(t)	每吨运费(元)	价格(元)					
						原价	运杂费	采购及保管费	运到工地分仓库价格	保险费	预算价格

附表 2-19　混凝土材料单价计算表

编号	混凝土标号	水泥强度等级	级配	预算量						单价(元)
				水泥(kg)	掺和料(kg)	砂(m^3)	石子(m^3)	外加剂(kg)	水(kg)	

附表 2-20　建筑工程单价表

定额编号__________　　　　项目__________　　　　定额单位___________

施工方法：

编号	名称	单位	数量	单价(元)	合计(元)

附表 2-21 安装工程单价表

定额编号__________ 项目__________ 定额单位__________

型号规格：					
编号	名称	单位	数量	单价(元)	合计(元)

附表 2-22 资金流量计算表

（单位：万元）

项目	合计	建设工期(年)							
		1	2	3	4	5	6	7	8
一、建筑工程									
(一)×××工程									
1.分年度完成工作量									
2.预付款									
3.扣回预付款									
4.保留金									
5.偿还保留金									
(二)×××工程									
…									
二、安装工程									
1.分年度完成安装费									
2.预付款									
3.扣回预付款									
4.保留金									
5.偿还保留金									
三、设备工程									
1.分年度完成设备费									
2.预付款									
3.扣回预付款									
4.保留金									
5.偿还保留金									
四、独立费用									
1.分年度费用									
2.保留金									
3.偿还保留金									
一至四部分合计									
1.分年度工作量									
2.预付款									
3.扣回预付款									
4.保留金									
5.偿还保留金									
基本预备费									
静态总投资									
价差预备费									
建设期融资利息									
总投资									

附表 2-23　主要技术经济指标表(参考格式)

河系			
建设地点			
设计单位			
建设单位			
水库		上水库	下水库
正常蓄水位			
总库容			
调节库容			
建设占地			
迁移人口			
迁移费用			
单位指标			
拦河坝(闸)		主坝	副坝
型式		混凝土面板堆石坝	混凝土面板堆石坝
最大坝高			
坝体方量			
投资			
单位指标			
引水隧洞	型式		
	直径		
	长度/系数		
	投资		
	单位指标		
静态投资			万元
总投资			万元
单位千瓦静态投资			元
单位年发电量投资			元/(kW·h)
第一台机组发电静态总投资			万元
第一台机组发电总投资			万元
工程建设期贷款利息			万元
工程投资			万元
生产单位定员			人

发电厂	型式		地下厂房
	厂房尺寸(长×宽×高)		
	水泵水轮机型号		
	装机容量		万 kW
	保证出力		万 kW
	年发电量		亿 kW·h
	年抽水电量		亿 kW·h
	建筑工程投资		万元
	单位千瓦指标		元
	单位空间体积指标		元/m^3
	发电设备投资		万元
	单位电量指标		元
	单位千瓦指标		元
主体建筑工程量	开挖	明挖土石方	万 m^3
		洞挖石方	万 m^3
	填筑	石方	万 m^3
		混凝土	万 m^3
主要材料用量	水泥		万 t
	钢筋钢材		万 t
	木材		万 m^3
	粉煤灰		万 t
全员人数	高峰人数		人
	平均人数		人
	总工时		万工时
计划施工时间	筹建期		月
	第一台机组发电工期		月
	竣工工期		月
	总工期(不含筹建期)		月

参考文献

[1] 中国水利学会水利工程造价管理专业委员会. 水利工程造价[M]. 北京：中国计划出版社, 2002.

[2] 水电水利规划设计总院水电建设定额站. 水电工程造价指南(基础卷)[M]. 北京： 中国水利水电出版社, 2003.

[3] 水电水利规划设计总院水电建设定额站. 水电工程造价指南(专业卷)[M]. 北京： 中国水利水电出版社, 2003.

[4] 徐学东, 姬宝霖. 水利水电工程概预算[M]. 北京： 中国水利水电出版社, 2005.

[5] 方国华, 朱成立. 新编水利水电工程概预算[M]. 郑州： 黄河水利出版社, 2003.

[6] 陈全会, 王修贵, 谭兴华. 水利水电工程定额与概预算[M]. 北京：中国水利水电出版社, 1999.

[7] 陈全会, 谭兴华, 王修贵. 水利水电工程定额与造价[M]. 北京： 中国水利水电出版社, 2003.

[8] 张诗云. 水利水电工程投标报价编制指南[M]. 北京：中国水利水电出版社, 2007.

[9] 钟汉华. 水利水电工程造价[M]. 北京：高等教育出版社， 2007.

[10] 王雪青. 工程估价[M]. 北京：中国建筑工业出版社， 2006.

[11] 徐伟, 徐蓉. 土木工程概预算与招投标[M]. 上海：同济大学出版社， 2002.

[12] 江岩涛. 最新水利水电工程造价、计价与工程量清单编制及投标报价实用手册[M]. 安徽：安徽文化音像出版社， 2006.

[13] 杨培岭. 水利工程概预算[M]. 北京：中国农业出版社， 2005.

[14] 梁建林. 水利水电工程造价与招投标[M]. 郑州：黄河水利出版社， 2003.

[15] 钟汉华. 水利工程施工与概预算[M]. 北京：中国水利水电出版社， 2002.

[16] 宋天田. TBM 应用与施工技术研究[D]. 绵阳：西南科技大学, 2005.

[17] 周占胜. 水工超长隧洞 TBM 施工方法研究[D]. 南京：河海大学, 2006.

[18] 李卫兵. TBM 在超长隧道施工中的应用研究[D]. 长春：吉林大学, 2005.

[19] 张立中. 水利水电工程造价管理[M]. 北京：中央广播电视大学出版社, 2004.

[20] 严玲, 尹贻林. 工程造价导论[M]. 天津：天津大学出版社, 2004.

[21] 杨风和. 土木工程材料[M]. 天津：天津大学出版社, 2004.

[22] 李守义, 马斌, 寇效忠. 工程造价[M]. 西安：陕西科学技术出版社, 2001.

[23] 中国水利学会水利工程造价管理专业委员会. 水利水电工程造价管理[M]. 北京：中国科学技术出版社, 1998.

[24] 周直, 崔新媛. 公路工程造价原理与编制[M]. 北京：人民交通出版社, 2002.

[25] 沈祥华. 建筑工程概预算[M]. 武汉：武汉工业大学出版社, 1999.

[26] 中国水利工程协会工程造价管理专业委员会. 水利工程造价习题集[M].北京：中国计划出版社， 2002.

[27] 全国造价工程师执业资格考试培训教材编审委员会. 工程造价管理基础理论与相关法规[M]. 北京：中国计划出版社, 2006.

[28] 杨金水, 杨伟忠. 高压喷射灌浆和深层搅拌法在止水帷幕中的应用[J]. 中国科技信息, 2008(4)：35–37.

[29] 胡胜利, 乔世珊, 倪锦初. 盾构技术与南水北调中线穿黄隧洞工程[J]. 中国水利, 2001(1)：25–26.
[30] 本书编委会. 水利工程工程量清单计价规范(GB 50501—2007)实施手册[M]. 北京：科学技术出版社, 2007.
[31] 水利部水利建设经济定额站. 水利水电工程设计工程量计算规定(SL 328—2005)[S]. 北京：中国水利水电出版社, 2006.
[32] 中华人民共和国水利部. 水利工程设计概(估)算编制规定[M]. 郑州：黄河水利出版社, 2002.
[33] 中华人民共和国水利部. 水利建筑工程概算定额(上、下册)[M]. 郑州：黄河水利出版社, 2002.
[34] 中华人民共和国水利部. 水利建筑工程预算定额(上、下册)[M]. 郑州：黄河水利出版社, 2002.
[35] 中华人民共和国水利部. 水利水电设备安装工程概算定额[M]. 郑州：黄河水利出版社, 2002.
[36] 中华人民共和国水利部. 水利水电设备安装工程预算定额[M]. 郑州：黄河水利出版社, 2002.
[37] 中华人民共和国水利部. 水利工程施工机械台时费定额[M]. 郑州：黄河水利出版社, 2002.